알기쉬운

운전이론 II

열차저항·제동이론·운전계획·경제운전·진동

원제무 · 서은영

박영사

머리말

우리나라의 20세기를 자동차의 시대라 불렀다면, 21세기는 철도의 시대라고 할 수 있을 것이다. 우리의 삶은 철도와 같은 교통수단에 의해 이루어져 왔다. 특히 자본주의 등장 이후 급속히 진행된 산업화와 도시화 과정은 경제와 공간구조의 변화뿐 아니라 이에 상응하는 새로운 철도 노선과 철도시스템을 만들어 내었다. 오늘날 철도는 다양한 역할을 수행하면서, 국가경제 발전과정에 크게 기여를 했을 뿐 아니라, 이를 통해 철도 자체의 기술발전을 이끌어왔다.

2000년대 들어와 본격적으로 철도시대로 전환하고 있는 징후들이 여러 측면에서 나타나고 있다. 고속철도(KTX)의 개통으로 우리의 삶이 1일 생활권으로 바뀌고 있으며, 주요 광역급행철도가 구축되면서 철도가 대중교통수단의 총아로서 자리매김하고 있다. 편리하고 안전한 철도에 대한 국민들의 욕구와 열망이 우리가 철도 시대에 깊숙이 들어와 살고 있음을 알려주고 있다.

이처럼 철도의 역할이 커짐에 따라 철도관련 이론, 기법, 방법 등이 보다 과학화, 실용화, 전문화되어가고 있는추세이다. 기존의 방법론과 연구성과를 토대로 새로운 학문적 접근방법의 접목이 요구되는 시기이다. 이같은 관점에서 운전이론 역시 새로운 관점에서 재조명 해 볼 시기가 온 것 같다.

우선 운전이론은 철도의 사명을 충족시키기 위한 이론적인 틀을 제공한다. 철도가 왜 탄생했는지 보자. 한꺼번에 수많은 승객과 대규모 화물을 사람들이 원하는 목적지로 실어 나르고자 하는 욕망이 철도라는 교통수단을 발명해 내는 동기가 된 것이다.

철도가 대중교통수단으로 자리를 잡게 되자 철도운영자나 이용객들은 철도가 승객과 화물을 안전하고 신속하게, 그리고 경제적으로 수송해야 한다는 일종의 사명감을 철도에게 부여하기 시작한다. 그래서 철도는 이러한 사명 속에서 운행되고 있다고 보아도 과언이 아닐 것이다. 안전하고 신속하게, 그리고 경제적으로 수송해야 한다는 철도의 사명(목적)을 충실히 수행하려면 이를 이론적으로 뒷받침할 수 있는 이론과 방법이 필요한 것이다. 이게 바로 운전이론이다.

기업은 소비자가 원하는 상품과 서비스를 제공하기 위해 생산계획을 세우고 이 계획에 따라 제품과 서비스를 만들어 낸다. 이 같은 맥락에서 철도운영자도 교통수요자가 원하는 교통서비스를 제공하기 위해 열차를 얼마만큼 빠른 속도로 몇 회 운행할 것인지에 대한 운전계획을 세워야 한다. 이 운전계획을 수립할 때에는 먼저 열차를 이용할 승객은 얼마나 있으며 이 승객들을 안전하고 신속하게 수송하기 위해서는 열차가 얼마나 필요한지를 구체적이고 과학적으로 분석하여 운전계획을 수립하지 않으면 안 된다.

이와 동시에 이같은 철도의 사명을 충족시키고 이용자들에게 효과적인 철도서비스를 제공하기 위해서는 철도운영자뿐만 아니라 기관사의 역할이 무엇보다도 중요하게 된다. 철도의 이처럼 중요한 역할을 수행하기 위해 기관사는 어떤 지식과 기술로 무장되어 있어야 할까? 이 점이 운전이론이 나온 또 하나의 배경이라고 할 수 있다.

기관사가 운전에 관련된 제반 이론을 모르면 안전, 신속, 경제적인 철도운전이 가능하지 못할 것이다. 예컨대 열차의 견인력, 저항, 제동 등이 어떤 이론적 배경 속에서 작동이 되는지 모른다면 기관사가 열차를 안전, 신속, 경제적으로 운전할 수 있을까?

이러한 관점에서 운전이론이 어떻게 활용되는지를 살펴보자.
① 열차를 합리적이고 경제적으로 운행하기 위한 운전기술에 관한 기초이론이다.
② 열차를 합리적 · 경제적으로 운행하기 위한 운전기술에 관한 기초이론이다.
③ 동력차를 운전하는 기관사가 어떻게 기기 조작을 해야 가 · 감속 및 제동을 하는 데 합리적이고 경제적인가에 대한 이론적 배경을 제공한다.

④ 열차 다이아 작성 등 어떻게 운전계획을 수립하여야 합리적·효율적인가에 대한 이론이다.

⑤ 운전분야에만 적용되는 것이 아니라 차량의 설계·제작, 선로·신호·통신·전기시설물의 부설 등 철도의 타 분야에도 이론을 제공한다.

이 책의 서두에서는 의의와 범위를 살펴본다. 그리고 운전계획과정을 조망하면서 운전계획의 필요성과 운전계획의 종류를 논한다. 한국철도공사(KORAIL)의 열차계획 사례를 통해 운전계획의 실천적 사례를 보다 심도 있게 들여다보면서 운전계획의 이해도를 넓힌다.

운전역학에서는 속도일반과 가속도, 운동의 법칙, 원심력 등을 이론과 예제를 동시에 살펴가면서 습득하게 된다. 동력차의 특성과 견인력에서는 직류직구전동기와 유도전동기의 원리, 동력차 성능, 견인력에 대해 고찰한다. 유도전동기에서는 동력운전 시 토크제어 방식을 그림을 통해 이해한다.

열차저항에서는 출발저항, 주행저항, 구배저항, 곡선저항, 터널저항, 가속도저항에 대한 안목을 키우면서 각 저항의 고유한 특징을 논한다. 제동이론에서는 제동원력, 제륜자압력, 제동배율이 무엇인지 알아보고, 제동이론에서는 감압량에 따른 제동통압력, 최대 유효 감압량, 제동력, 제동거리 등을 구체적으로 살펴본다.

운전계획에서는 수강생들이 수송수요와 수송력에 대해 시야를 넓히게 된다. 열차를 이용할 승객은 얼마나 있으며 이 승객들을 안전하고 신속하게 수송하기 위해서는 열차가 얼마나 필요한지를 구체적이고 과학적인 운전계획과정을 접하게 된다.

운전이론을 강의하다 보면 많은 학생들이 어려움을 호소한다. 어떻게 해야 어려운 과목을 쉽게 풀어서 학생들에게 전달할 수 있을까? 저자들이 이 운전이론 책을 쓰기로 마음먹은 이유이다. 첫째, 저자들은 이해하기 어려운 이론, 공식, 방법 등을 그림을 동원하여 하나하나 풀어가면서 운전이론에 대한 두려움을 없애 주려고 시도했다. 둘째, 저자들은 기존 교재(서울교통공사 발간)의 내용을 단락별로 축약시켜 요점 위주로 책을 구성하였다. 셋째, 저자들은 운전이론 관련 용어의 개념과 방법론을 이해하려면 실천적인 예제가 필요함을 느끼고 책 전체에 걸쳐 해당 주제에 대한 예제를 풍부하게 배치하여 수강생들이 보다 알기 쉽게 이해하도록 배려하였다.

국가고시인 철도운전면허 시험을 준비하는 순수하고 지적 호기심에 불타는 수많은 학생들과 수강생을 외면하면 안 된다는 한 가닥 소명을 갖고 그동안 강의해 왔던 운전이론 강의록을 세상에 내놓는다. 이 책이 나오기까지 그동안 저자들과 끊임없이 교감하면서 열정을 다해 편집 일에 몰두해 주신 전채린 과장님에게 진심으로 고마움을 전하고 싶다.

저자 원제무 · 서은영

차례

제1장 열차저항

제2장 제동이론

제3장 운전계획

제4장 경제운전

제5장 철도차량의 진동

제1장

열차저항

제1장

열차저항

제1절 열차저항의 종류

1. 저항의 종류

[열차저항이란?]
- 열차가 견인력을 발휘하여 객화차를 견인하는 경우에 항상 그 진행방향과 반대 방향으로 진행을 방해하는 힘이 작용한다.
- 이 힘을 일반적으로 열차저항(Train Resistance)이라고 한다.

[6개의 열차저항]
① 출발저항
② 주행저항
③ 구배저항
④ 곡선저항
⑤ 터널저항
⑥ 가속도저항

- 열차저항 중 출발저항, 주행저항, 곡선저항, 터널저항은 모두 손실로 작용되지만
- 구배저항과 가속도저항은 모두 손실로 작용되는 것은 아니다.

[선로 및 차량 상태에 의한 조건]

① 선로상태에 의한 조건: 구배의 크기, 곡선반경의 대소, 궤조의 형상, 도상의 두께, 보수형태의 양부 등

② 차량상태에 의한 조건: 차량의 구조, 보수상태, 윤활유의 종류, 기후상태 등

[열차저항(train resistance)]

1. 저항의 종류
   1) 선로상태에 의한 열차저항
      • 선로상태에 의한 열차저항 발생요소는 다음과 같다.
      ① 선로구배의 완급
      ② 선로곡선반지름의 대소
      ③ 침목간격의 정수
      ④ 도상의 두께
      ⑤ 선로의 형상
      ⑥ 선로 보수형태의 상태

   2) 차량상태에 의한 열차저항
      • 차량상태에 의한 열차저항 발생요소는 다음과 같다.
      ① 차량의 구조
      ② 차량의 보수 상태
      ③ 사용 윤활유의 종류
      ④ 기후조건

   3) 열차저항의 단위
      1) 열차저항의 단위는 (kgf)가 사용된다.
      2) 단위 톤당 열차저항의 단위는 (kgf/t)가 사용된다.

[인자에 의해 발생하는 열차저항]

① 출발저항

② 주행저항

③ 구배저항

④ 곡선저항

⑤ 터널저항

⑥ 가속도저항

– 열차저항의 단위는 차량중량 ton당 kg으로 나타내며 중량에 비례

2. 출발저항

- 기울기(구배)가 없는 직선 직선선로위에 정차 중인 열차가 출발할 때 받는 저항을 출발저항이라 한다.
- 이 때의 견인력은 움직이는 상태의 열차를 견인하는 견인력보다 큰 견인력이 필요하다.
- 이 견인력을 저항으로 계산한 것을 출발저항(Starting Resistance)이라고 한다.
- 정차한 열차가 출발할 때에는 차축과 축수, 치차부등 회전마찰부의 유막이 파괴되어 금속과 금속이 직접 접촉한다. 이에 따라 마찰저항이 증가된다.
- 열차가 출발하여 차축이 회전하면 윤활유의 유막이 다시 형성되어 마찰저항은 급격히 감소한다.
- 유막파괴로 발생하는 출발저항은 유막이 다시 형성되는 속도 3km/h 정도에서 최소치가 된다.
- 그러므로 3km/h 이후부터는 주행저항으로 계산된다.
- 출발저항은 동력차 중량(W)에 비례하며 식으로 나타내면 다음과 같다.

$$Rs = rs\ W\ (kg)$$

[Rs: 열차전체의 출발저항(kg), rs:1ton당 출발저항(kg/ton), W: 열차중량(ton)]

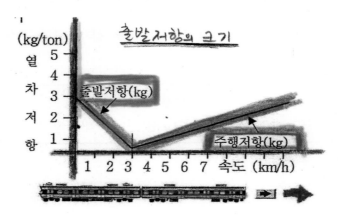

■ 운전계획상 출발저항 값(kg/ton)

구분 차종	평상시 출발		구배(기울기)상에서 기동 시	
	평 축	Roller축	평 축	Roller축
객차열차	8	3	6	3
화물열차	8	–	8	5
기동열차	3	–	3	–
전동열차	3	–	3	–
단행기관차	8	5	8	5

3. 주행저항(Running Resistance)

- 열차가 3km/h 이상의 속도로 주행할 때 그 진행방향과 반대방향으로 작용하는 모든 저항을 말한다.
- 주행 저항값을 산출할 때 견인전동기의 입력 대 출력간의 손실(전동기 효율), 기어의 전달손실 등은 포함하지 않는다.
- 주행저항은 열차가 고속으로 주행할수록 급속히 커지며 이로 인해 주행성능의 저하, 에너지 소비율 증대, 운행시간 지연 등이 발생하게 된다.
- 주행저항은 객차가 화차보다 크고, 빈차가 실은 차보다 크며, 편성량수가 적을수록 크다.

> **[주행저항]**
> 객차 > 화차보다 크고, 빈차 > 실은 차보다 크고 편성량 수가 적을수록 크다.

1) 주행저항의 분류

(1) 기계저항

기계저항은 질량에 비례하며 종류는 다음과 같다.
① 기계부의 마찰 및 충격에 의한 저항
② 차축과 베어링(축수)의 마찰저항
③ 차륜 답면과 레일면의 마찰저항

(2) 속도저항

  ① 동요저항
  ② 공기저항

2) 원인별 저항의 크기

(1) 기계에 의한 저항

  가. 기계부의 마찰 및 충격에 의한 저항
  ⓐ 견인전동기의 피니언 기어와 차축의 접촉 시 발생되는 저항
  ⓑ 회전부분에서 마찰 및 충격으로 인한 저항

  나. 차축과 베어링(축수)간 마찰에 의한 저항
  －차축과 축수 간의 마찰 저항력은 다음의 식으로 나타낸다.

$$R = uW$$

(R: 차축과 축수간의 마찰력 u: 차륜과 축수간의 마찰계수, W: 차축상의 부담중량)

$$R = u \times W \times d/D$$

(R: 차축과 축수간의 마찰력, u: 차륜과 축수간의 마찰계수, D: 동륜직경, d: 차축직경)

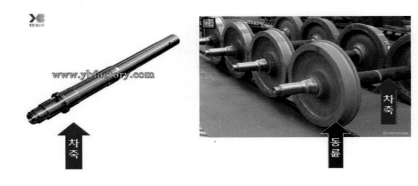

◑ 축수(Bearing)(축받이): 축수는 회전하는 축의 하중을 될 수 있는 한 마찰이 작도록 지
  지하는 기계요소이다.

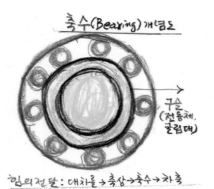

[사행동(蛇行動)]

철도 차량의 공진현상의 하나다. 주로 직선부를 고속으로 주행할 경우 차체나 대차, 차축 등이 연직
축 둘레 방향 회전 진동을 일으키는 현상이며, 궤도나 대차·차체에 손상을 준다. 정도가 심한 경우에
는 탈선 사고의 원인이 되기도 하므로, 고속화에서는 특히 이 현상에 대한 대책이 중요하다.

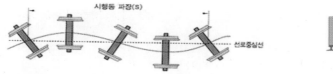

[마찰계수(u)값을 변화시키는 요인]
ⓐ 축중부담 중량 및 윤활유 온도 상승 시 감소한다.
ⓑ 발차 시 최대가 되고 약 3km/h 속도에서 최소가 되며 이후 속도의 5승근에 비례
  한다.

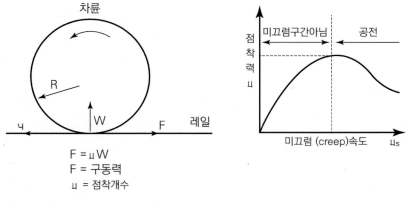

F = μW
F = 구동력
μ = 점착개수

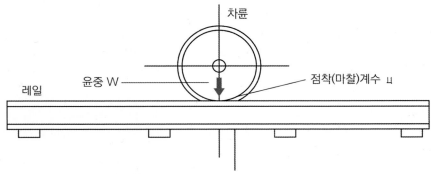

[마찰계수(μ)를 변화시키는 요인]

① 차축의 부담중량(W) 증가 시에 μ값은 감소한다. (W의 제곱근에 반비례)
② μ값은 윤활유 온도가 높아질 때에는 적어진다.
③ μ값은 발차할 때 최대가 되었다가 약 3km/h의 속도에서 최소값을 갖으며, 이후 속도의 5승근에 비례한다.

$$\mu = K\frac{\sqrt[5]{V}}{\sqrt{P}}$$

[μ: 마찰계수, K: 상수, V: 속도(km/h), P: 축수압력(kg/cm^2)]

다. 차륜 답면과 레일면의 마찰저항

- 이 저항은 속도와 차량중량에 비례하나 차축과 축수 간 마찰저항에 비해 작은 값을 가진다.
  ① 전동마찰에 의한 저항

② 사행동에 의한 저항

③ 후렌지와 레일면간의 미끄럼 마찰저항

－차륜회전의 변화에 따라 차륜과 레일의 접촉면 증가로 인한 전동 마찰에 의한 저항과

－차륜차 축이 평행한 2개의 레일면을 주행하는 경우에 차륜이 가지고 있는 테이퍼에 따른 정현파 상태 운동을 하는 사행동(snake motion)에 의한 저항이 있다.

[차륜답면]

■ 열차는 다음 그림에서 보듯 양쪽 차륜의 플랜지에 의해 레일에서 탈출되지 않고 차륜답면은 레일과 직접 접촉하면서 굴러가는 구조로 되어 있다.

■ 차륜답면은 원뿔대처럼 테이퍼(Taper)져 있어 바깥쪽으로 갈수록 차륜의 지름이 작아지는데 차륜의 이 테이퍼(Taper) 구조야말로 무리 없고 안전한 열차 주행 비밀의 핵심이다.

■ 테이퍼(Taper)형 차륜답면은 다음 그림처럼 윤측이 좌우 어느 한쪽으로 쏠릴 경우 복원력이 작용하여 차량이 항상 선로의 중앙을 향하게 해준다.

> 차륜단면형상: 차륜은 내·외측이 동시에 회전하기 때문에 곡선에서는 내측레일의 길이가 곡선반경에 따라 외측보다 짧아서 속도(치차) 차가 발생한다. 그래서 차륜에 테이퍼를 주어서 레일에 접촉하는 회전수를 같게 하기 위함이다.

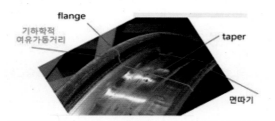

차량은 내·외측이 동시에 회전하기 때문에 곡선에서는 내특레일의 길이가 곡선반경에 따라 외측보다 짧아서 속도(치차)가 발생한다.
그래서 차륜에 테이퍼를 주어서 레일에 접촉하는 회전수를 같게 하기 위함이다.

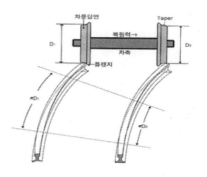

[사행동(snake motion)이 발생하면!]

－사행동에 의한 저항의 한도는 차축 속도와는 무관하며

－좌우 진동의 원인이 되고

－승차감 해치고

－레일이 파손되고

－사행동 탈선의 원인이 된다.

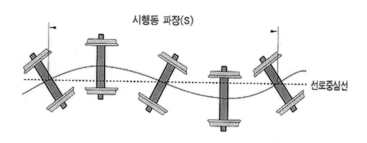

[사행동이란 무엇일까?]

① 차륜의 답면은 곡선을 원활하게 주행하기 위해 구배로 되어 있기 때문에, 직선주행에서는 진행방향의 운동과 가로 방향의 운동 상에 좌우로 진동이 생김

② 좌우의 직경차 때문에 윤축이 일정한 파장으로 인하여 좌우로 뱀처럼 움직임

③ 파장 S의 길이를 크게하여 사행동의 나쁜 영향을 최소화함

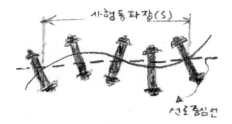

• 윤축: 차륜 2개와 이들을 연결하는 축의 조립체를 말함

• 차륜 답면의 기울기를 고려하여야 함

(2) 속도에 의한 저항

가. 동요 저항

－차량동요에 의한 저항은 차량의 전후, 상하, 좌우 동요로 인한 저항으로서 속도의 자승에 비례한다.

[차량 동요의 원인]

① 레일과 레일이음의 상하, 좌우 불일치로 인한 저항

② 곡선 선로 주행 시 열차에 작용하는 원심력

③ 차륜 답면의 경사도(테이퍼)로 인하여 발생하는 저항
④ 열차의 옆면에 작용하는 풍압에 의한 저항

나. 공기저항

－열차가 주행할 때 전면에는 공기와 마찰하고 후부에는 진공을 생기게 하면서 운
  행하게 되는데 이 공기로 인하여 열차에 저항을 주는 것을 공기저항이라 한다.
－공기저항은 열차의 진행을 방해하는 저항 중에서 가장 큰 원인이 되며 차량중
  량과는 무관하고 차량형상, 단면적, 연결량수, 공기와의 접촉면 등에 따라 결정
  된다.

① 공기저항의 분류

－공기저항은 전부저항, 후부저항, 차량 간 와류저항, 측면저항으로 분류된다.
－전부저항, 후부저항, 차량 간의 와류저항은 속도의 자승에 비례한다.
－측면·상하면 저항은 속도에 비례한다.

② 공기저항의 크기

－공기저항의 크기는 열차의 중간부를 1이라 할 때
－맨 앞쪽 차량의 저항은 10,
－두 번째 차량은 0.8,
－맨 뒤쪽부의 차량은 2.5의 크기 비율로 커진다.

■ 주행저항의 원인

주행저항의 원인별 분류		주행저항의 원인
기계에 의한 저항	기계부의 마찰·충격	
	차축과 축수 마찰	• $F = \mu \cdot W$(F=마찰력, μ =마찰계수, W =부담중량) • $R = \dfrac{Fd}{D} = \dfrac{\mu \cdot Wd}{D}$ [μ 값을 변화시키는 요인] −W증가 시 μ 감소(W의 제곱근의 비례) −윤활유 온도가 올라갈수록 μ 감소 −μ 값은 발차 시 최대, 3km/h 최소. 이후 V^2에 비례
	차륜과 레일간 마찰	• 전동마찰 • 사행동: 차륜답면경사(Taper)에 따른 정현파 상태 운동 • 플렌지와 레일면간 미끄럼마찰
속도에 의한 저항	차량 동요	• 차량의 전후, 상하, 좌우 동요로 인한 저항으로 V^2에 비례 • 고속에서 주행저항의 50% 이상 차지 • 휘임, 꼬임, 진동 등의 복합적 작용으로 진동방향을 단순 분류하기 어려움 [차량동요의 원인] −레일이음 상하, 좌우 불일치 −곡선부의 원심력 −풍압 −차량답면경사(Taper)
	공기 저항	• 주행저항 중 가장 중요(많은 비중을 차지) • 크기에 영향을 미치는 요소: $R = K\dfrac{AV^2}{W}$ (K: 차량형상, A: 단면적, V: 속도 & 연결량, W: 중량) • 전·후·차량간 와류저항은 속도의 자승에 비례하고, 측면·상하면 저항은 속도에 비례 • 장대편성 열차 톤당 공기저항은 감소하나 동차와 같이 단차 운전할 때는 커진다. • 공차 1톤당 주행저항은 영차(실은 차)보다 크다. [공기저항의 크기] −제1위 차량: 0.001V^2 −제2위 차량: 0.00008V^2 −중간 차량: 0.0001V^2 −후부 차량: 0.00025V^2

[주행저항의 일반식]

$$(R) = a + bV + cV^2 \ (kg/ton)$$
$$= (a + bV)W + cV^2 \ (kg)$$

1. 속도에 관계없는 인자 (a)
    (1) 기계부 마찰 저항
    (2) 차축과 축수간 마찰 저항
    (3) 차륜의 회전 마찰(=차륜과 레일간 마찰) 저항

2. 속도에 비례하는 인자 (b)
    (1) 플렌지와 레일간 마찰 저항
    (2) 충격에 의한 저항

3. 속도의 제곱에 비례하는 인자 (c)
    (1) 동요에 의한 저항
    (2) 공기저항

예제 다음 중 차량상태에 의한 열차저항의 조건으로 틀린 것은?

㉮ 차량의 구조   ㉯ 윤활유의 종류
㉰ 기후상태   ㉱ 차량의 종류

해설 [차량상태에 의한 열차저항의 조건]
    ① 차량의 구조
    ② 보수상태
    ③ 윤활유의 종류
    ④ 기후상태

예제 다음 중 평탄한 직선 선로 상에 정차중인 차량이 기동하지 않으려는 저항은?

㉮ 출발저항   ㉯ 주행저항
㉰ 구배저항   ㉱ 터널저항

해설 평탄한 직선선로 위에 정차중인 차량이 출발(기동)하지 않으려 하는 열차저항을 출발저항이라 한다.

예제 다음 중 열차저항의 최소치로 볼 수 있는 속도는?(기출문제)

㉮ 출발직전 ㉯ 3km/h

㉰ 12km/h ㉱ 27km/h

해설 열차가 출발 시에 차축 등의 회전마찰부의 유막 파괴로 발생하는 출발저항은 유막이 다시 형성되는 속도 3km/h 정도에서 최소치가 된다. 3km/h 이후부터는 주행저항으로 계산한다.

예제 다음 중 출발저항이 가장 큰 속도(km/h)는?

㉮ 0 ㉯ 1

㉰ 2 ㉱ 3

예제 다음 중 출발저항에 영향을 미치는 것으로 가장 거리가 먼 것은?

㉮ 정차시간 장단 ㉯ 차량의 종류

㉰ 운전상태 ㉱ 레일면의 상태

해설 [출발저항에 영향을 미치는 요소]
① 기온
② 정차시간의 장단
③ 차량의 종류
④ 윤활유
⑤ 운전상태

예제 출발저항에 대한 설명으로 틀린 것은?

㉮ 정차시간이 길수록 출발저항이 크다.
㉯ 일단 차량이 움직이면 유막이 다시 형성되어 3Km/h 전후에서 최소치가 된다.
㉰ 객차가 화차보다 출발저항이 크다.
㉱ 기온이 낮을수록 출발저항이 크다.

해설 출발저항은 기온이 높을수록, 정차시간이 길어질수록 커지며, 객차가 화차보다 크다.

예제 출발저항에 대한 설명으로 틀린 것은?(기출문제)

㉮ 기온이 높고 정차 시간이 길수록 크다.

㉯ 객차가 화차보다 출발저항이 작다.

㉰ 출발저항은 차량의 종류, 윤활유 등에 영향을 받는다.

㉱ 출발저항은 속도 3km/h 정도에서 최소치가 된다.

해설 객차가 화차보다 출발저항이 크다.

예제 평축인 전동차의 출발저항 값으로 옳은 것은?

㉮ 3kg/ton   ㉯ 6kg/ton

㉰ 5kg/ton   ㉱ 8kg/ton

■ 운전계획상 출발저항 값(kg/ton)

구분 차종	평상시 출발		구배(기울기)상에서 기동 시	
	평 축	Roller축	평 축	Roller축
객차열차	8	3	6	3
화물열차	8	–	8	5
기동열차	3	–	3	–
전동열차	3	–	3	–
단행기관차	8	5	8	5

예제 운전계획상 출발저항 값(kg/ton) 중에서 평상시 출발 평축일 때 값으로 틀린 것은?

㉮ 객차: 6kg   ㉯ 화물차: 8kg

㉰ 전동차: 3kg   ㉱ 단행기관차: 8kg

해설 평상시 출발평축일 때 객차 8kg이 운전계획상 출발저항값이다.

예제 다음은 주행저항에 대한 설명이다. 틀린 것은?

㉮ 차륜 답면의 경사도는 차량동요와 무관하다.
㉯ 공기저항은 차량중량과 무관하며 차량형상에 따라 다르다.
㉰ 기계에 의한 저항으로 차륜과 레일간의 마찰저항이 있다.
㉱ 견인전동기 입력 대 출력간의 손실은 포함하지 않는다.

해설 – 차륜 답면의 경사도는 차량동요와 밀접한 연관이 있다.
  – 주행저항은 진행방향과 반대로 작용하는 모든 저항의 총칭이며, 입력 대 출력간 손실, 치차전달손실 등은 포함하지 않는다. 주행저항은 객차가 화차보다, 공차가 영차보다, 편성량이 적을수록 크다.

예제 다음 중 주행저항에 대한 설명이다. 틀린 것은?

㉮ 열차가 주행할 때 그 진행방향과 반대로 작용하는 모든 저항을 말한다.
㉯ 전동기 입력 대 출력간의 손실, 치차의 전달손실 등을 포함한다.
㉰ 주행저항은 객차가 화차보다 크다.
㉱ 빈차가 실은 차보다 크고 편성량 수가 적을수록 크다.

해설 주행저항에는 입력 대 출력 간 손실, 치차전달 손실 등은 포함하지 않는다.

예제 다음 중 주행저항의 원인에 속하지 않는 것은?

㉮ 차축과 축수간 마찰저항   ㉯ 가속력에 의한 저항
㉰ 차륜답면과 레일간의 마찰저항   ㉱ 공기저항

■ 주행저항의 원인

주행저항의 원인별 분류		주행저항의 원인
기계에 의한 저항	기계부의 마찰·충격	
	차축과 축수 마찰	• $F = \mu \cdot W$(F=마찰력, μ =마찰계수, W=부담중량) • $R = \dfrac{Fd}{D} = \dfrac{\mu \cdot Wd}{D}$ [μ 값을 변화시키는 요인] –W증가 시 μ 감소(W의 제곱근의 비례) –윤활유 온도가 올라갈수록 μ 감소 –μ 값은 발차 시 최대, 3km/h 최소. 이후 V^2에 비례

	차륜과 레일간 마찰	• 전동마찰 • 사행동: 차륜답면경사(Taper)에 따른 정현파 상태 운동 • 플렌지와 레일면간 미끄럼마찰
속도에 의한 저항	차량 동요	• 차량의 전후, 상하, 좌우 동요로 인한 저항으로 V^2에 비례 • 고속에서 주행저항의 50% 이상 차지 • 휘임, 꼬임, 진동 등의 복합적 작용으로 진동방향을 단순 분류하기 어려움 [차량동요의 원인] −레일이음 상하, 좌우 불일치 −곡선부의 원심력 −풍압 −차량답면경사(Taper)
	공기 저항	• 주행저항 중 가장 중요(많은 비중을 차지) • 크기에 영향을 미치는 요소: $R = K\dfrac{AV^2}{W}$ 　(K: 차량형상, A: 단면적, V: 속도 & 연결량, W: 중량) • 전·후·차량간 와류저항은 속도의 자승에 비례하고, 측면·상하면 저항은 속도에 비례 • 장대편성 열차 톤당 공기저항은 감소하나 동차와 같이 단차 운전할 때는 커진다. • 공차 1톤당 주행저항은 영차(실은 차)보다 크다. [공기저항의 크기] −제1위 차량: $0.001 V^2$　−제2위 차량: $0.00008 V^2$ −중간 차량: $0.0001 V^2$　−후부 차량: $0.00025 V^2$

예제　다음 중 기계에 의한 저항이 아닌 주행저항은?

㉮ 기계부의 마찰 및 충격　　　　　　㉯ 차륜과 레일간의 마찰
㉰ 차축과 축수간의 마찰　　　　　　**㉱ 공기 및 차량동요에 의한 저항**

예제　다음 중 주행저항에 관한 사실 중 틀린 것은?

㉮ 객차가 화차보다 크다.　　　　　　㉯ 편성량수가 적을수록 크다.
㉰ 빈차가 실은 차보다 크다.　　　　　**㉱ 진행방향으로 작용하는 저항이다.**

예제 주행저항에서 차축과 축수 간 마찰저항(R)에 대한 것 중 틀린 것은?

㉮ 차축의 부담중량(W) 증가 시 마찰계수(μ) 값 감소

㉯ R값은 차륜 직경에 비례한다.

㉰ R값은 차축직경에 비례하고 축당 부담중량에 비례

㉱ 차축 부담중량에 비례한다.

해설 차륜과 축수간의 마찰저항(R)은 마찰계수(μ), 차축의 부담중량(W), 차축직경(d)에 비례하고, 차륜직경(D)에 반비례한다.

R = uW

(R: 차축과 축수간의 마찰력, u: 차륜과 축수간의 마찰계수, W: 차축상의 부담중량)

R = u × W × d/D

(R: 차축과 축수간의 마찰력, u: 차륜과 축수간의 마찰계수, D: 동륜직경, d: 차축직경)

예제 다음 중 차축과 축수간의 마찰에 의한 저항과 비례하는 것으로 틀린 것은?

㉮ **차륜직경**

㉯ 차축직경

㉰ 차축의 부담중량

㉱ 마찰계수

예제 다음 중 차축과 축수간의 마찰에 의한 저항에 관한 설명으로 틀린 것은?

㉮ 마찰계수에 비례한다.

㉯ 차축의 부담중량에 비례한다.

㉰ 차축의 직경에 비례한다.

㉱ **차륜직경에 비례한다.**

해설 R = u × W × d/D

(R: 차축과 축수 간의 마찰력, u: 차륜과 축수 간의 마찰계수, D: 동륜직경, d: 차축직경)

[축수(Bearing)(축받이)]

축수는 회전하는 축의 하중을 될 수 있는 한 마찰이 작도록 지지하는 기계요소이다.

사행동(蛇行動): 철도 차량의 공진현상의 하나다. 주로 직선부를 고속으로 주행할 경우 차체나 대차, 차축 등이 연직축 둘레 방향 회전 진동을 일으키는 현상이며, 궤도나 대차 · 차체에 손상을 준다. 정도가 심한 경우에는 탈선 사고의 원인이 되기도 하므로, 고속화에서는 특히 이 현상에 대한 대책이 중요하다.

예제 다음 중 주행저항 중 차축과 축수간의 마찰저항과 관련 없는 것은?

㉮ 차축의 부담중량과 마찰계수에 비례한다.
㉯ 마찰계수는 윤활유의 온도가 높을수록 적어진다.
㉰ **마찰계수는 출발 시 최대값, 3km/h에서 최소값, 이후 속도의 5승근에 비례하여 작아진다.**
㉱ 차륜의 회전을 방해하는 마찰력으로 차축직경에 비례한다.

해설 마찰계수는 출발 시 최대값, 3km/h에서 최소값, 이후 속도(V) 5승근에 비례하여 커진다.

[마찰계수(μ)를 변화시키는 요인]
① 차축의 부담중량(W) 증가 시에 μ값은 감소한다. (W의 제곱근에 반비례)
② μ값은 윤활유 온도가 높아질 때에는 적어진다.
③ μ값은 발차할 때 최대가 되었다가 약 3km/h의 속도에서 최소값을 갖으며, 이후 속도의 5승근에 비례한다.

$$\mu = K \frac{\sqrt[5]{V}}{\sqrt{P}}$$

[μ: 마찰계수, K: 상수, V: 속도(km/h), P: 축수압력(kg/cm^2)]

예제 다음 설명 중 틀린 것은?

㉮ 주행저항은 차축직경에 반비례하고 차륜직경에 비례한다.
㉯ 주행저항은 열차가 주행할 때 그 진행방향과 반대로 작용하는 모든 저항이다.
㉰ 속도에 의한 저항은 공기의 마찰, 차량의 동요 등이 있다.
㉱ 사행동에 의한 저항은 차륜답면과 레일간의 마찰저항이다.

예제 다음 중 차륜답면과 레일간에 발생하는 저항이 아닌 것은?

㉮ 전동마찰에 의한 저항

㉯ 동요에 의한 저항

㉰ 사행동에 의한 저항

㉱ 플랜지와 레일면간의 미끄럼 마찰저항

해설 차륜답면과 레일 간의 마찰저항에는 전동마찰에 의한 저항, 사행동(snake motion)에 의한 저항, 플랜지와 레일면 간의 미끄럼마찰 저항이 있다.

예제 다음 중 열차저항의 발생 원인이 가장 다른 것은?

㉮ 전동마찰   ㉯ 사행동

㉰ 플랜지와 레일마찰   ㉱ 내외레일 길이차

해설 전동마찰, 사행동에 의한 저항, 플랜지와 레일면간의 미끄럼 마찰저항은 주행저항의 발생 원인에 해당하며, 내외측레일의 길이 차이에 의한 저항은 곡선저항의 발생 원인에 해당한다.

■ 주행저항의 원인

주행저항의 원인별 분류	주행저항의 원인	
기계에 의한 저항	기계부의 마찰·충격	
	차축과 축수 마찰	• $F = \mu \cdot W$(F=마찰력, μ=마찰계수, W=부담중량) • $R = \dfrac{Fd}{D} = \dfrac{\mu \cdot Wd}{D}$ [μ 값을 변화시키는 요인] −W증가 시 μ 감소(W의 제곱근의 비례) −윤활유 온도가 올라갈수록 μ 감소 −μ 값은 발차 시 최대, 3km/h 최소. 이후 V^2에 비례
	차륜과 레일간 마찰	• 전동마찰 • 사행동: 차륜답면경사(Taper)에 따른 정현파 상태 운동 • 플랜지와 레일면간 미끄럼마찰

속도에 의한 저항	차량 동요	• 차량의 전후, 상하, 좌우 동요로 인한 저항으로 V^2에 비례 • 고속에서 주행저항의 50% 이상 차지 • 휘임, 꼬임, 진동 등의 복합적 작용으로 진동방향을 단순 분류하기 어려움 [차량동요의 원인] −레일이음 상하, 좌우 불일치 −곡선부의 원심력 −풍압 −차량답면경사(Taper)
	공기 저항	• 주행저항 중 가장 중요(많은 비중을 차지) • 크기에 영향을 미치는 요소: $R = K\dfrac{AV^2}{W}$ (K: 차량형상, A: 단면적, V: 속도 & 연결량, W: 중량) • 전·후·차량간 와류저항은 속도의 자승에 비례하고, 측면·상하면 저항은 속도에 비례 • 장대편성 열차 톤당 공기저항은 감소하나 동차와 같이 단차 운전할 때는 커진다. • 공차 1톤당 주행저항은 영차(실은 차)보다 크다. [공기저항의 크기] −제1위 차량: $0.001V^2$ −제2위 차량: $0.00008V^2$ −중간 차량: $0.0001V^2$ −후부 차량: $0.00025V^2$

예제 **차륜답면경사(테이퍼)에 따른 정현파 운동으로 발생하는 저항은 무엇인가?**

㉮ 전동마찰에 의한 저항   ㉯ 사행동에 의한 저항

㉰ 차량 동요에 의한 저항   ㉱ 공기에 의한 저항

해설 철도차량은 주행중 차륜과 레일의 상호작용, 선로조건 등에 따라 상,하,좌,우 진동과 흔들림이 발생하게 되는데 이러한 현상은 차량의 진행방향으로 볼 때 뱀이 기어가는 형상과 같다하여 사행동이라 한다.
  − 사행동은 철도 차량의 공진현상의 하나로 주로 직선부를 고속으로 주행할 경우 차체나 대차, 차축 등이 연직축 둘레 방향 회전 진동을 일으키는 현상이며, 승차감을 떨어뜨리고 레일이 파손되며 사행동 탈선의 원인이 되기도 한다.

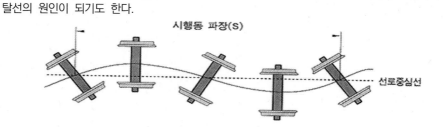

시행동 파장(S)

선로중심선

예제 다음 중 철도차량의 사행동 발생의 가장 큰 원인으로 생각할 수 있는 것은?

㉮ 레일상하동　　　　　　　　　　㉯ 차량상하동

㉰ 좌굴현상　　　　　　　　　　　　㉱ 차륜답면 형상

[차륜답면]

- 열차는 다음 그림에서 보듯 양쪽 차륜의 플랜지에 의해 레일에서 탈출되지 않고 차륜답면은 레일과 직접 접촉하면서 굴러가는 구조로 되어 있다.
- 차륜답면은 원뿔대처럼 테이퍼(Taper)져 있어 바깥쪽으로 갈수록 차륜의 지름이 작아지는데 차륜의 이 테이퍼(Taper) 구조야말로 무리 없고 안전한 열차 주행 비밀의 핵심이다.
- 테이퍼(Taper)형 차륜답면은 다음 그림처럼 윤측이 좌우 어느 한쪽으로 쏠릴 경우 복원력이 작용하여 차량이 항상 선로의 중앙을 향하게 해준다.

> 차륜단면형상: 차륜은 내·외측이 동시에 회전하기 때문에 곡선에서는 내측레일의 길이가 곡선반경에 따라 외측보다 짧아서 속도(치차) 차가 발생한다. 그래서 차륜에 테이퍼를 주어서 레일에 접촉하는 회전수를 같게 하기 위함이다.

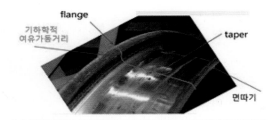

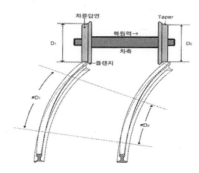

차량은 내·외측이 동시에 회전하기 때문에 곡선에서는 내특레일의 길이가 곡선반경에 따라 외측보다 짧아서 속도(치차)가 발생한다.
그래서 차륜에 테이퍼를 주어서 레일에 접촉하는 회전수를 같게 하기 위함이다.

예제 다음 중 철도차량 사행동의 주원인은?

㉮ **차륜답면의 구배**　　　　　　　㉯ 레일의 형상

㉰ 궤도의 틀림　　　　　　　　　　㉱ 차륜과 레일의 마찰

예제 다음 중 차량동요의 원인으로 맞는 것은?

㉮ 곡선부의 구심력   ㉯ 횡압
㉰ **차륜답면 테이퍼**   ㉱ 캔트

해설 차량동요의 원인은 레일이음의 상하·좌우 불일치, 곡선부의 원심력 작용, 풍압, 차륜답면의 경사도(테이퍼) 등이 있다.

예제 다음 중 주행저항의 원인 중 가장 큰 값을 갖는 인자는?

㉮ 차축과 축수간의 마찰저항   ㉯ **공기마찰에 의한 저항**
㉰ 차륜답면과 레일간 마찰저항   ㉱ 차량동요저항

해설 열차가 주행할 때 전면에는 공기와 마찰하는 저항이, 후부에서는 진공으로 인한 저항이 발생하는데 이 공기로 인해 발생하는 저항을 공기저항이라고 한다. 공기저항은 주행저항의 주요한 비중을 차지하고 있다.

예제 다음 중 공기저항에 대한 설명으로 틀린 것은?

㉮ 견인량수가 많은 경우 톤당 공기저항은 감소한다.
㉯ 중간부 저항을 1이라고 하면 후부 저항은 2.5정도이다.
㉰ 후부저항은 와류현상이 발생하여 안 끌려 가려는 현상이 발생한다.
㉱ **동차와 같이 단차운전 시 공기저항은 감소한다.**

예제 다음 중 속도의 제곱에 비례하지 않는 공기에 의한 열차저항은?

㉮ 열차전면에 가해지는 저항   ㉯ 열차후부저항
㉰ 차량 간의 와류저항   ㉱ **측면저항**

해설 ① 공기저항은 전부저항, 후부저항, 차량 간 와류저항, 측면저항으로 분류한다.
② 전부저항, 후부저항, 차량간의 와류저항은 속도의 자승에 비례하고
③ 측면 및 상하면 저항은 속도에 비례한다.

■ 주행저항의 원인

주행저항의 원인별 분류	주행저항의 원인	
기계에 의한 저항	기계부의 마찰·충격	
	차축과 축수 마찰	• $F = \mu \cdot W$(F＝마찰력, μ＝마찰계수, W＝부담중량) • $R = \dfrac{Fd}{D} = \dfrac{\mu \cdot Wd}{D}$ [μ 값을 변화시키는 요인] －W증가 시 μ 감소(W의 제곱근의 비례) －윤활유 온도가 올라갈수록 μ 감소 －μ 값은 발차 시 최대, 3km/h 최소. 이후 V^2에 비례
	차륜과 레일간 마찰	• 전동마찰 • 사행동: 차륜답면경사(Taper)에 따른 정현파 상태 운동 • 플렌지와 레일면간 미끄럼마찰
속도에 의한 저항	차량 동요	• 차량의 전후, 상하, 좌우 동요로 인한 저항으로 V^2에 비례 • 고속에서 주행저항의 50% 이상 차지 • 휨, 꼬임, 진동 등의 복합적 작용으로 진동방향을 단순 분류하기 어려움 [차량동요의 원인] －레일이음 상하, 좌우 불일치 －곡선부의 원심력 －풍압 －차량답면경사(Taper)
	공기 저항	• 주행저항 중 가장 중요(많은 비중을 차지) • 크기에 영향을 미치는 요소: $R = K\dfrac{AV^2}{W}$ (K: 차량형상, A: 단면적, V: 속도 & 연결량, W: 중량) • 전·후·차량간 와류저항은 속도의 자승에 비례하고, 측면·상하면 저항은 속도에 비례 • 장대편성 열차 톤당 공기저항은 감소하나 동차와 같이 단차 운전할 때는 커진다. • 공차 1톤당 주행저항은 영차(실은 차)보다 크다. [공기저항의 크기] －제1위 차량: $0.001V^2$ －제2위 차량: $0.00008V^2$ －중간 차량: $0.0001V^2$ －후부 차량: $0.00025V^2$

예제 공기에 의한 저항 분류 중 속도에 비례하는 것으로 맞는 것은?

㉮ 전부저항　　　　　　　　　　　　㉯ 후부저항

㉰ 차량 간의 와류저항　　　　　　　㉱ 상하면 저항

예제 다음 중 공기저항에 대한 설명 중 틀린 것은?(기출문제)

㉮ 1톤당 주행저항은 공차에 비해 영차가 크다.

㉯ 장대편성 열차의 톤당, 공기저항은 점차 감소하지만 단차 운전할 때는 커진다.

㉰ 차량중량과는 무관하며, 차량형상, 단면적, 연결량 수에 따라 다르다.

㉱ 차량 전부, 후부, 차량 간 와류저항은 속도의 제곱에 비례한다.

예제 공기저항의 크기가 가장 크게 작용하는 곳은?

㉮ 전면부　　　　　　　　　　　　　㉯ 기관차 차위

㉰ 열차 후부의 저항　　　　　　　　㉱ 열차의 중간부

해설 공기저항의 크기는 열차의 중간 부를 10이라 할 때 전면부의 저항은 10, 기관차 차위의 차량은 0.8, 열차후부의 차량은 2.5의 크기 비율로 커진다.

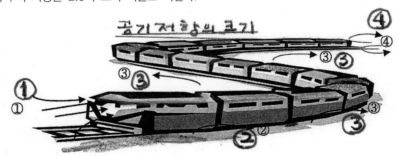

예제 공기저항에서 중간차량의 저항을 1이라 할 때 후부차량은 몇 배의 저항을 가지게 되는가? (기출문제)

㉮ 0.8　　　　　　　　　　　　　　㉯ 1

㉰ 2.5　　　　　　　　　　　　　　㉱ 10

해설 중간차량의 공기저항은 0.001V2이고, 후부차량의 공기저항은 0.00025V2이므로 후부차량은 2.5배의 저항을 가지게 된다.

`예제` 차간 공기저항을 5로 봤을 때 후부공기저항의 값은?

㉮ 50
㉯ 7.5
㉰ 12.5
㉱ 0.5

`해설` 열차의 중간부가 10이라면 열차의 후부차량은 2.5의 크기비율을 갖는다. 차간 공기저항이 5이므로 후부차량의 2.5×5=12.5가 도출된다.

`예제` 최후부 차량의 공기저항(무풍의 경우) 값은?

㉮ $0.001V^2$
㉯ $0.00025V^2$
㉰ $0.0001V^2$
㉱ $0.0008V^2$

■ 주행저항의 원인

주행저항의 원인별 분류		주행저항의 원인
기계에 의한 저항	기계부의 마찰 · 충격	
	차축과 축수 마찰	• $F = \mu \cdot W$(F=마찰력, μ =마찰계수, W=부담중량) • $R = \dfrac{Fd}{D} = \dfrac{\mu \cdot Wd}{D}$ [μ 값을 변화시키는 요인] −W증가 시 μ 감소(W의 제곱근의 비례) −윤활유 온도가 올라갈수록 μ 감소 −μ 값은 발차 시 최대, 3km/h 최소. 이후 V^2에 비례
	차륜과 레일간 마찰	• 전동마찰 • 사행동: 차륜답면경사(Taper)에 따른 정현파 상태 운동 • 플렌지와 레일면간 미끄럼마찰
속도에 의한 저항	차량 동요	• 차량의 전후, 상하, 좌우 동요로 인한 저항으로 V^2에 비례 • 고속에서 주행저항의 50% 이상 차지 • 휘임, 꼬임, 진동 등의 복합적 작용으로 진동방향을 단순 분류하기 어려움 [차량동요의 원인] −레일이음 상하, 좌우 불일치 −곡선부의 원심력 −풍압 −차량답면경사(Taper)

속도에 의한 저항	공기 저항	• 주행저항 중 가장 중요(많은 비중을 차지) • 크기에 영향을 미치는 요소: $R = K\dfrac{AV^2}{W}$ 　(K: 차량형상, A: 단면적, V: 속도 & 연결량, W: 중량) • 전·후·차량간 와류저항은 속도의 자승에 비례하고, 측면·상하면 저항은 속도에 비례 • 장대편성 열차 톤당 공기저항은 감소하나 동차와 같이 단차 운전할 때는 커진다. • 공차 1톤당 주행저항은 영차(실은 차)보다 크다. [공기저항의 크기] 　－제1위 차량: $0.001\,V^2$　－제2위 차량: $0.00008\,V^2$ 　－중간 차량: $0.0001\,V^2$　－후부 차량: $0.00025\,V^2$

예제 다음 중 주행저항의$(a+bV+cV^2)$ 수식에 관한 설명으로 틀린 것은?

㉮ a, b, c는 상수라고 한다.

㉯ c는 주로 공기저항 인자를 말한다.

㉰ b는 동요에 의한 차량의 저항에서 나온 수치이다.

㉱ a는 차축과 축수간의마찰저항에서 나온 수치이다.

해설 'b'는 속도에 비례하는 인자로서 (1) 플렌지와 레일간 마찰저항과 (2) 충격에 의한 저항으로부터 나온 수치이다.

[주행저항의 일반식]

$$(R) = a + bV + cV^2 \ (kg/ton)$$
$$= (a + bV)W + cV^2 \ (kg)$$

1. 속도에 관계없는 인자 (a)

　(1) 기계부 마찰 저항

　(2) 차축과 축수간 마찰 저항

　(3) 차륜의 회전 마찰(＝차륜과 레일간 마찰) 저항

2. 속도에 비례하는 인자 (b)

　(1) 플렌지와 레일간 마찰 저항

　(2) 충격에 의한 저항

3. 속도의 제곱에 비례하는 인자 (c)
   (1) 동요에 의한 저항
   (2) 공기저항

예제 주행저항에서 속도와 관계없는 것은?

㉮ 차륜의 회전마찰저항　　　　　㉯ 동요에 의한 저항
㉰ 공기저항　　　　　　　　　　㉱ 충격에 의한 저항

예제 다음 중 주행저항에서 속도에 관계없는 인자로 맞는 것은?

㉮ 충격에 의한 저항　　　　　　㉯ 플렌지 마찰저항
㉰ 차축과 축수간 마찰저항　　　　㉱ 동요에 의한 저항

해설 플렌지와 레일간의 마찰저항이지 플렌지 마찰저항은 아니다.

예제 열차주행시 발생하는 주행저항 인자 중 속도에 비례하는 것은?

㉮ 공기에 의한 저항　　　　　　㉯ 후렌지와 레일간의 마찰저항
㉰ 기계부분의 마찰저항　　　　　㉱ 차륜의 회전마찰저항

해설 속도에 비례하는 주행저항인자 (b)는 (1) 프렌지와 레일간의 마찰저항과 (2) 충격에 의한 저항이다.

예제 주행저항 중 속도의 제곱에 비례하는 것은?

㉮ 레일과 후렌지 마찰저항　　　　㉯ 동요에 의한 저항
㉰ 차축과 축수간 마찰저항　　　　㉱ 충격에 의한 저항

해설 주행저항 중 속도의 제곱(V^2)에 비례하는 인자(c)는 (1) 동요에 의한 저항과 (2) 공기저항이다.

예제 다음 주행저항 중 속도의 제곱에 비례하는 인자로 맞게 연결된 것은?

㉮ 동요에 의한 저항, 공기에 의한 저항

㉯ 기계부분의 마찰저항, 충격에 의한 저항

㉰ 공기에 의한 저항, 차축과 축수간의 마찰저항

㉱ 차축과 축수간의 마찰저항, 동요에 의한 저항

예제 다음 중 열차 주행저항의 속도에 비례하는 인자(b)는?

㉮ 공기저항   ㉯ 차륜의 회전 마찰저항

㉰ 충격에 의한 저항   ㉱ 동요에 의한 저항

해설 충격에 의한 저항은 주행저항의 속도에 비례하는 인자(b)이다. 속도에 비례하는 인자는 (1) 플랜지와 레일간의 마찰저항, (2) 충격에 의한 저항이다.

■ 주행저항의 원인

주행저항의 원인별 분류		주행저항의 원인
기계에 의한 저항	기계부의 마찰·충격	
	차축과 축수 마찰	• $F = \mu \cdot W$(F=마찰력, μ =마찰계수, W=부담중량) • $R = \dfrac{Fd}{D} = \dfrac{\mu \cdot Wd}{D}$ [μ 값을 변화시키는 요인] −W증가 시 μ 감소(W의 제곱근의 비례) −윤활유 온도가 올라갈수록 μ 감소 −μ 값은 발차 시 최대, 3km/h 최소. 이후 V^2에 비례
	차륜과 레일간 마찰	• 전동마찰 • 사행동: 차륜답면경사(Taper)에 따른 정현파 상태 운동 • 플렌지와 레일면간 미끄럼마찰
속도에 의한 저항	차량 동요	• 차량의 전후, 상하, 좌우 동요로 인한 저항으로 V^2에 비례 • 고속에서 주행저항의 50% 이상 차지 • 휨임, 꼬임, 진동 등의 복합적 작용으로 진동방향을 단순 분류하기 어려움 [차량동요의 원인] −레일이음 상하, 좌우 불일치 −곡선부의 원심력 −풍압 −차량답면경사(Taper)

속도에 의한 저항	공기 저항	• 주행저항 중 가장 중요(많은 비중을 차지) • 크기에 영향을 미치는 요소: $R = K\dfrac{AV^2}{W}$ 　(K: 차량형상, A: 단면적, V: 속도 & 연결량, W: 중량) • 전·후·차량간 와류저항은 속도의 자승에 비례하고, 측면·상 　하면 저항은 속도에 비례 • 장대편성 열차 톤당 공기저항은 감소하나 동차와 같이 단차 운 　전할 때는 커진다. • 공차 1톤당 주행저항은 영차(실은 차)보다 크다. [공기저항의 크기] 　－제1위 차량: $0.001\,V^2$　－제2위 차량: $0.00008\,V^2$ 　－중간 차량: $0.0001\,V^2$　－후부 차량: $0.00025\,V^2$

예제 다음 중 열차의 공기저항을 감소시키기 위한 대책으로서 틀린 것은?

㉮ 선두부 형상을 유선형으로 설계한다.

㉯ 차체 사이의 간격을 최대한 이격한다.

㉰ 차체의 단면적을 작게 한다.

㉱ 차체간의 상대운동을 감소시킨다.

해설 차체간의 간격을 최대한 축소시키고 상대운동을 작게 한다.

4. 구배저항

－열차가 구배선(경사선)을 운전할 때 지구의 중력에 반하여 진행하므로 이 중력을 이기기 위한 힘이 더 필요하게 되며 이 저항을 구배저항이라고 한다.

－구배저항은 지구중력에 의하여 생기는 것이므로 그 크기는 열차의 중량과 구배의 경사에 정비례하여 증감한다.

1) 구배저항의 산식

$$Rg = W\ \tan\ \theta$$

(Rg :구배저항, W: 열차중량(ton), θ: 구배의 각도)

[가상구배저항]

$$iv = I - 30A$$

[iv: 가상구배(‰), I: 실제구배(‰), A: 감속도(km/h/s)]

예제 다음 중 지구중력과 가장 관계가 있는 저항은?

㉠ 구배저항   ㉡ 주행저항
㉢ 곡선저항   ㉣ 터널저항

해설 구배가 있는 선로 위를 운전할 때 지구중력에 반하여 진행하므로 여기에는 주행저항 이외에 여분의 견인력이 필요하게 되는 저항이 생기게 되는데 이 저항을 구배저항이라고 한다. 구배저항은 지구중력에 의하여 생기는 것이므로 그 크기는 열차의 중량과 구배(기울기)의 경사에 정비례하여 증감한다.

예제 다음 중 구배저항에 대한 설명으로 틀린 것은?

㉠ 지구중력의 작용에 의해 발생한다.
㉡ 차량중량과 구배 기울기에 비례한다.
㉢ 열차운전에 가장 큰 영향을 주는 저항이다.
㉣ 속도의 변화를 환산한 것으로 환산구배저항이 있다.

해설 구배구간을 운전하는 열차의 속도변화를 구배로 환산하여 실제구배에 대수적으로 가산한 구배를 가상구배저항이라 한다.

예제 다음 중 열차의 구배저항에 관한 설명으로 볼 수 없는 것은?

㉮ 구배저항은 지구중력에 의하여 발생하는 저항이다.

㉯ **구배저항값은 구배량의 제곱에 비례하는 값을 가진다.**

㉰ 25‰ 구배를 상향 운전하는 열차의 경우 25kg의 ton당 저항 값을 가진다.

㉱ Rg = W tan θ(W: 열차중량(ton), θ: 구배의각도)식을 활용하여 크기를 산정한다.

해설 구배구간을 운전하는 열차의 속도변화를 구배로 환산하여 실제구배에 대수적으로 가산한 구배를 가상구배저항이라 한다.

예제 **20‰의 상구배에 R 200m 곡선이 있는 경우의 열차의 저항 값(kg)은 얼마인가? (열차의 총중량은 100ton이다.)**

㉮ 2,200   ㉯ 2,250

㉰ 2,300   ㉱ **2,350**

해설 20 + 700/200 = 23.5kg/ton × 100ton = 2,350kg
환산구배(ic) = i + 700/R (구배 + 곡선)

예제 운전기술상 구배에 대한 정의로 옳지 않은 것은?

㉮ 표준구배: 인접 역간 임의의 지점간의 거리 1km 안에 있는 최급구배

㉯ 지배구배: 열차운전에 있어서 최대의 견인력이 요구되는 구배

㉰ **환산구배: 실제구배와 곡선저항을 구배로 환산하여 표시한 구배**

㉱ 표준구배: 1km 내에 2 이상 구배가 있을 경우 1km 내의 평균구배

[운전기술상 구배의 정의]

① 표준구배: 인접 역간 또는 신호소간 임의의 지점간 거리 1km내에 있는 최급구배를 말하며, 1km 내에 2 이상의 구배가 있는 경우 평균구배
② 지배구배(제한구배): 최대의 견인력이 요구되는 구배
③ 가상구배: 열차의 속도변화를 구배로 환산하여 실제구배에 대수적으로 가산한 구배
④ 환산구배: 곡선저항을 구배로 환산하여 표시한 구배
⑤ 타력구배: 열차의 타행력으로 올라갈 수 있는 구배
⑥ 반향구배: 상하구배가 교대로 이어지는 구배
⑦ 평균구배: 구배저항과 구간 길이를 곱해서 구간길이로 나눈 것
⑧ 등가구배: 구배와 열차장을 고려하여 견인정수 산정을 위한 계산상의 최대구배

예제 표준구배 설명 중 다음 빈 칸에 올바른 것끼리 짝지어진 것은?

> [인접 역간 또는 신호소 간 임의의 지점간의 거리 1km안에 있는 (ㄱ)라 하고 1km 내에 2개의 이상의 구배가 있을 때에는 1km 내의 (ㄴ)라 한다.]

㉮ 환산구배 - 타력구배   ㉯ 표준구배 - 최급구배

㉰ **최급구배 - 평균구배**   ㉱ 반향구배 - 등가구배

예제 다음 열차운전에 있어서 최대의 견인력이 요구되는 구배는?

㉮ **지배구배**   ㉯ 가상구배

㉰ 표준구배   ㉱ 평균구배

해설 최대의 견인력이 요구되는 구배는 지배구배(제한구배)라고 한다.

예제 다음 중 견인정수 산정을 위한 최대구배로서 구배와 열차장을 고려한 구배는?

㉮ 사정구배   ㉯ 평균구배

㉰ 가상구배   ㉱ **등가구배**

해설 견인정수를 산정하기 위한 계산상의 최대구배는 등가구배이다.

예제 다음 중 열차의 속도변화를 구배로 환산하여 나타낸 구배는 무엇인가?

㉮ 지배구배   ㉯ 환산구배

㉰ **가상구배**   ㉱ 등가구배

해설 열차의 속도변화를 구배로 환산하여 실제구배에 대수적으로 가산한 구배를 가상구배라고 한다.

예제 다음 중 가상구배를 나타내는 것으로 맞는 것은?

㉮ **실제구배 + 가속도저항**   ㉯ 실제구배 + 곡선저항

㉰ 환산구배 + 가속도저항   ㉱ 타력구배 + 곡선저항

해설 열차의 속도변화는 가속도를 의미하므로 가상구배는 실제구배에 가속도에 따른 저항, 즉 가속도저항을 포함하는 구배로 볼 수 있다.

예제 다음 중 곡선저항을 구배저항으로 환산하여 표시한 구배는?

㉮ 표준구배   ㉯ 환산구배

㉰ 반향구배   ㉱ 타력구배

해설 곡선저항을 구배저항으로 환산하여 표시한 구배를 환산구배라고 한다.

예제 다음 중 환산구배를 나타내는 것으로 맞는 것은?

㉮ 곡선저항+터널저항   ㉯ 곡선저항+구배저항

㉰ 곡선저항+주행저항   ㉱ 곡선저항+출발저항

해설 구배저항과 곡선저항의 합 또는 곡선저항을 구배저항으로 환산한 값을 환산구배라 한다.

예제 다음 중 15‰ 상구배에 280m곡선이 있다면 환산구배는?

㉮ 16   ㉯ 16.5

㉰ 17.5   ㉱ 18

해설 $i_c = i + 700/R$ (‰) $= 15 + 700/280 = 17.5$ (‰)

예제 30‰ 상구배에서 500m의 곡선을 가진 선로와 같은 환산구배는?

㉮ 28.6‰   ㉯ 31.4‰

㉰ 35.6‰   ㉱ 29.8‰

해설 500R일 때 직선부분과 동일한 속도를 내려면 31.4‰이 되어야 한다.
$i_c = i + 700/R$ (‰) $= 15 + 700/500 = 31.4$ (‰)

예제 열차가 가진 운동에너지가 구배가 가진 위치에너지를 상쇄시키면서 오르는 구배는?

㉮ 타력구배   ㉯ 반복구배
㉰ 가상구배   ㉱ 평균구배

해설 열차의 화행력으로 올라갈 수 있는 구배를 화력구배라고 한다. 이는 열차의 운동에너지가 경사(구배)의
위치에너지를 상쇄(극복)시키면서 오르는 구배와 같다.

예제 다음 중 상하구배가 교대로 이어지는 구배는?

㉮ 가상구배   ㉯ 타력구배
㉰ 반향구배   ㉱ 평균구배

해설 상하의 구배(경사)가 교대로 나타나면서 연결되는 구배를 반향구배라고 한다.

예제 다음 중 35/100의 상구배를 가속도 1.0km/h/s으로 운행한 열차가 받은 톤당 가상구배 저항값은?

㉮ 4kg/ton   ㉯ 5kg/ton
㉰ 6kg/ton   ㉱ 3kg/ton

해설 가상구배저항   iv= I − 30A   [iv: 가상구배(‰), I: 실제구배(‰), A: 감속도(km/h/s)]
iv = 35 − (30 × 1) = 5kg/ton

예제 평지에서 하구배 20‰일 때 곡선반경 350을 지나는 곳에서도 평지와 같은 값을 가지려면
몇 하구배여야 하는가?(기출문제)

㉮ -18‰   ㉯ 22‰
㉰ -22‰   ㉱ 18‰

해설 ic = i + 700/R (‰)식에서   ic = −20 + (−700/350) = −22‰

예제 30‰ 상구배에서 R= 350인 곡선이 있다 이 곡선부분의 열차저항을 직선부분과 동등하게
만들려면 구배는 얼마인가?

㉮ 33.5‰　　　　　　　　　　　㉯ 27.5‰

㉰ 32‰　　　　　　　　　　　　㉱ 28‰

해설　$i_c = i + 700/R$ (‰)식에서　$i_c = 30 + 700/350 = 32‰$

5. 곡선저항

[차륜답면에 페이퍼를 두는 이유]

－차륜내측 직경을 크게 하고 외측직경을 작게 하여 곡선을 통과하면 내측차륜은 곡
　선반경이 작은 답면으로 회전하게 되고

－외측차륜은 곡선반경이 큰 답면으로 회전하게 되므로 곡선을 용이하게 주행할 수 있다.

[차륜답면]

■ 열차는 다음 그림에서 보듯 양쪽 차륜의 플랜지에 의해 레일에서 탈출되지 않고 차륜답면은 레일
　과 직접 접촉하면서 굴러가는 구조로 되어있다.

■ 차륜답면은 원뿔대처럼 테이퍼(Taper)져 있어 바깥쪽으로 갈수록 차륜의 지름이 작아지는데 차륜
　의 이 테이퍼(Taper) 구조야말로 무리 없고 안전한 열차 주행 비밀의 핵심이다.

■ 테이퍼(Taper)형 차륜답면은 다음 그림처럼 윤측이 좌우 어느 한쪽으로 쏠릴 경우 복원력이 작용
　하여 차량이 항상 선로의 중앙을 향하게 해준다.

차륜단면형상: 차륜은 내·외측이 동시에 회전하기 때문에 곡선에서는 내측레일의 길이가 곡
선반경에 따라 외측보다 짧아서 속도(치차) 차가 발생한다. 그래서 차륜에 테이퍼를 주어서 레
일에 접촉하는 회전수를 같게 하기 위함이다.

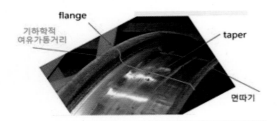

차량은 내·외측이 동시에 회전하기 때문에 곡선에서
는 내특레일의 길이가 곡선반경에 따라 외측보다 짧아
서 속도(치차)가 발생한다.
그래서 차륜에 테이퍼를 주어서 레일에 접촉하는 회전
수를 같게 하기 위함이다.

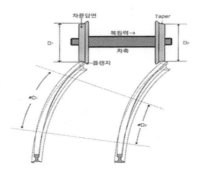

1) 곡선저항의 발생원인

    (1) 내외 레일 길이차에 의한 저항
    (2) 관성력 및 원심력에 의한 궤조와 차륜간의 마찰저항
    (3) 차륜이 곡선 운전 시 회전중심으로부터 전부는 곡선의 내측으로 후부는 외측으로
        활동하게 됨으로써 발생하는 궤조와 차륜답면의 마찰저항

2) 곡선저항의 크기를 좌우하는 인자

    −곡선저항의 크기는 곡선반경의 대소, 캔트량, 스랙량, 운전속도, 대차고정축거, 궤조
      의 형태 및 마찰력 등에 의한 제한을 받는다.
    −곡선저항은 곡선에서 고정축거가 클수록 곡선반경이 작을수록 크다.

[곡선구간을 통과하는 차륜답면]

■ 축 외측의 회전거리 πD1이 내축의 회전거리 πD2보다 크게 되어서 가능하다.
■ 이처럼 차륜답면이 테이퍼(Taper)져 있는 것은 주행의 안전성과 곡선을 원활하게 통과하도록 한다.
■ 이는 곡선구간에서 적당한 slack 주어져 있을 때 가능하다.

자료: 김경수 선로이야기

3) 곡선저항의 크기를 좌우하는(영향을 미치는) 인자

    ① 곡선반경의 대소
    ② 캔트량
    ③ 슬랙량
    ④ 운전속도
    ⑤ 대차고정축거
    ⑥ 궤조의 형태 및 마찰력
    −곡선저항은 곡선에서 고정축거가 클수록 곡선반경이 작을수록 크다.

4) 곡선저항의 산정식

운전 계획상 곡선 저항 일반식

곡선저항값(모리손실험식)	rc = 700/R (kg/ton)
운전계획상곡선저항식	Rc = 700W/R (kg)

5) 슬랙(Slack)

- 차량이 곡선부를 원활하게 통과하도록 바깥쪽 레일을 기준으로 안쪽 궤간을 확대하는 것을 말한다.
- 반경 600미터 이하인 곡선구간의 궤도에는 다음의 공식에 의하여 산출된 슬랙을 두어야 한다. 다만 슬랙은 밀리미터 이하 30mm로 한다.

슬랙의 공식은	S = (2,400/R) – S' (mm) (S' = 0~15)

[슬랙(Slack: 확대 궤간)]

- 철도선로에서 차량의 고정 축거가 곡선을 원활하게 통과하기 위해서는 표준궤간에 곡선 내측레일을 궤간 외측으로 확대시켜야 한다.
- 곡선선로의 궤간이 넓어지게 된다.

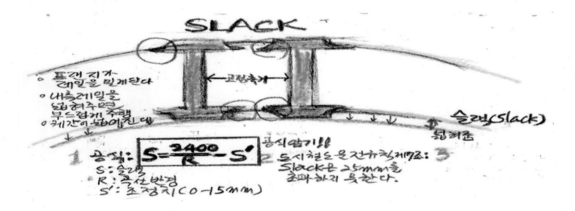

○ 곡선에서 고정축거와 궤간의 인터페이스

내측레일 외측레일

고정축거
4.50

taper

차륜단면형상

flange

기하학적
여유가동거리

taper

면따기

차량은 내·외측이 동시에 회전하기 때문에 곡선에서는 내특레일의 길이가 곡선반경에 따라 외측보다 짧아서 속도(치차)가 발생한다.
그래서 차륜에 테이퍼를 주어서 레일에 접촉하는 회전수를 같게 하기 위함이다.

6) 횡압

- 횡압은 차량이 곡선의 통과나 사행동에 의해 생긴다.
- 진행방향 외측 차륜의 플렌지가 레일을 미는 상태가 된다.
- 이를 곡선저항의 횡압이라 한다.
- 곡선저항의 횡압력의 크기가 수직력의 70~80%에 이르면 차량이 탈선할 수 있다.

[횡압 발생 원인]

횡압은 곡선의 통과나 차량의 사행동 등에 의하여 생긴다.
진행방향 외측 차륜의 플렌지가 레일을 미는 상태에서 생긴다.

[발생원인]
① 차량이 곡선을 통과할 때 차륜의 플랜지가 외측 레일을 미는 힘에 의하여 발생
② 곡선 통과 시 불평형 원심력의 좌우 방향 성분, 즉 차량이 켄트(Cent) 설정속도 이상으로 주행 시는 외측으로 그 이하로 주행 시는 내측으로 작용하는 힘에 의하여 발생
③ 차량 동요에 따라 차량의 사행동과 궤도의 틀림에 의하여 발생
④ 분기기 및 신축이음매 등 특수개소를 주행할 때 발생하는 충격력

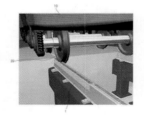

---

6. 터널 저항

1) 터널저항의 제한요소

- 터널저항의 크기는 터널의 단면적 길이 측면형상 및 열차의 속도 등에 따라 다르다.
- 그러나 곡선저항, 구배저항보다 극히 적은 값을 가지므로 한국철도 속도정수사정기준규정에서는 운전계획상 500m 이상의 터널에서의 환산 저항값을 일괄 적용하고 있다.

2) 환산저항값

- 한국철도에서는 중저속용열차(150km/h 이하)에서는
- 단선터널 $Rt_1 = 2(kg/ton)$, 복선터널 $Rt_2 = 1(kg/ton)$을 적용하고 있다.

[환산저항값]
① 단선터널의 곡선저항: $Rt_1 = 2(kg/ton)$
② 복선터널의 곡선저항: $Rt_2 = 1(kg/ton)$

예제 다음 중 곡선저항 발생 원인이 아닌 것은?

㉮ 내외측 레일 길이 차에 의한 저항
㉯ 원심력에 의한 레일과 차륜간의 마찰저항
㉰ 곡선운전 시 전부는 내측, 후부는 외측으로 작용하여 발생하는 레일과 차륜답면의 마찰저항
㉱ 내측 레일의 횡압이 발생하여 차륜 플랜지와 레일간의 마찰저항 발생

해설 곡선저항 발생원인은 다음과 같다.
① 내외측 레일의 길이 차이에 의한 저항
② 관성력과 원심력에 의한 레일과 차륜간의 마찰저항
③ 차륜은 대차에 고정되어 있기 때문에 곡선 운전 시 대차의 회전중심으로부터 전부는 곡선의 내측으로, 후부는 외측으로 활동하게 됨으로서 발생하는 레일과 차륜 답면의 마찰저항

예제 다음은 곡선저항에 대한 설명이다. 가장 거리가 먼 것은?

㉮ 고정축거가 클수록 곡선저항은 크다.

㉯ 곡선반경이 작을수록 곡선저항은 크다

㉰ 캔트량은 곡선저항의 크기에 영향을 미친다.

㉱ 궤도의 형태와 원심력 등에 제한을 받는다.

예제 다음 중 속도정수 산정기준규정에 의거한 곡선저항 산정식은?

㉮ 600/R   ㉯ 700/R

㉰ R/700   ㉱ R/Rc

해설 곡선저항산정식은 rc = 700/R이다.

예제 350m 곡선반경, 중량 300ton일 때 총 곡선저항은?

㉮ 450kg   ㉯ 500kg

㉰ **600kg**   ㉱ 650kg

해설 운전계획상 곡선저항 일반식 Rc=700W/R에서 700×300ton/350m = 600kg

예제 다음 중 차량이 곡선부를 원활하게 통과하도록 바깥쪽 레일을 기준으로 궤간을 확대하는 것은?

㉮ 캔트   ㉯ 슬랙

㉰ 완화곡선   ㉱ 고정축거

해설 슬랙(Slack)이란 차량이 곡선부를 원활하게 통과할 수 있도록 바깥쪽 레일을 기준으로 안쪽궤간을 확대하는 것을 말한다.

예제 다음 중 슬랙을 두어야 하는 곡선 반경은?

㉮ 300m 이하   ㉯ 400m 이하

㉰ **600m 이하**   ㉱ 800m 이하

해설 반경 600m 이하인 곡선구간의 궤도에는 다음의 공식에 의하여 산출된 슬랙을 두어야 한다. 다만, 슬랙은 30mm 이하로 한다.

S = 2,400/R – S'   (S'=0-15)

예제 슬랙을 체감해야 되는 것 중 틀린 것은?

㉮ 완화곡선이 있는 경우: 완화곡선의 전체길이
㉯ 완화곡선이 없는 경우: 캔트체감 길이와 같은 길이
㉰ 복심곡선안의 경우에는 두 곡선 사이의 캔트차이의 600배 이상의 길이
㉱ 복심곡선안의 경우 두 곡선 사이 슬랙의 차이를 체감하되 곡선반경이 작은 곡선에서 행한다.

해설 **[슬랙체감 길이]**
1. 완화곡선있는 경우
   – 완화곡선 전체 길이

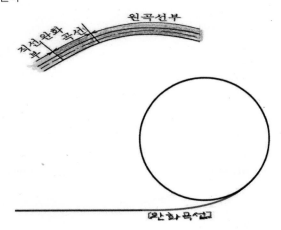

2. 완화곡선 없는 경우
   – 캔트체감 길이와 같은 길이

   캔트(Cant)
   • 캔트(Cant)란 차량이 곡선구간을 통고할 때 원심력을 상쇄시켜 주기 위하여
   • 내측 레일을 기준으로 외측(바깥 쪽) 레일을 높게 부설하는 것을 말한다.

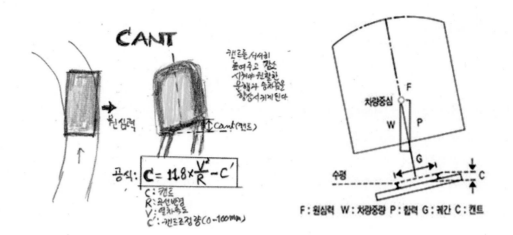

공식: $C = 11.8 \times \dfrac{V^2}{R} - C'$

C : 캔트
R : 곡선반경
V : 열차속도
C' : 캔트조정량(0~100mm)

F : 원심력 W : 차량중량 P : 합력 G : 궤간 C : 캔트

3. 복심곡선안의 경우
 - 두 곡선 사이 캔트차의 600배 이상의 길이. 이 경우 두 곡선 사이의 슬랙차를 체감하되, 곡선반경
   이 큰 곡선에서 행한다.

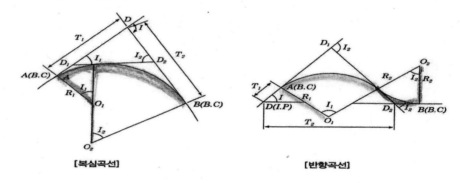

[복심곡선]　　　　　　　[반향곡선]

> [!NOTE] 예제
> **횡압에 대한 설명 중 맞는 것은?**

㉮ 차륜의 플랜지가 내측 레일을 미는 힘에 의해 발생

㉯ 캔트 설정 속도 이상으로 주행시 내측, 캔트 설정속도 이하시 외측 힘에 의해 발생

㉰ 크리프 현상에 의해 발생

㉱ 분기기 및 신축이음매 등 특수개소를 주행할 때 발생하는 충격력

> [!NOTE] 해설
> 횡압은 곡선의 통과나 차량의 사행동 등에 의하여 생기는 레일 방향으로 직각인 수평력으로 발생원인은
> 다음과 같다.
> ① 차량이 곡선을 통과할 때 차륜의 플랜지가 외측 레일을 미는 힘에 의하여 발생
> ② 곡선 통과 시 불평형 원심력의 좌우방향 성분 즉 차량이 캔트 설정속도 이상으로 주행 시는 외측으

로 그 이하로 주행 시는 내측으로 작용하는 힘에 의하여 발생
③ 차량 동요에 따라 차량의 사행동과 궤도의 틀림에 의하여 발생
④ 분기기 및 신축이음매 등 특수개소를 주행할 때 발생하는 충격력

예제　**다음 중 철도차량의 차륜답면 테이퍼에 관한 설명으로 틀린 것은?**

㉮ 곡선부 통과를 원활히 하기 위해 적용하였다.

㉯ 주행중인 열차가 좌우로 기울어진 경우에 복원력을 갖게 하므로 사행동의 원인이 된다.

㉰ 테이퍼 답면을 가진 윤축은 항상 중앙으로 작용하는 힘이 작용한다.

㉱ 고속차량의 경우 1/10의 테이퍼를 갖는다.

해설　차륜의 내측 직경을 크게 하고 외측직경을 작게 한 것을 taper라 한다.
　　－ 차륜 답면에 구배(taper)를 두는 이유는 차량이 곡선을 주행할 때 곡선의 안쪽 레일은 직경이 작은
　　　내측이, 바깥쪽 레일은 직경이 큰 외측이 주행하게 되어 양 차륜의 회전반경의 차이로 곡선을 용이하
　　　게 주행할 수 있다.
　　－ 120km/h 이하의 속도에 운용하는 차량은 1/20~1/10의 2단 테이퍼를 가지며, 121km/h 이상의
　　　속도에 운용하는 차량은 1/40의 테이퍼를 갖도록 되어 있다.

예제　**다음 중 터널저항의 크기를 좌우하는 요인이 아닌 것은?**

㉮ 터널의 단면적　　　　　　　　　㉯ 터널의 길이

㉰ 터널의 높이　　　　　　　　　　㉱ 열차의 속도

해설　열차가 터널 속을 주행할 때 터널 내에서 일어나는 풍압 변동에 의한 공기저항이 발생하는데 이를 터널
　　저항이라 한다. 터널저항의 크기는 터널의 단면적, 길이, 측면형상, 열차 속도 등에 따라 다르다.

예제　**다음 중 터널저항에 영향을 미치는 인자가 아닌 것은?**

㉮ 터널내 궤도형상　　　　　　　　㉯ 터널의 길이

㉰ 터널의 단면적　　　　　　　　　㉱ 터널의 측면형상

예제　**다음 중 속도정수사정기준규정에 의한 중저속용 열차의 저항산정 터널 길이로서 맞는 것은?**

㉮ 400m 이상　　　　　　　　　　㉯ 500m 이상

㉰ 600m 이상　　　　　　　　　　㉱ 700m 이상

예제 다음 중 중저속용 열차의 단선터널의 저항(kg/ton)은 얼마인가?

㉮ 1 ㉯ 2

㉰ 3 ㉱ 4

해설 중저속용 열차(150km/h 이하)에 대한 환산 저항값은 다음과 같다.
① 단선터널의 곡선저항: $Rt_1 = 2(kg/ton)$
② 복선터널의 곡선저항: $Rt_2 = 1(kg/ton)$

7. 가속도 저항

- 열차를 가속시키기 위한 주행저항, 구배저항, 곡선저항 등의 열차저항보다 견인력이 더 커야 한다.
- 가속도 저항은 열차를 가속시키기 위한 여분의 견인력을 가속도라고 한다.
- 동력차의 견인력은 모두 열차저항 때문에 소비된다.

- 동륜주견인력 = 주행저항 + 구배저항 + 곡선저항 + 가속도 저항
- 가속도저항 = 동륜주견인력 − (주행저항 + 구배저항 + 곡선저항)

1) 차륜의 직진 부분을 가속함에 필요한 힘

$$f = 28.35 \, A$$

2) 회전부분의 회전속도를 가속하는 데 필요한 힘

(1) 관성중량

- 회전운동 부분이 있는 물체를 가속시 관성에 의해 회전 부분이 없는 물체를 가속할 때보다 여분의 힘이 더 필요하게 된다.
- 이 여분의 힘을 중량으로 계산한 것을 등가중량, 부가관성중량, 회전관성 중량이라 한다.

(2) 실효중량

- 실제중량과 등가중량(부가관성중량, 회전관성중량)의 합을 말한다.

$$Wg \ / \ W = X$$

(Wg = 부가관성중량,   W = 실제중량,   X = 관성계수)

∴ **가속력 F = 28.35(1 + X)A[kg/ton]**

[열차별 부가관성계수를 고려한 총가속력(총가속도) 저항]

① 일반열차: F = 30WA(kg)   부가관성계수 6%

② 전동열차: F = 30.9WA(kg)   부가관성계수 9%

③ 고속열차: F = 29.7WA(Kg)   부가관성계수 5%

3) 가속도저항 산식

$$fc = 30.9A \ (kg/ton)$$

예제 다음 중 운동에너지를 이용하여 타행운전 할 때 견인력이 회수되는 저항은?

㉮ 가속도저항   ㉯ 곡선저항

㉰ 터널저항   ㉱ 구배저항

해설 - 열차가 발차하여 가속하기 위해서는 주행저항, 구배저항, 곡선저항 등의 열차저항보다 견인력이 더 커야 된다.
- 이때 열차를 가속시키기 위한 여분의 견인력을 가속도 저항이라 한다.
- 가속도 저항은 열차를 가속시키기 위하여 필요한 힘(가속력)의 반작용으로 생긴다.
- 가속도저항은 열차를 가속시킬 때는 손실로 작용되나 타행으로 운전할 때는 가속 중에 소비된 견인력이 회수되는 이점이 있다.

예제 다음 중 모두 손실로만 작용되는 것이 아닌 열차저항은?

㉮ 주행저항   ㉯ 곡선저항

㉰ 터널저항   ㉱ 가속도저항

예제 회전부분을 포함한 물체의 가속이 더 힘든 이유는 무엇이 작용하기 때문인가?

㉮ 부가관성중량   ㉯ 타력

㉰ 마찰력   ㉲ 점착력

해설 회전운동 부분이 있는 물체를 가속할 때는 관성에 의해 회전 부분이 없는 물체를 가속할 때보다 여분의 힘이 더 필요하다. 이 여분의 힘을 중량으로 계산한 것을 등가중량, 부가관성중량, 회전관성중량이라 한다.

예제 다음 중 실효중량의 계산식으로 맞는 것은?

㉮ 실제중량 − 부가관성중량   ㉯ 실제중량 + 부가관성중량

㉰ 실제중량 × 부가관성중량   ㉲ 실제중량 / 부가관성중량

해설 실효중량은 실제중량과 등가중량(부가관성중량, 회전관성중량)의 합을 말한다.

예제 다음 열차의 회전부분 가속시 여분의 힘을 나타낸 것으로 틀린 것은?

㉮ 등가중량   ㉯ 부가관성중량

㉰ 회전관성중량   ㉲ 실효중량

예제 다음 중 총가속력의 식 (F) = 28.35(1 + X)WA에 관한 설명으로 틀린 것은?

㉮ F: 가속력   ㉯ X: 부가관성계수

㉰ W: 실효중량   ㉲ A: 가속도

해설 W: 실제중량, (1+X)W: 실효중량, F: 가속력, A: 가속도

예제 $F_c = 28.35(1 + X)WA$ 설명 중 맞는 것은?

㉮ X는 관성계수   ㉯ W는 실효중량

㉰ 부가관성계수는 전동열차는 6%   ㉲ 부가관성계수는 고속열차는 9%

해설 **[열차별 부가관성계수를 고려한 총가속력 총가속도 저항]**
    (1) 일반열차: F = 30WA(kg)   부가관성계수 6%
    (2) 전동열차: F = 30.9WA(kg)   부가관성계수 9%
    (3) 고속열차: F = 29.7WA(Kg)   부가관성계수 5%

예제 다음, 중 일반열차의 회전부분의 회전속도를 가속하는 데 필요한 식으로 맞는 것은?

㉮ F = 30WA(kg)   ㉯ F = 30A(kg)

㉰ F = 30W(kg)   ㉭ F = 28.35WA(kg)

해설 열차를 가속시키려면 28.35(1+X)W · A의 가속력이 필요하다. 일반열차의 경우 회전부분의 부가관성계수 6%(0.06)를 계산하면 가속력 F=30W · A(kg)이 된다.

예제 다음 중 450ton의 열차가 견인력 5850kg으로 운행할 때 가속력은?(단, 주행저항은 10kg/ton)

㉮ 3kg/ton   ㉯ 4kg/ton

㉰ 5kg/ton   ㉭ 6kg/ton

해설 F = (T – R)/W,   F = (5850 – 4500)/450 = 3
주행저항이 10kg/ton이므로 총주행저항은 450ton×10kg/ton=4,500kg이 된다. 견인력(T)에서 총주행저항(R)을 빼주면 가속력(F)이 산출된다.

예제 열차가 발차 후 속도가 60km/h일 때 까지 20초 소요되었다. 가속도A (km/h/sec), 가속도 저항 fc(kg/ton) 및 전체열차 저항Fc(kg)을 구하시오. (단, 열차중량은 500ton)

㉮ 3, 90, 15,000   ㉯ 3, 90, 45,000

㉰ 3, 60, 15,000   ㉭ 3, 60, 45,000

해설 – 가속도   a = 60-0/20s = 3km/h/sec, (a=V/t에서)
    – 가속도 저항   fc = 30A = 90kg/ton,
    – 전체열차저항   Fc = 90kg/ton×500ton = 45,000kg

예제 발차 2분 후 열차의 속도가 120km/h라고 할 때, 열차의 총 가속도저항은 얼마인가?

㉮ 30kg/ton

㉯ 30,000kg/ton

㉰ 3,000kg

㉱ 30kg

해설 a = (120-0)/120 = 1 (a=V/t에서)

fc = 30A = 30 × 1 = 30kg/ton (가속도 저항식 fc=30A)

예제 열차가 20m/s의 속도가 될 때까지 20초 시간이 걸렸을 때, ton당 가속력과 총가속도저항을 구하시오. (단, 열차 중량은 100ton)

㉮ 180kg/ton, 18,000kg

㉯ 108kg/ton, 10,800kg

㉰ 1kg/ton, 100kg

㉱ 50kg/ton, 5,000kg

해설 a = 20m/s ÷ 20s × 3.6 = 3.6km/h/s (a=V/t, m/s를 km/h/s로 환산시 3.6을 곱한다)

fc = 30a = 30 × 3.6 = 108kg/ton

Fc = 108×100ton = 10,800kg (108kg/ton, 열차중량 100ton이므로 총가속도저항은 10,800kg이다)

예제 다음 열차저항에 대한 설명 중 틀린 것은?

㉮ 구배저항은 열차중량과 관계가 있다.

㉯ 출발저항은 겨울보다 여름이 크다.

㉰ 주행저항은 치차전달 손실도 포함한다.

㉱ 곡선저항은 고정축거가 클수록 크다.

해설 주행저항은 진행방향과 반대로 작용하는 모든 저항을 총칭하는 것이며 입력 대 출력간의 손실, 치차전달 손실은 포함하지 않는다.

예제 다음 중 열차저항에 관한 설명으로 틀린 것은?

㉮ 열차의 진행을 방해하는 힘을 말한다.

㉯ 열차저항은 모두 손실로 작용된다.

㉰ 열차저항은 크게 선로 및 차량상태에 의한 저항으로 구분한다.

㉱ 단위는 kg 또는 kg/ton을 사용한다.

해설 열차저항 중 출발저항, 주행저항, 곡선저항, 터널저항은 모두 손실로 작용되지만 구배저항과 가속도저항은 모두 손실로 작용되는 것은 아니다.

예제 다음 중 주행저항에 대한 설명으로 맞는 것은?

㉮ 객차는 화차, 빈차는 실은 차, 다량편성은 소량편성보다 저항이 크다.

㉯ 공기와 동요에 의한 저항인자는 무게와 관련 있다.

㉰ 차축과 축수 간, 기계부분의 마찰은 속도에 관계없는 인자이다.

㉱ 열차의 유효단면적, 전면부 형상, 무게 등은 공기저항의 크기 산출에 필요하다.

제2장

제동이론

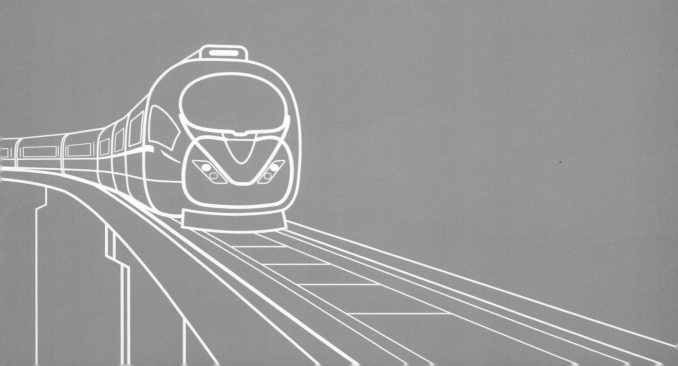

제2장

제동이론

제1절 **제동장치 일반**

[열차 제동장치의 종류]

① Brake Shoe(제륜자)를 이용한 제동장치
- 철도차량에서 가장 많이 사용
- 차륜답면과 주철제 제륜자 사이의 마찰력을 이용

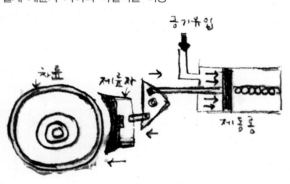

② 디스크 제동장치
- 마찰기계제동장치
- 제동부하 큰 철도차량

③ 전기제동장치
  • 전기차량의 차륜을 회전시키는 주전동기의 회로변경에 의해 발전기로 변화시켜 전기제동 작용

공기제동과 전기제동시스템

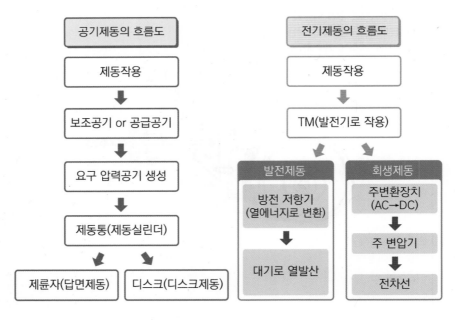

1. 철도제동의 종류

1) 기계식 제동장치

① **수용제동**: 정차 중인 차량의 전동방지용으로 설치한 것. 원시적인 제동방법
② **공기제동**: 압력공기를 통하여 제동력을 발휘하도록 만든 제동장치
  (ㄱ) 자동공기제동창치
  (ㄴ) 직통공기제동장치로 구분

2) 전기식 제동장치

① **발전제동**: 직류직권전동기의 특성활용 열차의 감속용으로만 사용
② **회생제동**: 제동력을 전기화하여 전차선에 전기력을 반환
③ **레일제동**: 레일과 차량간 반대극성의 자력 이용 ※같은 극성 아니다.
④ **와류제동**: 궤간에 별도 와류장치 설치
⑤ **혼합제동**: 공기제동장치와 전기제동장치를 혼합하여 작용. 공주시간단축

[발전제동]

– 타행운전 시에는 전차선으로부터 공급되던 전원은 차단되나
– 열차는 관성에 의해 계속 주행.
◑ 이 상태에서 제동취급 → PBCg가 B쪽으로 전환 → 주전동기 회로는 발전전동 회로로 전환되어
  → 전동기는 → 발전기 → 역회전력 발생
■ 전기에너지 → 저항내에서 소비 → 제동작용
■ 주저항기(MRe) 설치 → 회로에 전류흐름 → 역회전력 → 제동력 → 속도감소

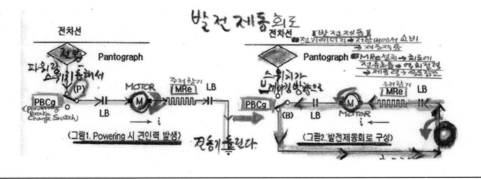

Ⅰ. 기계식제동장치

(1) 수용제동: 정차중인 차량의 전동방지용으로 설치한 것이며 가장 원시적인 방법이다.

(2) 공기제동

① 자동공기 제동장치: 압력공기가 대기로 배출될 경우 제동이 체결된다.

② 직통공기 제동장치: 압력공기가 직접 제동통으로 들어가 제동 체결. 차량이 끊어질 시 자동으로 제동이 체결되지 않아 안전하지 못하다.

Ⅱ. 전기식제동장치

(1) 발전제동

직류직권전동기의 특성을 활용한 제동이다.

견인전동기는 발전기와 구조가 같다. 타행 운전시 동력회로 결선을 전동기 → 발전기로 변경시켜 운동에너지 → 전기에너지로 변환시킨 후 저항기에서 소모시키는 과정을 통해 제동력을 얻는다.

[단점] 견인전동기가 장치된 차량에서만 사용가능하고 저속인 경우 운동에너지가 작아 소정의 제동효과를 얻을 수 없으므로 감속용으로만 사용해야 하는 단점이 있다.

(2) 회생제동

기본원리는 발전제동과 같으나, 발전제동 시 발전된 전력을 저항기에서 소모시키는 대신 전차선에 반환하여 변전소로 송전함으로서 다른 동력차에서 사용가능하도록 하는 제동장치이다.

[단점] 전차선, 전압변환장치, 주파수변환장치의 추가적인 설치가 필요하다.

(3) 레일제동

자기력을 이용한 제동방법이다. 레일과 차량간 서로 반대되는 특성을 가진 자기력을 발생시켜 레일이 차량을 끌어당기도록 하여 제동력을 얻는다.

(4) 와류제동

레일제동과 유사하다. 궤간에 별도의 와류 발생장치를 설치하여 자력선에 의한 와류를 일으켜 제동력을 얻는다.

(5) 혼합제동

공기제동장치 + 전기제동장치이다.

전기제동장치만으로 열차를 정지시킬 수 없으므로 공기제동장치를 추가 부설하여(=혼합제동) 제동력을 얻는다.

UNIT에 의한 CROSS-BLENDING 제동제어 (혼합제동)

M: 전기제동 + 공기제동
T: 공기제동

■ T(부수차)에 전기제동이 들어가나?

■ 전기제동은 전동기에서 만든다.
전동기가 동력의 전기를 만들어내는
발전기가 된다. 그러므로 주동차(모터
차)에서만 전기제동이 만들어진다.

■ 따라서 (M + T)를 합쳐서 제동
유니트가 된다. 유니트내에서 M차:
전기제동과 공기제동이 함께 들어가고,
T차: 공기제동만 들어간다.

■ 주동차에는 제동단수와 비례하는
화생제동(전기제동)이 발생한다.

■ 그후 속도가떨어지고, 회생
제동력이 낮아지면 주동차에
공기제동이 들어간다.

■ M차와 T차 유니트를 한데
아우르면서 묶음으로 제동
제어하는 것: 완전교체제어
Cross Blending 제어라고 한다.

[수용제동]

■ 가장 원시적인 제동방식이다. 바로 지렛대의 원리를 이용한 제동방식으로, 구형 무궁화호 차량의 일부와 대부분의 화물열차에 수용제동기가 설치되어 있다.

■ 열차를 주차시킬 때 핸들을 돌려 단단히 고정해 주는 역할을 하고, 움직이는 열차를 수동으로 수송원이 멈추고자 할 때 쓰인다.

맴돌이 전류(와류)

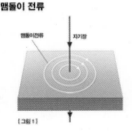

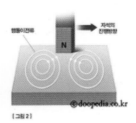

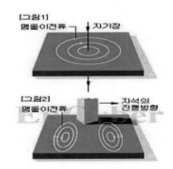

[레일제동]

- 레일제동은 레일과 차량간의 반대극성의 자력을 이용, 레일이 차량을 끌어당기도록 하여 제동력을 얻는다.
- 레일 가까이에(7mm 정도) 전자석을 설치해 제동력이 필요할 때 이를 여자하여 자력으로 레일에 와전류를 발생시켜 제동력을 얻는다.
- 자석의 N-S극을 전후방향으로 늘어놓으면 레일은 N극과 S극이 서로 접근하듯이 되는데, 이로 인한 자계(磁界)의 변화에 따라 레일에 와전류가 발생

[와전류 제동]

- 와전류제동에는 2가지 방식이 있다.
- 첫째, 레일에 직접 전자석을 가까이 대어 와전류를 일으켜 제동을 발생시키는 방법,
- 둘째, 차량 바퀴에 와전류를 일으켜 제동을 발생시키는 방식이 있다.
- 맴돌이 브레이크라고도 하며, 장점은 모터 비탑재 차량에도 탑재 가능하고, 비접촉식 제동이므로 브레이크 디스크를 소모하지 않고 브레이크 패드도 불필요하며, 다른 전동차의 발전제동 · 회생제동과 제동력의 균형화가 쉬운 것 등이 꼽힌다.

일본 신칸센 700계 전동차의
디스크식 와전류 제동장치

예제 다음 중 압력공기가 직접제동통으로 들어가 제동을 체결하는 제동장치는?

㉮ 자동공기 제동장치   ㉯ 직통공기 제동장치
㉰ 전자자동 공기 제동장치   ㉱ 혼합 제동장치

예제 다음 중 압력공기가 대기로 배출될 경우 자동으로 제동이 체결되는 제동장치는?

㉮ 자동공기 제동장치   ㉯ 직통공기 제동장치
㉰ 전자자동 공기 제동장치   ㉱ 혼합 제동장치

해설 압력공기가 대기로 배출될 경우 제동이 걸리는 제동장치는 자동공기 제동장치이다.

예제 다음 중 기계식 제동장치로 맞는 것은?

㉮ 공기제동   ㉯ 발전제동
㉰ 회생제동   ㉱ 와류제동

해설 공기제동장치는 기계제동장치이다.

예제 다음 중 직류직권전동기의 특성을 활용한 제동장치는?

㉮ 발전제동   ㉯ 회생제동
㉰ 와류제동   ㉭ 제일제동

해설 발전제동은 직류직권전동기의 특성을 활용한 것으로 타행 운전 시 동력회로 결선을 전동기에서 발전기로 변경시켜 운동에너지를 전기에너지로 변환시킨 후 저항기에서 소모시키는 과정을 통해 제동력을 얻는다.

예제 다음의 전기식 제동장치에 대한 설명으로 틀린 것은?

㉮ 와류제동은 전기제동만으로 열차를 정차시킬 수 없으므로 정차시 공기제동을 사용하는 방식이다.
㉯ 회생제동은 발전제동의 발전된 전력을 전차선에 반환하는 과정에서 제동효과를 얻는다.
㉰ 레일제동은 레일과 차량간의 반대극성의 자력을 이용, 레일이 차량을 끌어당기도록 하여 제동력을 얻는다.
㉭ 발전제동은 직류직권전동기의 특성을 활용, 열차의 운동에너지를 전기에너지로 변환시켜 저항기에서 소모시키는 과정을 통해 제동력을 얻는다.

해설 와류제동은 궤간에 별도의 와류발생장치를 설치하여 자력선에 의한 와류를 일으켜 제동력을 얻는 제동방식이다.

예제 다음은 전기식 제동장치에 대한 설명이다. 틀린 것은?

㉮ 와류제동은 저속에서 제동효과가 없으므로 공기제동이 필요하다.
㉯ 전압변환장치 및 주파수변환장치가 필요한 제동은 회생제동이다.
㉰ 발전제동의 크기는 격자저항기 용량에 따라 다르다.
㉭ 열차의 운동에너지를 견인전동기가 전기에너지로 변화시키는 것이다.

[레일제동]
■ 레일제동은 레일과 차량간의 반대극성의 자력을 이용, 레일이 차량을 끌어당기도록 하여 제동력을 얻는다.
■ 레일 가까이에(7mm 정도) 전자석을 설치해 제동력이 필요할 때 이를 여자하여 자력으로 레일에 와전류를 발생시켜 제동력을 얻는다.
■ 자석의 N-S극을 전후방향으로 늘어놓으면 레일은 N극과 S극이 서로 접근하듯이 되는데, 이로 인한 자계(磁界)의 변화에 따라 레일에 와전류가 발생

일본 신칸센 700계 전동차의
디스크식 와전류 제동장치

[와전류 제동]

- 와전류제동에는 2가지 방식이 있다.
- 첫째, 레일에 직접 전자석을 가까이 대어 와전류를 일으켜 제동을 발생시키는 방법,
- 둘째, 차량 바퀴에 와전류를 일으켜 제동을 발생시키는 방식이 있다.
- 맴돌이 브레이크라고도 하며, 장점은 모터 비탑재 차량에도 탑재 가능하고, 비접촉식 제동이므로 브레이크 디스크를 소모하지 않고 브레이크 패드도 불필요하며, 다른 전동차의 발전제동 · 회생제동과 제동력의 균형화가 쉬운 것 등이 꼽힌다.

예제 다음 중 전압변환장치 및 주파수변환장치가 필요한 제동장치는?

㉮ 발전제동 ㉯ 회생제동
㉰ 와류제동 ㉱ 레일제동

해설 회생제동의 단점은 전압변환장치, 주파수변환장치의 설치가 추가로 필요하다.

예제 다음 중 제동력을 전기로 변화시켜 전차선에 반환하는 제동장치는?

㉮ 발전제동 ㉯ 회생제동
㉰ 와류제동 ㉱ 레일제동

해설 제동력을 전기로 변환시켜 전차선에 반환하는 제동장치는 회생제동장치이다.

예제 다음 중 레일과 차량 간 반대극성의 자력을 이용한 제동장치는?

㉮ 발전제동 ㉯ 회생제동
㉰ 와류제동 ㉱ 레일제동

해설 차량과 차량간의 서로 반대되는 특성을 가진 자기력을 발생시켜 레일이 차량을 끌어당김으로써 제동력을 얻는 제동장치는 레일제동장치이다.

1. 제동원력

– 진공제동, 증기제동, 자동공기제동기와 같이 원동력이 피스톤면에 작용하는 힘(제륜자를 누르는 힘)을 말한다.

1) 제동통 정미(유효)압력(Pe)

– 제동통으로부터 나온 압력으로 제동통 피스톤 리턴스프링에서 발생되는 저항압력(0.35kgf/cm)과 제동통 피스톤 로드와의 마찰압력(0.05kgf/cm^2)을 감한 압력을 정미압력 또는 유효압력이라고 한다.

$$Pe = 2.5r - 0.4(\text{상용제동})$$

(r: 제동관감압량(kgf/cm^2))

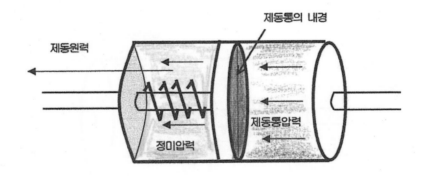

[제동통압력의 형성되는 과정]
㉮ 균형피스톤 막판양면의 압력차를 이용하여 삼동변을 움직인다.
㉯ 제어변 막판양면의 압력차를 이용하여 제어변을 움직인다.
㉰ 제동관의 압력을 강압하여야 형성된다.

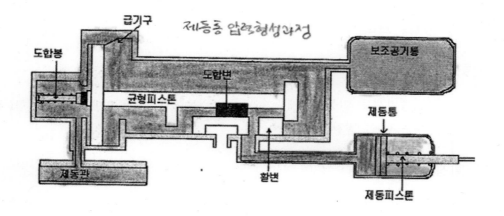

2) 제동원력 (F)

－제동통 정미압력과 제동통피스톤 단면적과의 곱으로 나타낸다.

$$F = Pe \times A = \pi/4 \times D^2 \times Pe$$

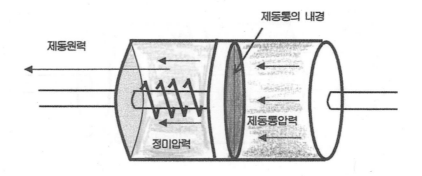

2. 제륜자 압력

제륜자가 차륜답면을 누르는 압력을 제륜자 압력이라 한다.

[제동원력]

- 제동에 사용되는 원동력(압력공기 등)이 제동통 피스톤 면에 작용하는 힘을 말하며
- 제동통 피스톤 1개의 단면적에 작용하는 힘으로
- 피스톤 단면적과 공급되는 제동통 유효압력의 곱으로 나타낸다.
- 제동통 유효압력은 제동통 피스톤 리턴스프링의 압력과 제동통 피스톤 로드와의 마찰력을 뺀 압력을 말하며 정미(유효)압력이라고도 한다.

$$F = Pe \times A = Pe \times \pi D_2 \ / \ 4 \quad (N)$$

A: 피스톤단면적(cm^2), Pe: 제동통 유효압력(N/cm^2), D: 제동통 직경(cm)

$$제동원력 = \frac{\pi}{4} \ D^2 \times P = 단면적 \times 유효압력$$

1) 제동배율에 의한 산식

$$P \ (제륜자압력) = \pi D^2/4 \times Pe \times n \times E \times \eta \quad (kg)$$

[P: 제륜자압력(kg), Pe: 유효압력(정미압력)(kg/cm^2), D: 제동통직경(cm), n: 제동통수, E: 제동배율, η: 제동효율(80-90%)]

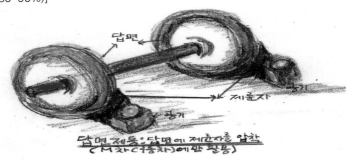

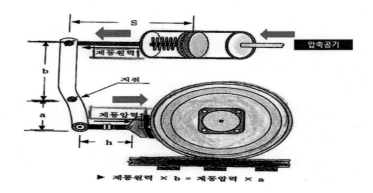

► 제동원력 × b = 제동압력 × a

3. 제동배율

－기초제동장치를 거쳐 증폭된 압력의 비를 제동배율(제륜자 압력과 제동통 압력의
비)이라 한다.

1) 제동배율

제동배율(E) = 제동압력/제동원력 = 제륜자총압력/피스톤총압력
= 피스톤행정거리/제륜자이동거리

> ∴ 제동압력(제륜자P) = 제동원력(제동통F) × 제동배율(E)

➢ 제동배율(E)

E = 제동압력 / 제동원력 = 제륜자총압력 / 피스톤총압력
= 피스톤행정거리(行程距離) / 제륜자이동거리
∴ 제동압력(제륜자P) = 제동원력(F) × 제동배율(E)

[피스톤 행정거리]
- 피스톤의 상사점과 하사점 사이의 거리.
- 상사점: 내연 기관에서, 피스톤이 가장 높
  이 올라갔을 때의 위치.

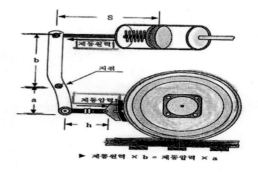

► 제동원력 × b = 제동압력 × a

2) 제동배율의 크기

➤ 기관차
- 제동장치형식: 26L(70, 72, 72, 75호대형), ■ 제동배율: 5.75

➤ 전동차
- 제동장치형식: SELD(저항제어), ■ 제동배율: M차: 3.66, 1위: 3.2, 2~4위: 2.13
- 제동장치형식: HRDA(인버터제어), ■ 제동배율: M차: 4.47, T차: 3.2

4. 제동사용률

− 제동기 설계상 최대 상용제동을 시행하는 것을 전제동이라 한다. 이러한 전제동에 대하여 제동력을 가감할 수 있는 경우를 부분제동이라 한다.

> **제동사용률 = 부분제동/전제동**
> **부분제동력 = 전제동력 × 제동사용률**

5. 제동률

− 열차중량에 대한 제륜자압력의 비를 말하며 중량에 대한 제동력의 산정에 중요한 제한 요인이다.

> **제동율 = 제륜자압력/축중량×100(%)**

1) 제동률의 영향인자   ※ 제륜자 형상 및 크기 (×)

① 제동통 직경
② 기초제동장치 제동배율
③ 제동통압력
④ 기초제동장치 효율 등
이때 ①② 항의 경우 설계상 일정하나, ③④항의 경우는 여러 가지 요인에 의하여 가변적이다.

2) 제동률의 크기

① 축제동률 = 축당제륜자압력/열차축당중량 × 100(%)
② 전차제동률 = 총제륜자압력/열차총중량 × 100(%)

[기초제동장치 구비조건]
① 힘의 전달에 대하여 최대의 효율을 가질 것.
② 축중량에 대하여 차륜에 가하는 압력의 분포를 적당히 하여 차륜이 활주하지 않을 범위로 최대의 제동력을 발휘할 수 있을 것.
③ 안전도가 높은 것으로서 그 중량 및 형상이 작을 것.
④ 제륜자 및 외륜의 마모에 관계없이 항상 일정한 제동력을 얻을 수 있을 것.
⑤ 보수 및 부품교환이 용이할 것.

예제 원동력이 제동통 피스톤 면에 작용하는 힘은?

㉮ 제동률
㉯ 제동력
㉰ 제동원력
㉱ 유효압력

해설 제동원력은 제동에 사용되는 원동력(압력공기 등)이 제동통 피스톤 면에 작용하는 힘을 말하며 제동통 피스톤 1개의 단면적에 작용하는 힘으로 피스톤 단면적과 공급되는 제동통 유효압력의 곱으로 나타낸다.

제동원력 $\frac{\pi}{4}D^2 \times P$ = 단면적×유효압력

예제 제동통압력이 기초제동장치를 거치면서 증폭된 압력의 비는?

㉮ 제동 사용률
㉯ 제동배율
㉰ 제동률
㉱ 제동력

해설 차량의 마찰제동장치로, 제동통에 압력공기가 들어오면 제동통 피스톤이 이동하게 되는데 이 피스톤에 미치는 압력은 기초제동장치를 거치면서 증폭되어 제륜자에는 더 큰 힘으로 전달되게 되는데 이때 증폭된 제동통 압력과 제륜자 압력의 비를 제동배율이라 한다.

제동배율(E) = 제동압력/제동원력 = 제륜자 총압력/피스톤 총압력 = 피스톤 행정거리/제륜자 이동거리

`예제` 다음 중 제동압력을 나타내는 식으로서 맞는 것은?

㉮ 제동사용률 × 제동원력
㉯ 제동사용률 × 제동배율
㉰ 제동원력 × 제동배율
㉱ 피스톤총압력 × 피스톤행정

`해설` 제동압력(제륜자 P) = 제동원력(제동통 F)×제동비율

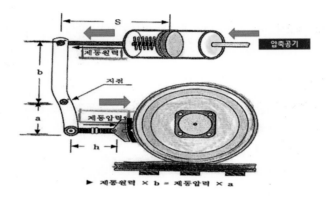

► 제동원력 × b = 제동압력 × a

`예제` 다음 중 제동통압력에서 리턴스프링및 마찰력을 감한 압력은?

㉮ 제동원력
㉯ 정미압력
㉰ 제동률
㉱ 제동사용률

`해설` 제동통피스톤 리턴스프링의 압력($0.35kg/cm^2$)과 제동통피스톤 로드와의 마찰력($0.05kg/cm^2$)을 뺀 압력을 정미압력 또는 유효압력(Pe)이라 한다.
$Pe = 2.5r - 0.4$(상용제동)   (r: 제동관감압량(kg/cm^2))

`예제` 다음은 제동원력에 대한 설명이다. 틀린 것은?

㉮ 제동통 단면적에 비례한다.
㉯ 제동통 직경 제곱에 비례한다.
㉰ 피스톤에 작용하는 유효압력에 비례한다.
㉱ 제동통 직경에 비례한다.

`해설` F(제동원력) = $Pe \times A = \pi/4 \times D^2 \times Pe$
[Pe: 유효압력, A: 단면적, D: 제동통 내경]

예제 제동배율에 대한 설명으로 틀린 것은?

㉮ 제동통압력과 제동통 행정길이는 비례한다.

㉯ 제륜자압력과 제동통압력의 비이다.

㉰ 제륜자 이동거리에 대한 피스톤 행정거리의 비이다.

㉱ 지렛대 원리에 의한 제동력을 증대시키는 것이다.

해설 제동배율(E)은 제륜자 이동거리에 대한 피스톤 행정길이의 비이다.

예제 제동배율에 대한 설명으로 틀린 것은?

㉮ 제동배율이 "6"이라면 제륜자이동거리는 제동통피스톤이동거리의 6배

㉯ 제동배율이 "6"이라면 제륜자압력이 제동통 피스톤압력의 6배

㉰ 피스톤행정거리 ÷ 제륜자이동거리

㉱ 제륜자총압력 ÷ 피스톤총압력

해설 제동배율 E

E = 제동압력 / 제동원력

= 제륜자총압력 / 피스톤총압력

= 피스톤행정거리(行程距離) / 제륜자이동거리

∴ 제동압력(제륜자P) = 제동원력(F) × 제동배율(E)

– 제동배율이 '6'이라면 제륜자 이동거리는 제동피
스톤 이동거리의 1/6이다.

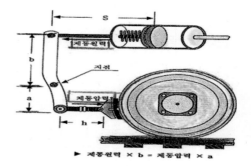

▶ 제동원력 × b = 제동압력 × a

예제 제륜자가 차륜 답면을 누르는 압력을 구하시오. (제동통내경(D)10cm, 유효압력(Pe)5kg/cm², 제동배율2, 제동통수1, 효율 100%)

㉮ 314

㉯ 785

㉰ 1570

㉱ 3,140

해설 P(제륜자압력) = $(\pi D^2 /4) \times Pe \times n \times E \times \eta$(kg)

P = (3.14 × 100)/4 × 5(Pe: 유효압력) × 1(n: 제동통수) × 2(E: 제동배율) × 1(η: 효율) = 785

예제 다음의 빈 칸에 들어갈 알맞은 말로 짝지어진 것은?

【제동배율이 A일 때, 제륜자압력과 피스톤압력이 (ㄱ)이고 제륜자이동거리와 피스톤행정거리는 (ㄴ)이다】

가. A/(1/A)

나. A/A

다. (1/A)/(1/A)

라. (1/A)/A

예제 다음 중 인버터 제어차인 M차의 제동배율은?

㉮ 5.75

㉯ 3.66

㉰ 4.47

㉱ 3.2

해설 인버터 제어차인 M차의 제동배율은 4.47이다. 인버터 제어차인 T차의 제동비율은 3.2이다.

예제 다음은 제동사용률에 대한 설명이다. 맞는 것은?

㉮ 전제동력을 부분제동으로 나눈 것이다.

㉯ 제륜자압력과 제동통압력의 비이다.

㉰ **부분제동을 전제동으로 나눈 것이다.**

㉱ 제륜자압력을 축중량으로 나눈 것이다.

해설 제동기 설계상 최대 사용가능한 상용제동을 전제동이라 한다. 전제동에 대하여 사용하는 제동력이 가감된 경우를 부분제동이라 한다. 전제동과 부분제동과의 비율을 제동 사용률이라 한다.
제동사용률 = 부분제동/전제동
부분제동 = 전제동력 × 제동 사용률

예제 다음 중 기초 제동장치에 대한 특징이 아닌 것은?

㉮ 힘의 전달에 대해 최대 효율을 가질 것

㉯ 안전도 높고 그 중량이 작고 형상은 클 것

㉰ 보수 및 부품 교환이 용이할 것

㉱ 차륜의 마모에 관계없이 항상 일정한 제동력을 얻을 수 있을 것

기초제동장치의 구비조건

기초제동장치란 제동통 또는 수동에 의하여 발휘된 힘을 지렛대 원리를 이용하여 적당한 크기로 만들어 제륜자에 전달하는 제동장치로서 다음과 같은 구비조건을 갖추어야 한다.

① 힘의 전달에 최대의 효율을 가질 것
② 안전도는 높고 중량 및 형상이 작을 것
③ 보수 및 부품 교환이 용이할 것
④ 축 중량에 대하여 차륜에 가하는 압력을 적당히 분포시켜 차륜이 활주하지 않는 범위에서 최대의 제동력을 발휘할 수 있을 것
⑤ 제륜자 또는 차륜의 마모에 관계없이 항상 일정한 제동력을 얻을 수 있을 것

다음 중 제륜자 압력을 나타내는 식으로 맞는 것은?

㉮ 제동률 × 제동배율   ㉯ 제동률 × 축중량
㉰ 제동원력 × 제동률   ㉱ 제동원력 × 제동사용률

제동률은 열차중량에 대한 제륜자압력의 비를 말하며, 중량에 대한 제동력을 산정하는 데 있어 중요한 제한요소이다.

제동률 = 제륜자압력/축중량 = 100%
제륜자압력 = 제동률 × 축중량

다음 중 열차의 제동률을 제한하는 근본적인 목적으로 볼 수 있는 것은?

㉮ 열차의 제동력 확보   ㉯ 동력차의 공전방지
㉰ 열차의 활주 방지   ㉱ 열차제동거리의 단축

제동률이 큰 경우 제동기의 성능은 크게 하지만, 제동률이 과대한 경우 차량중량에 대하여 제동력의 비율이 너무 크므로 열차는 활주하게 된다. 차륜이 활주하게 되면 제동거리가 연장되며 차륜마모를 유발하는 등 악영향을 갖기 때문에 제동을 제한한다.

다음 중 제동률에 영향을 미치는 인자로 틀린 것은?

㉮ 제동통 직경   ㉯ 제동통 압력
㉰ 제동관 직경   ㉱ 기초제동장치의 효율

해설 제동률에 영향을 미치는 인자는 다음과 같다.
① 제동통의 직경
② 기초제동장치 제동배율
③ 제동통 압력
④ 기초제동장치 효율

예제 제동률에 영향을 미치는 인자 중 설계상 일정한 인자만으로 묶은 것은?

[A: 제동통의 직경, B: 기초제동장치 제동배율, C: 제동통압력, D: 기초제동장치 효율]

㉮ A, B   ㉯ A, D
㉰ B, C   ㉱ B, D

해설 [제동률에 영향을 미치는 인자]
① 제동통의 직경
② 기초제동장치 제동배율
③ 제동통압력
④ 기초제동장치 효율

예제 다음 중 제동률에 관한 설명으로 틀린 것은?

㉮ 중량에 대한 제동력 산정의 중요한 요인이다.
㉯ 차륜이 활주하지 않는 범위 내에서 제륜자 압력을 제한하기 위한 것이다.
㉰ 제동거리를 산출할 때 전차 제동률을 사용한다.
㉱ 축제동률은 동축 이외의 차축도 제동률에 계산된다.

해설 기관차와 같이 제동기를 사용하는 동축 이외의 차축은 제륜자 압력이 없으며 제동률도 계산에 넣지 않는다.

예제 다음의 정의 중 알맞은 것은 무엇인가?

㉮ 제동배율 = 피스톤총압력 ÷ 제륜자총압력
㉯ 제동사용률 = 부분제동 ÷ 전제동
㉰ 축제동률 = 열차총제륜자압력 ÷ 축당제륜자압력
㉱ 전차제동률 = 열차총중량 ÷ 총제륜자압력

해설 **제동률의 크기**

① 축제동: 기관차와 같이 제동기를 사용하는 동축 이외의 차축은 제륜자압력이 없으며 제동률도 계산에 넣지 않는다. 따라서 제동기가 작용하는 차축에 대한 제동률을 축제동률이라 한다.

✓ 축제동률 = 축당제륜자압력 / 열차축당중량 × 100 (%)

② 전차제동률: 열차 전 중량에 대한 총 제륜자 압력의 비를 전차제동률이라고 한다. 제동거리를 산출할 때는 전차제동률을 사용한다.

✓ 전차제동률 = 총제륜자압력 / 열차총중량 × 100 (%)

③ 제동사용률=부분제동/전제동

예제 주철제륜자를 사용하는 부수차의 비상제동시 제동률 크기로 알맞은 것은?

㉮ 115
㉯ 112
㉰ 77~102
㉱ 60~70

해설

구분	상용제동	비상제동
객차(빈차)	80~90	
화차(빈차)	60~70	
기관차(운전정비중량)	50~80	
전기기관차	60~85	77~102
부수차	90	115
전동차	95	122
수제동기	20	

예제 다음은 전기기관차의 주철제륜자의 제동률 값이다. 맞는 것은?

㉮ 60~85%
㉯ 50~80%
㉰ 80~90%
㉱ 60~70%

예제 다음의 제동배율 및 제동률 관련 설명 중 틀린 것은?

㉮ 제동배율이란 기초제동장치를 이용하여 증폭된 제동통과 제륜자압력의 비를 말한다.

㉯ 제동배율의 크기 중 전동차 HRDA형 M차는 4.47, T차는 3.2의 제동배율이다.

㉰ **차량을 혼합편성 시 제동률의 최대치를 적용하여 안전하게 운행한다.**

㉱ 주철제륜자 사용 시 전동차는 상용95, 비상122%의 표준 제동률을 적용한다.

해설 제동율에 의한 열차 편성 조건은 다음과 같다.
① 가능한 한 여객, 화물용 견인차를 구분하여 배치한다.
② 차량을 혼합편성시 제동율의 중간치를 취하여 충격을 최소화한다.
③ 화물열차 또는 입환을 위한 동력차는 제동율을 저하시킨다.

[제동배율의 크기]

■ 기관차
　① 26L (71호대형): 6.87
　② 26L (70, 72, 72, 75호대형): 5.75
■ 전동차
　① SELD M차: 3.66, 1위: 3.2, 2~4위: 2.13
　② HRDA(인버터제어) M차: 4.47, T차: 3.2

예제 다음 중 제동통압력의 형성되는 과정으로 아닌 것은?

㉮ 균형피스톤 막판양면의 압력차를 이용하여 삼동변을 움직인다.
㉯ 제어변 막판양면의 압력차를 이용하여 제어변을 움직인다.
㉰ 제동관의 압력을 감압하여야 형성된다.
㉱ 감압량에 비례한 제어공기 압력이 들어가 형성된다.

해설 감압량에 따른 제동통압력의 형성은 제동작용을 위하여 삼동변 및 제어변을 움직이게 하는 힘은 균형피스톤 또는 제어변의 막판 양면의 압력공기의 압력차이다. 이 압력 차이는 제동관 압력 공기의 감압에 의하여 형성된다.

제3절　제동이론

1. 감압량에 따른 제동통압력의 형성

(1) 기관사가 제동변을 제동위치에 놓으면 제동관을 통해 공기가 빠져나간다.
(2) 제어변 안에 있던 균형스프링이 왼쪽으로 움직이며 도합변과 활변을 이동시킨다.
(3) 이 과정에서 보조공기통에 있던 공기가 감압한 만큼 제동통으로 이동하여 제동스프링을 밀게 된다.

(4) 제동통 압력은 기관사가 제동관(BP)압력을 감압하면(제동걸면 공기가 빠져나감) 이 제동관의 감압량에 비례하여 보조공기통의 압력공기가 제동통으로 들어가 형성된다.

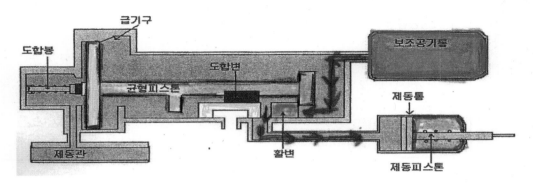

1) 보일의 법칙

- 공기압력과 체적과의 관계를 정리한 법칙으로서
- 공기제동장치의 공기압 이동상태를 제동장치의 체적과 비교하여 기초이론을 적용하는 법칙이다.

$$P_1V_1 = P_2V_2$$

(P: 최초의 압력, P_2: 최후의 압력 V_1: 최초의 체적, V_2: 최후의 압력)

예제 다음 중 공기압력과 체적과의 관계를 정리한 법칙은?

㉮ 페러데이 법칙   ㉯ 로렌츠 법칙

㉰ 보일의 법칙   ㉱ 쿨롱의 법칙

해설 보일의 법칙은 공기제동장치에서 공기압력의 변화와 체적의 변화를 이용한 제동작용에 기초이론을 제공하는 법칙이다.

2) 기관차 제동통압력

작용실(제동통 및 배관포함) 체적을 1이라 할 때 압력실 체적은 2.5배이므로

> **Cp(기관차 제동통 압력) = 2.5r (kg/cm²)**

[r: 제동관 감압량(kg/cm²), Cp: 제동통압력(kg/cm²)]

예제 기관차의 제동관 감압량이 1.2kg/cm²일 때의 제동통압력은?

㉮ 1.2kg/cm²   ㉯ 2.5kg/cm²
㉰ 3.0kg/cm²   ㉱ 3.5kg/cm

해설 기관차작용실(작용통 및 배관포함) 체적을 1이라 할 때 압력실 체적은 2.5배이므로 Cp = 2.5r = 2.5 × 1.2(kg/cm²) = 3.0kg/cm

3) 객화차 제동통압력

제동통 체적을 1이라 할 때 보조공기통 체적은 3.25배이다.

> **Cp(객화차 제동통 압력) = 3.25r − 1 (kg/cm²)**

예제 제동통 용적을 1이라고 하면 보조공기통은 몇 배인가?

㉮ 1.5   ㉯ 2.5
㉰ 3.25   ㉱ 3.5

해설 제동통 체적을 1이라 할 때 보조공기통 체적은 3.25배이다.

예제 객차의 제동관압력을 1.2kg/cm² 감압했을 때 제동통의 절대압력은 얼마인가?

㉮ 3.3kg/cm²
㉯ 3.9kg/cm²
㉰ 4.2kg/cm²
㉱ 4.5kg/cm²

해설 객화차의 경우 보조공기통의 제한된 공기량이 제동통에 공급됨으로써 제동통에 진입시 대기압만큼의 순수 손실압력이 발생된다. 그 손실량을 감안하여 게이지압력으로 표시된다. 이와는 달리 기관차의 경우 주공기량(무한량으로 생각할 수 있다)이 직접 제동통에 유입되므로 손실압력을 고려하지 않는다.
① C_p = 객차의 제동통압력 (게이지압력) = 3.25r − 1
② C_p'(절대압력) = 3.25r = 3.25 × 1.2 = 3.9kg/cm²

2. 최소 유효제동통압력

— 제동통 피스톤을 움직이게 하려면 제동통에 공급된 공기압력이 제동통 내의 리턴스 프링압력(0.35kg/cm²), 제동피스톤의 마찰력(0.05kg/cm²)의 합보다 커야 한다.
— 즉, (최소 유효제동통압력 > 리턴스프링압력 + 제동피스톤의 마찰력)이므로,

유효제동통압력 > 0.4kg/cm²

[최소 유효제동통압력 > (리턴스프링압력+제동피스톤의 마찰력)]

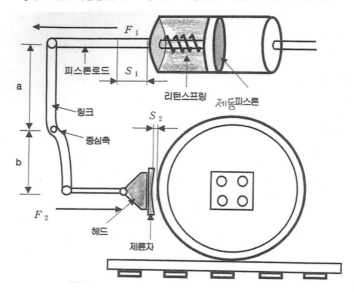

예제 다음 중 제동력이 발생하기 위한 최소 유효제동통압력은 얼마 이상인가?

㉮ 0.2   ㉯ 0.4

㉰ 0.6   ㉱ 0.8

해설 제동통 피스톤을 움직이게 하려면 제동통에 공급된 공기압력이 제동통에 들어있는 리턴스프링 압력 (0.35kg/cm²)과 제동피스톤의 마찰력(0.05kg/cm²)보다 커야 한다.
  - 최소 유효제동통 압력이란 제동피스톤을 움직일 수 있는 최소 압력을 말한다.
  - 최소 유효제동통압력 > (리턴스프링 압력 + 제동피스톤의 마찰력)이어야 하므로
  - 유효제동통압력 > 0.4kg/cm²

3. 최소유효감압량

  - 제동통 압력은 제동관 감압량에 비례하여 보조공기통의 압력공기가 제동통으로 들어가 형성된다. 그러나 어느 정도가 되면 보조공기통 압력과 제동통 압력이 균형상태가 되어 제동관 압력을 감압해도 더 이상 제동압력은 증가하지 않는다.
  - 제동관 감압에 따라 최소유효제동통압력이 형성될 수 있는 감압량을 최소유효감압량으로 본다.

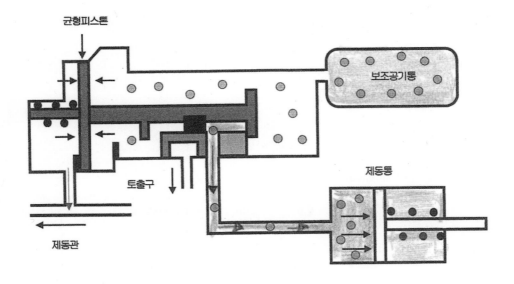

1) 기관차의 경우

$$● 2.5r > 0.4 \ kg/cm^2 \ \therefore \ r > 0.16 \ kg/cm^2$$

2) 객화차의 경우

$$● 3.25r - 1 > 0.4 \ kg/cm^2 \ \therefore \ r > 0.43 \ kg/cm^2$$

예제 다음 중 기관차 및 객화차의 최소 유효감압량으로 맞는 것은?

㉮ 기관차-0.16kg/cm², 객화차-0.43kg/cm²

㉯ 기관차-0.43kg/cm², 객화차-0.16kg/cm²

㉰ 기관차-0.43kg/cm², 객화차-0.41kg/cm²

㉱ 기관차-0.71kg/cm², 객화차-0.65kg/cm²

4. 최대유효감압량

－보조공기통과 제동통의 압력이 균형을 이루는 제동관 감압량

1) 기관차의 경우

① 제동관압력 5kg/cm²인 경우

$$● 5 - r = 2.5r \ \therefore \ r = 1.43kg/cm^2$$

② 제동관압력 6kg/cm²인 경우

$$● 6 - r = 2.5r \ \therefore \ r = 1.71kg/cm^2$$

예제 기관차 제동관압력 6kg/cm²인 경우 최대제동통압력은?

㉮ 3.58(kg/cm²)   ㉯ 3.59(kg/cm²)

㉰ 4.25(kg/cm²)   ㉱ 4.29(kg/cm²)

해설 기관차의 최대 제동통압력 = 6kg/㎠-1.71kg/cm² =4.29 kg/㎠

예제 다음 중 제동관 압력이 7kg/cm²인 경우 기관차 최대유효감압량은?

㉮ 1
㉯ 1.43
㉰ 2
㉱ 4.25

해설 7 − r = 2.5r,   r = 2

예제 기관차 제동관압력 8kg/cm²인 경우 최대유효감압량을 구하면?

㉮ 1.43kg/cm²
㉯ 1.71kg/cm²
㉰ 2.28kg/cm²
㉱ 2.5kg/cm²

해설 8 − r = 2.5r,   r = 2.28

예제 BP압력이 5kg/cm²일 경우 객화차와 기관차의 최대유효감압량은?(기출문제)

㉮ 1.14kg/cm², 1.71kg/cm²
㉯ 1.43kg/cm², 1.65kg/cm²
㉰ 1.65kg/cm², 1.71kg/cm²
㉱ 1.41kg/cm², 1.43kg/cm²

해설 (1) 객화차: 제동관압력 5kg/cm²인 경우   5 − r = 3.25r − 1 ∴ r = 1.41kg/cm²
(2) 기관차: 제동관압력 5kg/cm²인 경우   5 − r = 2.5r ∴ r = 1.43kg/cm²

2) 객화차의 경우

① 제동관압력 5kg/cm²인 경우

$$◖5 − r = 3.25r − 1 ∴ r = 1.41kg/cm²$$

② 제동관압력 6kg/cm²인 경우

$$◖6 − r = 3.25r − 1 ∴ r = 1.65kg/cm²$$

다음 설명 중 틀린 것은?

㉮ 객화차의 제동관 압력이 5kg/㎠일 때 최대감압력은 1.41이다.

㉯ 기관차의 제동관 압력이 6kg/㎠일 때 최대감압력은 1.71이다.

㉰ 제동통압력은 제동관 압력에 반비례하여 보조공기통의 압력공기가 제동통으로 들어가 형성된다.

㉱ 최소유효감압량은 제동관 감압에 따라 최소유효제동통압력이 형성될 수 있는 감압량이다.

5. 피스톤행정 변화 및 감압량의 한계

1) 피스톤의 행정이 변하는 이유

① 제륜자의 마모

② 하중의 변화

③ 제동통 압력의 대소

④ 제동초속도

예제 다음 중 제동피스톤의 행정이 변화하는 이유가 아닌 것은?

㉮ 제륜자의 마모   ㉯ 하중의 변화

㉰ 제동관 압력의 대소   ㉱ 제동초속도

해설 제동피스톤의 행정이 변화하는 이유는 다음과 같다.

   ① 제륜자의 마모

   ② 하중의 변화

   ③ 제동통 압력의 대소

   ④ 제동초속도

2) 제동피스톤 행정

> ●제동피스톤 행정 = 제동배율 × 제륜자의 이동거리

－피스톤 행정이 늘어나면 공주시간이 커지고, 제동력이 작아지게 된다.

3) 감압량의 한계

－제동효과를 얻기 위해서는 제동통 압력은 최소 0.40kg/cm² 이상이어야 한다.

> ◐최대제동통 압력 (Cp) = 최대감압량 (r) × 3.25 −1 〈객화차〉

제4절　제동력

－제동작용에 의하여 진행하고 있는 열차의 속도를 낮추는 힘을 제동력이라 한다.
－제동력은 제륜자압력과 마찰계수값의 곱으로 표시된다.

> ◐제동력 B = P · f　(P: 제륜자압력, f: 마찰계수)

[B: 제동력(kg), P: 제륜자전압력(kg), f: 마찰계수]

예제　제동력을 나타내는 식으로 옳은 것은?

㉮ 제동통압력 × 점착력　　　　　　㉯ 제륜자압력 × 마찰계수
㉰ 제동통압력 × 마찰계수　　　　　　㉱ 제동축압력 × 마찰율

1. 제륜자압력

> ◐p= πD²/4 × Pe × n × E × η (kg)
> ◐p= πD²/4 × Pe × n × E × η × r/R(kg) 〈디스크제동〉

(P: 제륜자압력(kg), Pe: 정미제동통압력(kg/cm²), D: 제동통직경(cm), n: 제동통수 , E:제동배율, η: 제동효율, r: 디스크반경, R: 차륜반경)

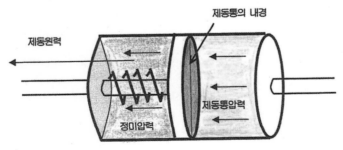

다음 중 제륜자압력을 구하는 공식에 관한 설명으로 틀린 것은?

㉮ 제동통 피스톤 직경의 크기에 비례한다.

㉯ 감압량에 따라 제동통 피스톤 행정이 많이 다르므로 행정길이에 비례한다.

㉰ 제동통수에 관계가 있다.

㉱ 기계효율에 따라 달라진다.

$p = \pi D^2/4 \times Pe \times n \times E \times \eta(kg)$

(P: 제륜자압력(kg), Pe: 정미제동통압력(kg/cm², D: 제동통직경(cm), n: 제동통수, E:제동배율, η: 제동효율)

다음 중 제륜자압력을 얻게 되는 작용에 해당되지 않는 것은?

㉮ 제동통의 정미압력은 제동통압력에서 완해(복귀)스프링의 저항력만큼을 차인한 값이다.

㉯ 지렛대원리를 이용하여 제동통에서 발생된 압력을 수배로 확대시키게 된다.

㉰ 확대된 압력은 기초제동장치의 효율에 의하여 다소 감소하게 된다.

㉱ 총제동통 정미압력에 제동배율과 기계효율을 작용시켜 제륜자압력을 얻는다.

제동통정미압력 = 제동통압력 − (스프링저항력 + 피스톤마찰력)

다음 중 제륜자 압력에 영향을 미치는 요인이 아닌 것은?

㉮ 제동통크기   ㉯ 제동통압력

㉰ 제동배율   ㉱ 마찰계수

2. 제동력과 점착력

1) 제동력

$$\bullet B = P \cdot f = \pi D^2/4 \times Pe \times n \times E \times \eta \times f \quad (f: 마찰계수)$$

(P: 제동력, f: 마찰계수, Pe: 정미제동통압력(kg/cm, D: 제동통직경(cm), n: 제동통수, E: 제동배율, η: 제동효율)

예제 **다음 중 철도차량 제동력에 관한 설명이 아닌 것은?**

㉮ 제동통 면적에 비례한다. ㉯ 제동통 수에 비례한다.

㉰ 제동배율에 비례한다. ㉱ 제륜자 이동거리에 비례한다.

2) 제동력과 점착력

− 활주하지 않기 위해서는 제동력이 점착력보다 작아야 한다(제동력 ≤ 점착력)

$B < \mu \cdot W$ 에서 $P \cdot f \le \mu \cdot W$

− 활주하지 않을 조건의 가장 큰 제동력 (제동력 ≤ 점착력)

$$● P/W \le \mu/f$$

예제 **다음 중 최대제동력 산정시 전중량의 몇 %를 점착중량으로 산정하는가?**

㉮ 75 ㉯ 85

㉰ 90 ㉱ 95

해설 최대견인력, 최대제동력을 계산할 때에는 축중 이동을 고려하여 전 중량의 약 85%를 점착중량으로 산정하는 것이 적당하다.

예제 **다음 중 축중이동에 대한 설명으로 틀린 것은?**

㉮ 가속이나 감속 시 차량중량의 이동현상이다.

㉯ 발차시에는 차량의 뒤쪽, 제동시에는 앞쪽으로 중량이 이동한다.

㉰ 최대제동력 및 견인력을 계산할 때 사용하며 전동차의 경우 최대 15% 산정한다.

㉱ 설계시 축중이동으로 인한 차륜의 점착력이 최대로 되는 축을 기준으로 한다.

해설 열차의 가속과 제동에 따라 차량중량이 이동하는 것을 축중이동이라 한다. 견인력이나 제동력을 설계할 때에는 축중 이동으로 인해 차륜의 점착력이 최저로 되는 축(가장 앞부분의 차륜 또는 가장 뒷부분 차륜)을 기준으로 설계할 필요가 있다.

예제 차륜과 제륜자간의 마찰계수를 좌우하는 요소의 설명에 잘못된 것은?

㉮ 운전속도가 높으면 마찰계수는 감소된다.

㉯ 제륜자의 크기와 마찰계수는 아무 관계가 없다.

㉰ 제륜자압력이 크면 마찰계수는 적다.

㉱ 마찰면의 접촉상태에 따라 마찰계수는 달라진다.

해설 마찰계수의 크기를 좌우하는 요소는 다음과 같다.
① 운전속도의 고저
② 제륜자의 온도
③ 제륜자의 재질
④ 마찰면의 상태
⑤ 접촉면 넓이와 형상 등

제5절 제동거리의 산출

- 운동에너지를 열에너지로 변환하는 사이에 주행한 거리를 제동거리라 하고
- 소요된 시간을 제동시간이라 한다.
- 실제동거리는 제동이 유효하게 작용 후 정지할 때까지 주행거리를 말하며 속도의 자승에 비례한다.
- 전제동거리는 공주거리와 실제동거리를 합한 것이며 제동초 속도의 영향을 받는다.

[제동거리란?]

기관사가 제동변 핸들을 제동위치로 이동시킨 후, 열차가 정지할 때까지 주행한 거리로서, 제동거리
= 공주거리(S1) + 실제동거리(S2)

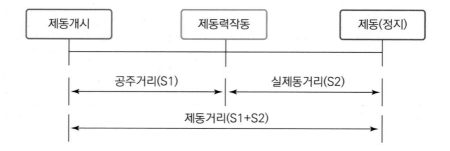

1. 공주거리

1) 공주거리의 한계

- 제동핸들을 제동위치로 이동시켜 제동이 적용될 때까지 주행한 거리를 공주거리, 소요시간을 공주시간이라고 한다.
- 철도차량의 공주거리는 제동취급 시점부터 제동력이 예정제동율의 75%를 달성할 때까지 진행한 거리를 공주거리로 산정한다. (속도정수사정기준규정 적용)
- 이때까지 경과한 시간을 공주시간이라 한다.

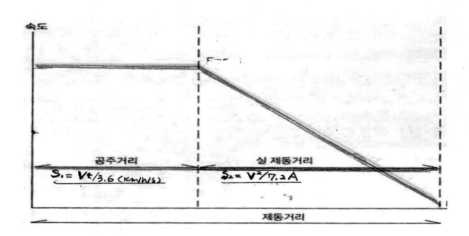

2) 공주거리의 발생사유

① 제동취급 후 공기배관을 따라 공기의 이동으로 제동통압력이 형성되기 위하여 소요되는 시간동안 진행한 거리

※ 공기의 이동소요시간: 제동관 압력은 초당 150-200m 진행하므로, 1m 진행시 약 0.05sec 소요

② 기초제동장치의 동작 시간 동안 진행한 거리

③ 제륜자가 차륜에 접촉한 후 적정압력으로 제동통압력이 상승하기 위하여 소요되는 시간동안 진행한 거리

※ 공주시간은 제동장치의 종류, 제동취급방법, 열차의 편성, 연결량수 등에 따라 다르다.

3) 공주거리의 계산

① 공주시간

공주시간은 최초 제동취급 후 예정제동율의 75%를 달성하는 데 소요되는 시간을 말한다.

a. 제동취급 후 최전부차량(기관차)에 제동이 체결되기 시작하는 데 소요되는 시간
: 약 0.9sec (보통제동기)

b. 최전부차량으로부터 최후부차량까지 제동관 압력공기의 이동에 소요되는 시간
: 제동축수 n, 축간거리 약 5m로 할 때 약 0.025n sec

c. 차량당 제동시점부터 완료시까지 소요되는 시간: 약 3sec

② 공주거리

$$\bullet 공주거리(S_1) = v \times t_1 \ (m/s \cdot s) = V \times t_1 / 3.6 \ (km/h \cdot s)$$

[단, 평탄선구일 때, S_1 : 공주거리, t_1 : 공주시간]

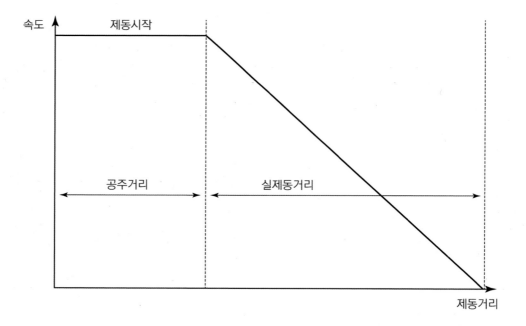

2. 실제동거리

– 실제동거리(S_2)는 전 제동거리에서 공주거리를 제외한 값을 말한다.

1) 운동 에너지식에 의한 실제동거리 산출방법

– 지금 주행 중인 열차에 제동을 체결하려면 Fdm(kg)의 평균감속력(제동력과 열차저항의 합)으로서 감속되어 거리 S_2(m)를 진행 후 열차가 정지하였다면

– 이때의 제동 및 열차저항이 한 일의 양은 $FdmS_2$(kg·m)(제동이 작용한 때로부터 정지할 때까지의 제동력과 각 저항의 합)로 된다.

$$● S_2 = 3.937WV^2/Fdm$$

실제동거리식을 산출하면(일반열차 6%, 전동열차 9%의 중량을 가산)

$$● S = 3.937WV^2/Fdm\ (1 + 0.06) = 4.17WV^2/Fdm\ ---\ \text{일반열차}$$
$$● S' = 3.937WV^2/Fdm\ (1 + 0.09) = 4.29WV^2/Fdm\ ---\ \text{전기차, 전동열차}$$

[W: 열차의 중량(kg), v: 열차의 속도(m/s), Fdm(kg): 제동력과 열차저항의 합]

– 즉 실제동거리는 열차의 중량에 비례하고 감속력에 반비례하며 제동초속도의 자승에 비례한다.

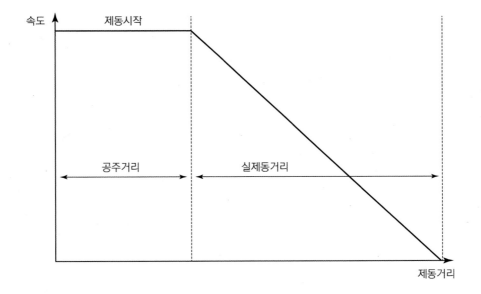

예제 실제동거리에 대한 설명으로 맞는 것은?

㉮ 열차의 중량에 반비례　　　　　　　㉯ 제동초속도 자승에 비례

㉰ 감속력에 비례　　　　　　　　　　　㉱ 제동률에 비례

해설 – 실제동거리(S2)는 전 제동거리에서 공주거리를 뺀 값을 말한다.

– 실제동거리는 열차의 중량에 비례하고, 감속력에 반비례하며, 제동초속도의 자승에 비례한다.

– 즉 실제동거리는 열차중량이 무거우면 길어지고, 감속력이 크면 짧아지며, 제동 초속도의 제곱에 비례하여 길어진다.

　* 일반열차 실제동거리: $4.17WV^2/Fdm$

　* 전기차, 전동열차 실제동거리: $4.29WV^2/Fdm$

　[W: 열차의 중량(kg), v: 열차의 속도(m/s), Fdm(kg): 제동력과 열차저항의 합]

예제 전동차의 실제동거리를 구하시오. (ton당 감속력 429, 주행속도 100km/h)(기출문제)

㉮ 429　　　　　　　　　　　　　　　　㉯ 4.29

㉰ 224.5　　　　　　　　　　　　　　　㉱ 100

해설 전기차, 전동열차 실제동거리: $4.29WV^2/Fdm$에서 $(4.29 \times 100^2)/429 = 100m$

2) 운동식에 의한 실제동거리 방법

$S = vt(m/s \cdot s)$에서 $v(평균속도) = v_2 + v_1 / 2$

$a(가속도) = v_2 - v_1 / t \Rightarrow t = v_2 - v_1 / a$이므로,

$S = vt = v_2 + v_1 / 2 \times v_2 - v_1 / a = v_2^2 - v_1^2 / 2a$

및 값을 철도 실용단위로 환산하면,

$$◑ S = (V/3.6)^2/2 \times (A/3.6) = V^2 / 7.2A$$

예제 어느 역 진입 시 제동취급 개시부터 25s 경과 후 정차지점에 도달 시 가속도가 2.5km/h/s 일 때 제동취급시점을 약 몇 m 전방으로 잡아야 하는가?

㉮ 217.7m　　　　　　　　　　　　　　㉯ 221.3m

㉰ 225.5m　　　　　　　　　　　　　　㉱ 229.4m

해설 이 문제는 가속도, 거리를 토대로 한 실제동거리를 요구하므로 운동식에 의한 실제동거리 산출방법을 적용한다.

$V = at = 2.5 \times 25 = 62.5\text{km/h}$

$S = V^2 / 7.2A = 62.5^2 / 7.2 \times 2.5 = 217.7\text{m}$

3. 전제동거리의 산출

◐전제동거리(S) = 공주거리(S_1) + 실제동거리(S_2)

◐S = $Vt/3.6 + 4.17WV^2/Fdm$ (m) (일반열차)

◐S' = $Vt/3.6 + 4.29V^2/Fdm$ (m) (전동열차)

※ 위 식에서 W값은 Fdm값에 따라 계산방법을 달리할 수 있다.

여기서 전제동거리를 구하는 식을 도출하게 된다.

◐공주거리(S1) = $V \times t_1/3.6$ (km/h·s)

 〔단, 평탄선구일 때, S_1 : 공주거리, t_1 : 공주시간〕

◐실제동거리(S_2) = $V^2 / 7.2A$ 이므로

◐전제동거리 = [공주거리(S1)=$V \times t_1/3.6$ (km/h·s)] +[실제동거리(S_2)= $V^2 / 7.2A$]

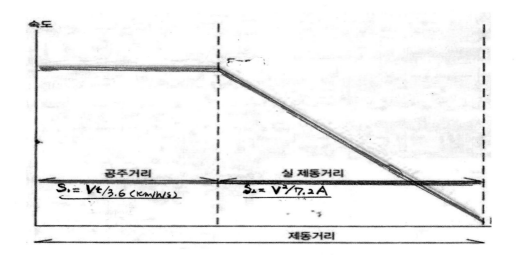

예제 다음 중 70km/h의 속도로 열차 운행 중 200m 전방에 화염신호가 현시된 것을 보고 비상제동을 체결하였다면 화염신호의 몇 m 전방에서 정차할 수 있는가? (단, 감속도 4km/h/s, 공주시분 1s)

㉮ 19m

㉯ 15m

㉰ 13m

㉱ 10m

해설 전제동거리 S = [V×t/3.6 + V²/7.2A]이므로 [(70×1)/3.6] + [70²/(7.2 × 4)] = 189.6m
200 − 189.6m = 10.4m

예제 60km/h의 속도로 달리던 전동열차의 제동거리는 얼마인가? (전동열차의 감속도 3.0km/h/s, 공주시간 1.5초)

㉮ 191.7 m

㉯ 166.7 m

㉰ 181.7 m

㉱ 186.7 m

해설 전제동거리 S = [V×t/3.6 + V²/7.2A]이므로 [(60×1.5)/3.6] + [3600/(7.2×3)] = 25 + 166.7
=191.7m

4. 제동거리 약산식

1) 여객열차의 간이식(실은 차, 빈차)

$$\bullet\ S = V^2/20\ (m)$$

2) 화물열차의 간이식(실은 차, 빈차)

$$\bullet S = V^2/14\ (m)$$

3) 전기동차의 간이식(실은 차, 빈차)

$$\bullet S = Vt/3.6 + V^2/7.2A\ (m)$$

예제 **다음은 제동거리에 대한 설명이다. 틀린 것은?**

㉮ 열차가 가진 운동에너지를 열에너지로 변화시키는 과정이다.

㉯ 공주거리와 실제동거리로 구분할 수 있다.

㉰ 전제동거리는 제동초속도에 영향을 받는다.

㉱ 제동거리는 열차중량에 비례하고 초속도에 비례한다.

해설 ① 제동이란 운동에너지를 제륜자와 차륜이 마찰할 때 발생하는 열에너지로 변환시켜 감소시키는 과정이다.
② 제동거리는 제동초속도의 자승에 비례하고 열차중량에 비례한다.
③ "전제동거리 = 공주거리 + 실제동거리"이며, 제동초속도의 영향을 많이 받는다.
* 전제동거리 $S = Vt/3.6 + V^2/7.2A\ (m)$

예제 **공주거리 및 공주시간에 대한 설명 중 옳은 것은?**

㉮ 제동취급 시점부터 정지할 때까지 진행한 거리

㉯ 제동취급 시점부터 예정제동률의 75%에 도달할 때까지 진행한 거리

㉰ 제동취급 시점부터 예정제동률의 70%에 도달할 때까지 진행한 거리

㉱ 제동취급 시점부터 제동이 체결될 시점까지 진행한 거리

해설 철도차량의 공주거리는 제동 취급시점부터 제동력이 예정 제동율의 75%에 도달할 때까지 진행한 거리를 공주거리로 산정하며 발생 원인은 다음과 같다.
① 압력공기가 공기배관을 따라 이동하는데 시간이 걸린다.(제동관 압력은 초당 150~200m 진행하므로 1m 진행 시 약 0.05s 소요)
② 기초제동장치가 동작되는 데 걸리는 시간이 걸린다.
③ 제륜자와 차륜이 접촉 후 적정압력이 될 때까지 제동통압력이 상승하는 데 시간이 걸린다.

예제 다음 중 60km/h의 속도로 달리던 일반열차, 화물열차, 전동열차의 정지까지의 제동거리 (m)는?(전동열차의 감속도 3.0km/h/s, 공주시간 1.5초이다)

㉮ 180, 257, 192
㉯ 155, 248, 180
㉰ 155, 257, 192
㉱ 180, 248, 167

해설 (1) 여객열차의 간이식 (실은 차, 빈차): $S = V^2/20$ (m)
(2) 화물열차의 간이식 (실은 차, 빈차): $S = V^2/14$ (m)
(3) 전기동차의 간이식 (실은 차, 빈차): $S = Vt/3.6 + V^2/7.2A$ (m)

예제 여객열차가 60km/h의 속도로 운행 중 비상제동을 체결 시 제동거리를 전기동차의 간이식에 따라 구하면?

㉮ 120m
㉯ 130m
㉰ 150m
㉱ 180m

해설 여객열차의 간이식: $S = V^2/20$ (m) = 3600/20 = 180m

예제 72km/h로 달리던 전동열차가 제동을 취급하여 정차할 때까지 주행한 전제동거리를 약산식으로 구하시오. (단, 공주시간 1초, 감속도 4.5km/h/s)

㉮ 150m
㉯ 160m
㉰ 180m
㉱ 200m

해설 전기동차의 간이식: $S = Vt/3.6 + V^2/7.2A$ (m)
$[(72 \times 1)/3.6] + [(72 \times 72)/(7.2 \times 4.5)]$ = 180m

예제 다음 중 공주거리의 발생 사유가 아닌 것은?

㉮ 압력공기가 이동하는 시간
㉯ 기초제동장치의 동작 시간
㉰ 제동력이 일정압력까지 상승하는 시간
㉱ 선로의 하구배로 인한 추가시간

해설 '연속하구배에서 속도제어가 용이하다'는 발전제동의 이점이다.

예제 공주거리, 공주시간에 대한 설명으로 틀린 것은?

㉮ 공주시간은 제동초속도, 제동취급방법 열차의 편성에 따라 달라진다.
㉯ 공주시간이란 제동률이 75%에 달성되기까지의 시간을 말한다.
㉰ ARE 120km/h일 때 공주거리는 100m이다.
㉱ 공주거리는 제동을 취급했을 때부터 제동이 작용할 때까지의 시간이다.

해설 공주시간은 제동장치의 종류, 제동취급방법, 열차의 편성, 연결량 수 등에 따라 다르다.

예제 다음 제동거리에 대한 설명 중 맞는 것은?

㉮ 공주시간이란 제동 취급시점부터 제동력이 예정 제동률의 85%에 도달할 때까지 진행한 거리를
　말한다.
㉯ 전동차 10량 편성시 사용제동 공주시간은 3초이다.
㉰ 실제동거리는 전제동거리에서 공주거리를 뺀 값을 말한다.
㉱ 공주시간은 제동장치의 종류, 제동취급 방법, 열차의 편성, 연결량 수에 따라 다르다.

해설 － 실제동거리는 제동이 유효하게 작용할 때부터 정지할 때까지의 주행거리를 말하며, 정지할 때까지의
　　소요된 시간을 실제동시간이라 한다. 실제동거리는 속도의 자승에 비례한다.
　　－ 실제동거리는 전제동거리에서 공주거리를 뺀 값을 말한다.

예제 72km/h운전 중 공주시간이 2초일 경우 공주거리는?

㉮ 36m　　　　　　　　　　　　㉯ 10m
㉰ 20m　　　　　　　　　　　　㉱ 40m

해설 s = V/3.6×t
S = 72/3.6×2 = 40m

제6절 **전기제동**

1. 발전제동

1) 발전제동의 의의

- 발전제동은 전기제동의 일종으로 현재 우리나라에서 전기제동 방식 중 가장 널리 쓰이고 있는 제동방식이다.
- 전기제동은 이외에도 전력회생제동, 전자제동, 와류제동 등의 방식이 있다.

[발전제동]

- 평소에 바퀴를 회전시켜 주던 주 전동기는 회로를 약간만 변경시키면 발전기로 변한다.
- 이때 지금까지 회전하던 방향과 반대방향으로 회전하려는 힘, 즉 제동력이 생기는데 이 원리를 이용하면 기계적 제동장치의 최대 약점인 부품의 마모나 마찰면의 발열 등이 나타나지 않는 전기제동이 가능하다.

- 운행 중 빠르게 회전하는 전동기를 발전기의 역할을 바꿔주어 운동에너지를 열에너지로 전환시킨다.
- 고속에서 제동력이 우수하여 디젤, 전기기관차에서 채택하고 있다.
- 다만 회전력이 떨어지는 저속의 경우 제동 효과가 저하된다.

2) 발전제동의 이점

① 제륜자 제동으로 발생되는 차륜마모 및 이완현상이 없다. 단, 부수차 객차 화차 등에는 공기제동 설치를 요한다.
② 공주시간이 단축된다.

③ 연속 하구배에서 속도제어가 용이하다.

④ 제륜자 마모의 감소 및 열차 평균속도가 향상된다.

⑤ 열차가 가진 운동에너지는 속도의 제곱에 비례한다.

3) 발전제동의 단점

① 전기제동의 고장 또는 저속도에서 제동력이 극소하므로 타 공기제동장치의 병설을 요한다.

② 저항제어를 하므로 별도의 저항기가 필요하다.(자주 출제된다)

③ 주전동기의 부하율이 높기 때문에 주전동기의 용량을 증대할 필요가 있다.

④ 전기회로가 복잡하다.

4) 발전제동의 필요조건

① 팬터그라프 또는 발전기 회로를 일시 차단하고 주전동기와 저항기(방전용)를 폐회로로 만든다.

② 자극에는 잔류자기를 가져야 한다. 발전기일 때와 전동기일 때는 전기자 전류의 방향이 반대이다.

③ 각 발전기의 부하는 평형이어야 한다.

5) 발전제동력

– 역행시에 손실된 철손 및 기계손이 제동시에는 +가 되어 견인력과 제동력을 동일한 조건에서 비교하면 제동력이 10~20% 크다.

6) 발전제동의 유효범위

– 역행 시와 같이 제동 시의 전류와 발전기로서의 회전수와 기동력과의 관계로서 이루어지는 곡선을 제동특선곡선이라 하고

– 발전제동력은 주전동기의 전압 전류 속도구조상에서 한도로 되는 것이 정격상의 한도이고 발전기로서 사용범위는 정해지게 되며

– 이와 같이

① 과전류

② 과전압

③ 과고속

④ 과저속 이라는 4가지 제한을 한다.

이러한 제약조건이 지속적으로 나타날 때는 발전제동 이외에 공기제동 등의 방식을 사용할 필요가 있다.

예제 다음 중 발전제동에 대한 설명으로 옳은 것은?

㉮ 전기회로가 복잡하다.

㉯ 저항제어를 하므로 별도의 저항기가 필요 없다.

㉰ 연속 상구배에서 속도증가에 용이하다.

㉱ 주전동기의 부하율이 적다.

해설 발전제동은 전기차량의 주행을 일으키는 원동력인 견인전동기의 회로를 일시적으로 발전기로 변경하여 작용시켜, 그 발생전력을 차량에 탑재되어 있는 주저항기에 흘려서 열에너지로 변환하여 제동력을 얻는 방식으로 전기자의 역토크를 하여 제동력을 얻고 있다. 발전제동의 장단점은 다음과 같다.

① 장점
  ㉠ 제륜자 제동으로 발생되는 찰상(flat)이나 차륜마모 및 이완현상이 없다.
  ㉡ 제륜자의 응답속도가 빨라 공주시간이 단축된다.
  ㉢ 광범위한 속도변화에 대응하여 일정한 큰 제동력, 즉 고속도에서도 균일한 평균 감속력을 얻을 수 있다.
  ㉣ 차륜과 제륜자의 비접촉 제동으로 철분에 의한 대차 각부의 오손이 경감된다.
  ㉤ 연속된 하구배에서도 속도제어가 용이하다.
  ㉥ 차륜, 제륜자의 마모의 감소되어 경제적이다.
  ㉦ 하구배 등에서 균일한 속도제어가 가능해 열차 평균속도가 향상된다.

② 단점
  ㉠ 전기제동 장치 고장이나 저속도, 고속도, 과전류, 과전압 상태에서는 제동력이 떨어져 공기제동 장치의 병설이 필요하다.
  ㉡ 견인전동기의 부하율이 높아지므로 견인전동기의 용량을 증대할 필요가 있다.
  ㉢ 발전제동에서는 저항제어를 하므로 열에너지를 소비시킬 수 있는 별도의 저항기 설치가 필요하다.
  ㉣ 전기회로가 복잡해진다.

예제 다음 중 발전제동의 장점과 거리가 먼 것은?

㉮ 속도변화에 대응하여 큰 제동력을 얻을 수 있다.

㉯ **열차균형속도가 향상되며 공주시간이 단축된다.**

㉰ 연속 하구배에서 속도제어가 용이하다.

㉱ 공주시간이 단축된다.

해설 하·구배 등에서 균일한 속도제어가 가능해 열차 평균속도가 향상된다.

예제 다음 중 발전제동의 단점이 아닌 것은?

㉮ 공기제동장치의 병설이 필요하다.   ㉯ 별도의 저항기가 필요하다.

㉰ 전기회로가 복잡하다.   ㉱ **부하율이 높기 때문에 동력비가 증가한다.**

해설 주전동기의 부하율이 높기 때문에 주전동기의 용량을 증대할 필요가 있다.

예제 발전제동의 설명 중 다음 빈 칸에 들어갈 말로 알맞게 짝지어진 것은?

[발전제동력은 자력선수와 전류를 곱한 값에 비례한다. 역행 시에 손실된 (ㄱ) 및 (ㄴ)이 제동시에는 +가 되어 견인력과 제동력을 비교하면 (ㄷ)이 10~20% 정도 크다.]

㉮ **기계손, 철손, 제동력**   ㉯ 표류부하손, 기계손, 견인력

㉰ 기계손, 철손, 견인력   ㉱ 마찰손, 풍손, 제동력

해설 발전제동력은 자력 선수와 전류를 곱한 값에 비례하며 역행 시 손실된 철손 및 기계손이 제동 시에는 +가 되어 견인력과 제동력을 비교하면 제동력이 10~20% 크다.

제3장

운전계획

제3장

운전계획

제1절 운전계획

1. 왜 운전계획을 수립하는가?

- 운전계획은 철도 이용고객(수요자)이 원하는 교통서비스를 제공하기 위해 어떤 종류의 열차를 어떤 속도로 몇 회 운행할 것인지에 대한 계획을 수립하기 위해 필요하다.
- 따라서 이 운전계획을 수립할 때에는 우선 열차를 이용할 승객은 얼마나 되고, 이 승객들을 원활하게 수송하기 위해서 열차는 얼마나 필요한지를 철저히 분석해야 한다.

[수송량과 수송력(용량)추정]

- 열차계획을 수립하려면 수송수요 예측이 선행되어야 한다. 수용수요란 열차를 이용할 승객과 화물의 잠재적인 양을 말한다. 이 양을 수송량이라고 한다. 수송량을 수송할 승객과 화물의 양을 수송인 Km 등으로 표시한다.
- 열차수송수요가 추정되면 이러한 수송수요를 처리할 수 있는 공급량, 즉 수송력(용량)을 산출해야 한다. 수송력(용량)은 열차횟수, 운행시격, 차량편성수, 시설 및 설비수용성 등의 요소를 감안하여 산출된다.

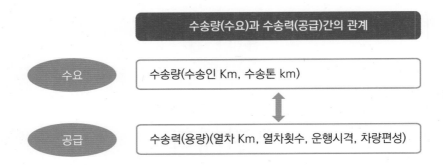

종합운영계획 수립 흐름도

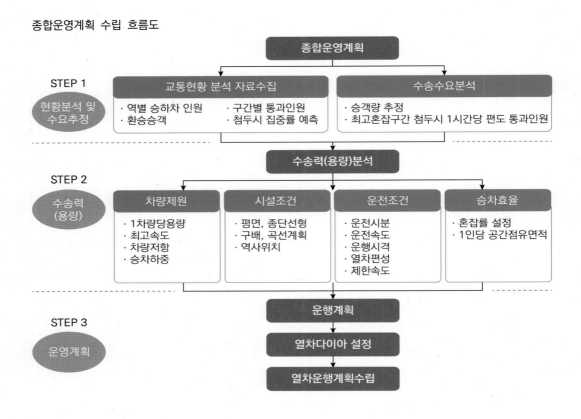

2. 운전계획 내의 주요 계획

[운전계획 내의 주요 계획]

1. 열차계획
   - 열차계획은 차량의 증차 등 차량계획과 운용계획을 수립하기 위하여 필요하다.
2. 차량계획
   - 열차의 배차간격, 운행회수 등을 결정하는 데 있어서 차량계획이 필요하다.
3. 설비계획
   - 열차계획과 차량계획이 우선적으로 세워져야 설비계획이 수립될 수 있는 토대가 된다.
4. 요원계획
   - 운전관계 업무량의 증감에 따라 필요한 인원을 책정하고, 그 수급과 병행하여 인력 양성계획을 수립하는 데 필요하다.

예제 다음 중 열차계획 시 고려사항이 아닌 것은?

㉮ 수송수요
㉯ 수송량 및 열차횟수
㉰ 시설 및 설비 수용성
㉱ 예비차량 편성 수 산출

해설 열차계획 시 고려사항은 다음과 같다.
① 수송수요
② 수송량 및 열차횟수
③ 시설 및 설비 수용성

예제 다음 중 운전계획에 포함되지 않는 것은?

㉮ 열차계획
㉯ 수송계획
㉰ 설비계획
㉱ 요원계획

해설 운전계획 수립 시 포함되어야 할 사항은 다음과 같다.
① 열차계획: 열차 이용 승객과 필요한 열차의 수를 분석한다.
② 차량계획: 열차계획을 바탕으로 차량의 증가 및 감소(소요수량)를 결정한다.
③ 설비계획: 열차계획을 수용할 수 있는 선로용량을 결정하는 것으로 가장 장기간이 소요된다.
④ 요원계획: 운전관계 업무량 증감에 따른 소요인원을 책정하고 수급과 병행하여 양성계획을 수립한다.

㉮ 운전계획   ㉯ 차량계획
㉰ 설비계획   ㉱ 요원계획

해설 장기간 소요되는 운전계획은 설비계획이다.

예제 운전계획에서 열차계획을 수용할 수 있는 선로용량을 결정하는 단계를 무엇이라 하는가?

㉮ 선로계획   ㉯ 설비계획
㉰ 시설계획   ㉱ 차량계획

해설 선로용량을 결정하는 단계는 설비계획 단계이다.

제2절 열차계획

1. 수송 수요

(1) 수송수요 예측
　　－일반적으로 신설선의 수송수요 예측은 교통영향 평가서의 자료를 분석하여 이를
　　　근거로 예측하고 있다.
　　－기존 노선의 수송수요 예측은 과거의 수송실적을 근거로 하는 경험에 의한 예측
　　　을 하고 있다.
(2) 수송수요 분석
　　－수송수요를 분석할 때에는 계절, 요일, 시간에 대한 요인 이외에도 도심부와 부
　　　도심부, 관광도시와 업무도시, 타 교통수단과의 연계 여부 등 다양한 요인을 고
　　　려하여 분석해야 한다.

2. 수송량과 열차횟수

(1) 수송량
　　－수송량이란 수송할 승객과 화물의 양을 말한다.

가. 수송량의 단위

　　㉠ 여객열차

　　　－수송인원, 승차인원을 표시: 수송인km [Σ수송인원×Σ수송거리]

　　㉡ 화물열차

　　　－수송톤수로 표시: 수송톤km [Σ수송톤수×Σ수송거리km]

　　㉢ 수송력

　　　열차 및 차량의 주행거리를 표시: 열차·km, 차량·km

나. 수송량 산출 시 고려사항

　　－유효시간대를 구분하여 최소유효시간대의 열차설정을 고려하여야 한다.

(2) 열차횟수 산정수송량

　－수송량이 일정하면 열차횟수가 정해진다. 수송량과 열차횟수와의 관계는 다음과 같다.

가. 수송량이 일정한 경우

　　㉠ 승차인원＝편성량 수×1량 평균정원×승차효율

　　　승차효율(혼잡도)＝열차승차인원/(1량정원×연결량수)×100(%)

　　㉡ 열차 횟수 ＝ 수송량/승차인원

나. 편성량 수 및 승차효율

　　－편성량 수 및 승차효율이 일정하면 수송량의 증가와 열차횟수의 증가는 비례한다.

다. 수송량과 열차횟수와의 관계

　　－일정한 수송량에 대해서 열차의 수송력 단위를 적게 하면 열차횟수는 증가하고 열차횟수를 적게 하면 수송력은 커지게 된다. 수송력의 크기는 동력차의 견인정수·선로 유효장·승강장길이 및 운전관련 설비 등에 의하여 제한을 받는다.

(3) 운행시격

　－운행시격이란 선행열차와 후속열차의 운전간격을 시, 분으로 표시한 것을 말한다. 즉, 열차의 배차간격을 말하며, 운행시격의 산출에 영향을 주는 요인을 분류하면 운전설비 요소와 수송수요 요소로 분류할 수 있다.

가. 운전설비 요소

－운행 시격에서 그 노선에 있어서의 최소의 값을 최소운행시격이라고 하는데 ① 열차 간격제어의 방식, ② 폐색구간, ③ 열차편성, ④ 가감속도 및 구내배선 등 각종 운전설비 요소에 의하여 결정된다.

예제 열차의 최소운행시격에 영향을 미치는 요소가 아닌 것은?

㉮ 열차간격제어 방법
㉯ 폐색구간
㉰ 열차편성
㉱ 수송인원

해설 최소운행시격은 궤도상 어떤 특정한 지점에서, 측정되는 동일 궤도상에 동일 방향으로 운전하는 연속되는 열차의부분 사이의 경과 시간을 의미하며 최소운행시격에 영향을 미치는 요소는 다음과 같다.

① 열차간격제어방식
② 폐색구간
③ 열차편성
④ 가감속도 및 구내 배선

예제 열차의 최소운행시격에 영향을 미치는 요소로 맞는 것은?

㉮ 폐색방법
㉯ 열차종류
㉰ 가감속도
㉱ 승차인원

나. 수송수요 요소

－수송인원이 많고 적음에 따라 운행시격이 정해진다.

　㉠ 출퇴근시간(Rush Hour) 운행시격

　　ⓐ 운행횟수(회)＝출퇴근시간 최대 재차인원÷수송력

　　ⓑ 운행시격(분)＝60분÷운행횟수

　㉡ 평시 운행시격

　　ⓐ 운행회수(회)＝단위시간 재차인원÷수송력

　　ⓑ 운행시격(분)＝60분÷운행횟수

(3) 혼잡도

- 승객이 집중되는 시간대에는 차내가 매우 혼잡하게 되는데 이 정도를 혼잡도라 한다.
- 일반적으로 객실 정원을 혼잡도 100%로 하여 산정하며 노선마다 차이가 있지만 경제적인 면을 고려하여 혼잡도 200% 내외를 기준으로 열차를 배차하고 있다.
- 혼잡도는 승차인원과 운행시격에 의해 영향을 받는데 과도한 혼잡도는 승객에게 불쾌감을 유발하여 서비스의 질을 떨어뜨리는 요인이기도 하다.

(4) 시설 및 설비 수용성

- 시설 및 설비는 열차운행 및 승객을 수용할 수 있는 고정된 값을 가지고 있으므로 운전계획 수립 시 반드시 시설 및 설비의 수용가능 여부를 판단해야 하는데 이때 고려해야 할 주요 사항은 다음과 같다.
  ① 영업 연장의 규모 및 단계별 개통계획
  ② 기존 및 향후 노선과의 연계수송
  ③ 반복운행 및 회차 설비
  ④ 야간 유치 및 비상 시 고장차 대피설비
  ⑤ 유지보수를 고려한 Motor Car 유치설비
  ⑥ 영업중지 구간 단축 및 응급조치를 위한 대처방안
  ⑦ 평면 및 종단 선형과의 부합성
  ⑧ 지역특성 및 역세권 현황에 따른 승강장 형태
  ⑨ 역별 승객 편의 설비(에스컬레이터) 수용성

예제 다음 중 시설 및 설비의 수용성에 대한 조건 중 틀린 것은?

㉮ 영업연장의 규모 및 단계별계통
㉯ 반복운행 회차 설비
㉰ **평면 및 종단 선형과의 비대칭성**
㉱ 역별 승객 편의 설비 수용성

해설 시설 및 설비는 열차운행 및 승객을 수용할 수 있는 고정된 값을 가지고 있으므로 운전계획 수립 시 반드시 시설 및 설비의 수용가능 여부를 판단하여야 한다. 시설 및 설비 수용성 판단 시 고려사항은 다음과 같다.

① 영업 연장의 규모 및 단계별 개통계획
② 영업중지 구간 단축 및 응급조치를 위한 대처방안
③ 야간 유치 및 비상시 고장차 대피설비
④ 유지보수를 고려한 Motor Car 유치설비
⑤ 반복운행 및 회차 설비
⑥ 기존 및 향후 노선과의 연계수송
⑦ 지역특성 및 역세권 현황에 따른 승강장 형태
⑧ 역별 승객 편의 설비(에스컬레이터 등) 수용성
⑨ 평면 및 종단 선형과의 부합성

(5) 소요차량 편성수

－소요차량 편성수에 관한 내용은 다음과 같다.
① 소용차량 편성수의 총 수량은 영업용 운용차량과 예비차량의 합
② 차량운용률이란 1일 운용 차량수(정기, 부정기, 임시열차 포함)와 총 보유차량 수에 대한 비율
③ 차량예비율은 운영기관에 따라 다르나 일반적으로 10~15% 적용
④ 차량운용률 + 차량예비율 = 100%
⑤ 영업용 운용차량 편성수를 구하는 공식

$$Nt = ((T+t) \times 2) / P$$

[Nt: 소요차량 편성수, T: 표정시분, t: 양단역 반복시분, P: 최소 운행시격(분)]

예제 **소요차량 편성수에 관한 설명 중 틀린 것은?**

㉮ 전동차 차량예비율은 10-15%이다.
㉯ 소요차량 편성수는 영업용 운용차량과 예비차량을 합한 것이다.
㉰ **최소 운행시격은 소요차량 편성수에 비례한다.**
㉱ 반복시분은 소요차량 편성수에 비례한다.

해설 소요차량 편성수가 많을수록 최소운행시격은 짧아진다. 소요차량 편성수에 관한 내용은 다음과 같다.
① 소용차량 편성수의 총 수량은 영업용 운용차량과 예비차량의 합
② 차량운용률이란 1일 운용 차량수(정기, 부정기, 임시열차 포함)와 총 보유차량 수에 대한 비율
③ 차량예비율은 운영기관에 따라 다르나 일반적으로 10~15% 적용
④ 차량운용률 + 차량예비율 = 100%

⑤ 영업용 운용차량 편성수를 구하는 공식

Nt = ((T + t) × 2) / P

[Nt: 소요차량 편성수, T: 표정시분, t: 양단역 반복시분, P: 최소 운행시격(분)]

예제 다음 중 소요차량 편성수 구하는 식으로 맞는 것은?

㉮ $Nt = (T + t) \cdot 2/P$ ㉯ $Nt = P/(T + t) \cdot 2$

㉰ $Nt = (T + t)/P$ ㉱ $Nt = (T + t) \cdot P/2$

예제 영업용 운용차량 편성수를 산출하시오.(표정시분 1시간 20분, 양단역 반복시분 10분, 최소 운행시격 10분)

㉮ 12   ㉯ 14

㉰ 16   ㉱ 18

해설 Nt = ((T + t) × 2)/P에서 2(80 + 10/) / 10 = 18

[Nt: 소요차량 편성수, T: 표정시분, t: 양단역 반복시분, P: 최소 운행시격(분)]

예제 다음 중 소요차량 편성수가 23편성, 표정시분 35분, 양단 역 반복시분 5분, 예비율 15%(3편성)라면 영업용 운용차량 편성수와 최소운행시격은?

㉮ 18편성, 4분   ㉯ 20편성, 4분

㉰ 18편성, 5분   ㉱ 20편성, 5분

해설 영업용 운용차량 편성수 = 소요차량 편성수 - 예비차량 편성수 = 23 - 3 = 20

Nt = ((T + t) × 2)/P에서 Nt = 20이므로 20P = 2(35 + 5) = 80

P = 4분

제3절 운전 선도

1. 운전선도 개요

- 열차운행에 관계하여 변화하는 운전상태, 운전속도, 운전시분, 주행거리, 전기소모량 등의 상호관계를 역학적으로 표시한 운전곡선(Run curve)을 운전선도라 한다.
- 운전선도는 주로 열차운전계획에 사용한다.

예제 다음 중 속도변화와 운전시분의 경과를 역학적으로 도시한 것으로 열차계획 운전정리 등의 기초자료로 활용되는 것은?

㉮ 열차운전 시간표   ㉯ 운전선도

㉰ 표준운전시분   ㉱ 견인정수

해설 운전선도란 열차운행에 수반하여 운전상태, 운전속도, 운전시분, 주행거리, 전기소모량 등의 상호관계를 역학적으로 표시한 운전곡선을 말한다.
- 운전선도는 속도변화와 운전시분의 경과를 역학적으로 도시한 것으로 열차계획·운전정리 등의 기초자료로 활용된다.

[운전선도의 종류에는 거리를 기준으로 한 것과 사용목적에 따른 것이 있다]
① 거리기준 운전선도(거리기준선도)
  - 거리를 횡축으로 하고 종축에 속도, 시간, 전력량 등을 표시하여 작도열차 위치가 명료하고 임의 위치에서 운전속도와 소요시간을 구하는 데 편리하며 가장 많이 사용된다.

② 사용목적에 따른 운전선도
  ㉠ 계획운전선도
    - 전동차의 견인력과 열차저항의 관계에서 열차운전속도의 결정, 운전시분의 산정, 전력소비량 결정 등 주로 운전계획에 그 사용목적이 있다.
  ㉡ 실제운전선도(=기준운전선도)
    - 기존 선구의 운전실적을 기초로 운전속도, 운전시분, 전력소비량 등을 도시한 선도로 전동차의 표준운전법 습득을 위해 사용된다.
  ㉢ 가속력선도
    - 전동차의 견인력과 속도와의 관계를 나타낸 선도로 운전선도를 직접 작도할 때 기초자료로 활용된다.

2. 운전선도 분류

(1) 거리기준 운전선도

거리를 횡축으로 하고 종축에 속도, 시간, 전력량 등을 표시하여 그린 것으로 열차위치가 명료하고 임의지점 위치에 운전속도와 소요시간을 구하는 데 편리하여 가장 많이 사용된다.

거리기준 운전선도

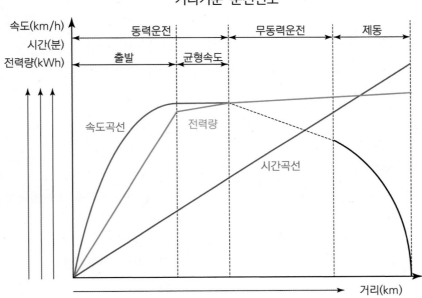

① 속도 · 시간 곡선

─운전속도와 시간과의 관계를 작도한 곡선이다.

② 거리 · 시간 곡선

─시간의 경과에 따른 열차의 위치를 표시한 곡선이다.

③ 전력량 곡선

─각 시각에 대한 전력량을 표시한다.

(2) 사용목적에 따른 운전선도의 분류

① 계획운전선도

─계획운전선도에는 전동차의 견인력과 열차저항의 관계에서 열차 운전속도의 결

정, 운전시분의 산정, 전력소비량의 결정 등을 포함한다.

> **예제** 전동차의 견인력과 열차저항의 관계에서 열차 운전속도의 결정, 운전시분의 산정, 전력소
> 비량의 결정 등 주로 운전계획에 그 사용목적인 것은?

㉮ 계획운전선도   ㉯ 거리기준선도

㉰ 시간기준선도   ㉱ 실제운전선도

② 실제운전선도

　　─ 운전속도와 운전시분, 전력소비량 등을 도시한 선도이다.

　　─ 기관사의 표준운전법 습득을 목적으로 제작한 운전선도이다.

③ 가속력 선도

　　─ 운전선도를 직접 그릴 때 기초 자료로 사용된다.

> **예제** 사용목적에 따른 운전선도의 분류로 틀린 것은?

㉮ 계획운전선도: 열차 운전속도의 결정, 운전시분의 결정 등 운전계획에 그 사용목적이 있다.

㉯ 실제운전선도: 운전속도와 운전시분, 전력소비량 등을 도시한 선도이다.

㉰ 기준운전선도: 전동차 운전의 표준운전법 습득을 위해 사용한다.

㉱ 실용운전선도: 실제 운전에 사용하는 선도로 거리를 기준으로 나타내었다.

> **예제** 다음 중 기관사의 표준운전법 습득을 목적으로 제작한 운전선도는?

㉮ 실제운전선도   ㉯ 계획운전선도

㉰ 가속력선도   ㉱ 운전선로도도표

제4절　표준 운전시분

1. 표준운전시분 개요

　　─ 표준운전시분은 견인정수를 견인하고 운전할 경우 정거장간에서 계획상의 최소 소
　　　요시분을 말한다.

- 표준운전시분을 구하고자 할 때에는 먼저 전동차의 견인력, 열차중량, 주행저항, 제동성능, 최고속도, 곡선 및 하구배 기울기, 분기기 제한속도 등의 요소를 파악해야 한다. 도시철도의 경우는 건설 시에 이미 반영되어 있다.

2. 표준운전시분의 산정

(1) 운전시분의 절상 및 절하 처리

- 시간단위를 최소 15초 또는 30초 단위의 수로 절상 또는 절하하여 처리하며 현재 도시철도에서는 보편적으로 30초 단위로 처리하고 있다.

(2) 평균속도 산출

- 해당 선구의 정거장마다 기준운전시간을 산출하여 이를 합계하여 평균속도를 산출한다.

(3) 운전시험에 의한 문제점 검토

- 운전계획을 할 때에는 영업개시 이전에 시운전을 실시하여 문제점을 검토하여야 한다.

3. 정차시분의 산정

- 정차시분이란 열차를 운전함에 있어 정차장 또는 정차장 이외에서 정차한 시간을 말하며 일률적으로 적용하기에는 어려움이 있으나 다소 여유 있는 정차시분은 승객의 안전, 혼잡완화, 열차지연회복 등에 기여한다.

$$\text{정차시분} = [(P1+P2) \ / \ [(60/Th) \times n \times N \times F \times Q] + \text{출입문} + \text{여유시간}]$$

[(P1+P2): 역의 시간당 승차인원, (60/Th): 시간당 열차회수, n: 전동차편성량수, N: 출입문수, F: 초당 승하차 인원, Q: 불균등 인자(0.5)]

예제 다음 중 정차시분에 관한 설명 중 틀린 것은?

㉮ 여유시간에 비례한다.　　　　　㉯ 전동차 편성량 수와 반비례한다.
㉰ 출입문 수와 비례한다.　　　　　㉱ 출입문 개폐시간과 비례한다.

해설 – 정차시분 = [(P1 + P2) / [(60 / Th) × n × N × F × Q] + 출입문 + 여유시간]

[(P1 + P2): 역의 시간당 승차인원, (60/Th): 시간당 열차회수, n: 전동차편성량수, N: 출입문수, F: 초당 승하차 인원, Q: 불균등 인자(0.5)]

– 정차시분은 출입문 수와 반비례한다.

제5절 열차 DIA(Diagram for Train Scheduling)

1. 열차 DIA 개요

– 열차 DIA(Diagram)는 가로 눈금은 시각 단위, 세로 눈금은 역간 운전시간 단위로 구분하여 표시한 모눈종이 위에 열차 운행시각 및 열차번호 등 열차 상호간의 관계를 알아보기 쉽도록 거리－시간선으로 나타낸 열차운행 스케줄이다.

– 열차운전계획과 운전정리에 기본이 되는 정보로서 열차운전계획 수립시에 유용된다.

[열차다이아란?]

역과 연간 거리를 종축, 시각을 횡축 열차이동을 사선으로 표시하여 열차가 시간적으로 이동한 궤적을 그래프로 표시한 도표임

① 가로에 시간, 세로에 거리를 표시하는 거리·시간 곡선을 도시
② 각 열차 상호간의 관계를 표시하여 운전계획 및 정리에 편리
③ 운전계통, 열차종별, 운전구간, 정차역, 열차배열 등에 의해 결정
④ 실제 열차 궤적은 곡선(일정한 속도로 주행하지 않기 때문)이나 열차선을 보기 쉽게 직선으로 표시
⑤ 열차운전계획 및 운전정리 취급시 사용
⑥ 열차운행시간 제작 수단
⑦ 재해, 열차지연 등에 있어서 전후의 열차관계나 대향열차의 상태를 아는 수단

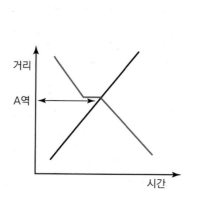

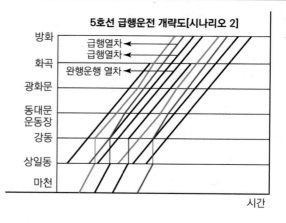

5호선 급행운전 개략도[시나리오 2]

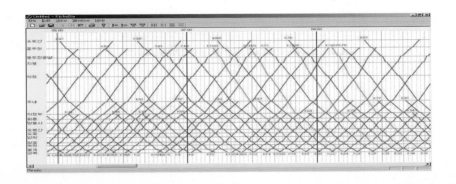

[열차다이아의 특징]

① 각 열차 상호간의 관계를 표현해주고 있어서, 열차운전계획을 수립할 수 있음
② 열차종별, 운전구간, 정차역을 한꺼번에 살펴볼 수 있음
③ 열차다이아에서 열차횟수, 배차간격, 정류장 정차시간, 정류장간 소요시간 및 주행속도 등을 파악할 수 있음
④ 열차다이아로 선로용량이 적정한지의 여부를 판단할 수 있음
⑤ 선로용량은 수송력증강의 필요성을 판단해주는 지표가 됨

열차운행도표(열차다이아) 산출과정

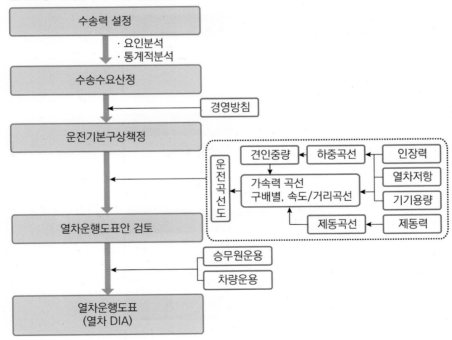

열차다이아 작성 흐름도 (서울교통공사사례)

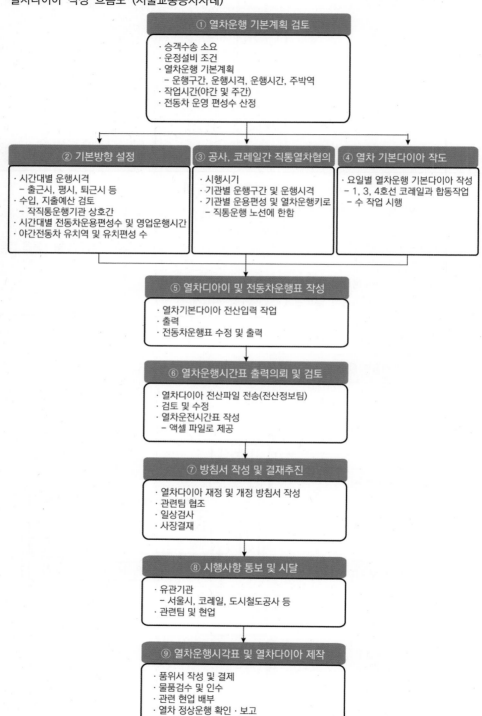

① 열차운행 기본계획 검토

· 승객수송 소요
· 운정설비 조건
· 열차운행 기본계획
　－ 운행구간, 운행시격, 운행시간, 주박역
· 작업시간(야간 및 주간)
· 전동차 운영 편성수 산정

② 기본방향 설정

· 시간대별 운행시격
　－ 출근시, 평시, 퇴근시 등
· 수입, 지출예산 검토
　－ 작직통운행기관 상호간
· 시간대별 전동차운용편성수 및 영업운행시간
· 야간전동차 유치역 및 유치편성 수

③ 공사, 코레일간 직통열차협의

· 시행시기
· 기관별 운행구간 및 운행시격
· 기관별 운용편성 및 열차운행키로
　－ 직통운행 노선에 한함

④ 열차 기본다이아 작도

· 요일별 열차운행 기본다이아 작성
　－ 1, 3, 4호선 코레일과 합동작업
　－ 수 작업 시행

⑤ 열차디아이 및 전동차운행표 작성

· 열차기본다이아 전산입력 작업
· 출력
· 전동차운행표 수정 및 출력

⑥ 열차운행시간표 출력의뢰 및 검토

· 열차다이아 전산파일 전송(전산정보팀)
· 검토 및 수정
· 열차운전시간표 작성
　－ 액셀 파일로 제공

⑦ 방침서 작성 및 결재추진

· 열차다이아 재정 및 개정 방침서 작성
· 관련팀 협조
· 일상검사
· 사장결재

⑧ 시행사항 통보 및 시달

· 유관기관
　－ 서울시, 코레일, 도시철도공사 등
· 관련팀 및 현업

⑨ 열차운행시각표 및 열차다이아 제작

· 품위서 작성 및 결재
· 물품검수 및 인수
· 관련 현업 배부
· 열차 정상운행 확인 · 보고

2. 운행소요시분

1) 시발역에서 종착역까지 소요시분Σ(역간기준운전시분＋정차 역에서의 정차시분)의 최소시분 거리기준 운전선도

2) 주요역, 종착역 가까이 여유시분특급이상의 열차일 때 단선구간에서는 3~5%, 복선구간에서는 2~4%정도 여유시분을 주어 정시운전을 하도록 한다.

예제 다음 중 열차다이아 작성 시 단선운전구간에서의 여유시분은?

㉮ 3~5%　　　　　　　　　　　　㉯ 2~4%

㉰ 4~6%　　　　　　　　　　　　㉱ 6~8%

해설 운전시분: 특급이상의 열차일 때 단선구간에서는 3~5%, 복선구간에서는 2~4% 정도 여유시분을 가지도록 하는 것이 일반적이다.

3. 열차 DIA의 종류

(1) 1시간 눈금

- DIA 1시간을 통상 20mm, 또 경우에 따라서 30mm로 하며 주로 장기의 열차계획, 시각 개정구상, 차량운용계획을 검토할 때에 주로 사용한다.

(2) 10분 눈금

- DIA열차횟수가 많은 선구에 1시간 눈금 DIA를 대신하여 같은 목적으로 사용한다.

(3) 2분 눈금

- DIA열차계획의 기본이 되며 시각개정작업이나 임시열차의 계획 등 정확한 시각을 기입할 필요가 있을 때 사용한다.

(4) 1분 눈금

- DIA2분 눈금 DIA와 같은 용도에 사용되며 특히 열차밀도가 높은 수도권의 전동열차 DIA로이용하고 시각은 15초, 30초, 45초의 단위를 기호화하여 기입한다.

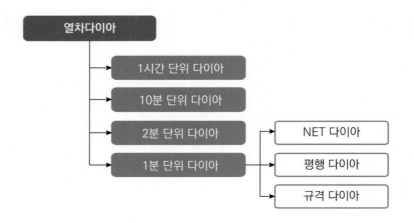

예제 다음 중 열차의 DIA종류에 포함되지 않는 것은?

㉮ 1시간 눈금 DIA
㉯ 30분 눈금 DIA
㉰ 10분 눈금 DIA
㉱ 2분 눈금 DIA

해설 열차다이아란 가로 눈금은 시각 단위, 세로 눈금은 역간 운전시간 단위로 구분하여 표시한 모눈종이 위에 열차 운행시각 및 열차번호 등 열차 상호간의 관계를 알아보기 쉽도록 거리·시간 선으로 도시한 열차운행 스케줄을 말하며 종류는 다음과 같다.

① 1시간 눈금 다이아
　– 장기적인 열차계획, 시각 개정 구상, 차량운용계획을 검토할 때 사용한다.

② 10분 눈금 다이아
　– 열차횟수가 많은 선구에서 1시간 눈금 다이아를 대신하여 같은 목적으로 사용한다.

③ 2분 눈금 다이아
　㉠ 열차계획의 기본이 되며 시각 개정작업이나 임시열차계획 등 정확한 시간을 기입할 필요가 있을 때 사용한다.
　㉡ 일상열차계획업무와 운전정리에도 사용한다.
　㉢ 열차 밀도가 높은 경우 30초 단위로 기호화하여 기입한다.

④ 1분 눈금 다이아
　㉠ 2분 눈금 다이아와 같은 용도로 사용한다.
　㉡ 열차 밀도가 높은 수도권 전동열차 다이아로 사용한다.
　㉢ 15초, 30초, 45초 단위로 기호화하여 기입한다.

예제 다음 중 시각개정작업, 열차계획, 운전정리용으로 사용하는 DIA는?

㉮ 1분 DIA   ㉯ 2분 DIA

㉰ 10분 DIA   ㉱ 1시간 DIA

해설 2분 DIA는 시각개정작업, 일상열차계획, 운전정리에 사용한다.

예제 다음 중 열차계획의 기본이 되는 열차다이아로 맞는 것은?

㉮ 1분 눈금 DIA   ㉯ 2분 눈금 DIA

㉰ 10분 눈금 DIA   ㉱ 1시간 눈금 DIA

해설 열차계획의 기본이 되는 열차 DIA는 2분 DIA이다.

예제 시각개정작업이나 임시열차계획에 사용되는 다이아는?

㉮ 1시간 눈금 다이아   ㉯ 10분 눈금 다이아

㉰ 2분 눈금 다이아   ㉱ 1분 눈금 다이아

예제 수도권의 전동열차 DIA로 이용하는 열차 DIA는 무엇인가?

㉮ 1분 DIA   ㉯ 2분 DIA

㉰ 10분 DIA   ㉱ 1시간 DIA

해설 1분 DIA는 열차밀도가 높은 수도권 전동열차 DIA로 사용된다.

4. 열차 DIA의 작성

(1) 열차 DIA의 작성 시 주의사항

- 열차의 상호지장 방지1폐색구간에는 동시에 운전되는 2이상의 열차시각을 설정하여 서는 안 된다.
- 자동폐색식 시행구간에 열차를 설정하는 경우 신호현시 방식에 따라 N현시일 때 (N－1) 폐색구간이상을 확보하는 것을 원칙으로 한다.

－즉, 3현시는 2개 폐색구간이상, 4현시는 3개 폐색구간 이상, 5현시는 4개 폐색구간 이상의 폐색구간을 확보하는 것을 원칙으로 하고 있다.

[열차다이아 작성 시 고려사항]
① 선열차의 상호지장 방지 및 선로용량 준수
② 수송수요 수용
③ 열차지연에 대한 탄력성 확보
④ 회차설비, 착발선 등 운전설비 조건에 적합

예제 **열차 DIA 작성 중 고려사항으로 틀린 것은?**
㉮ 열차 상호간의 지장을 주지 않고 선로용량 범위 내에 작성
㉯ **모든 열차지연에 탄력성 유지**
㉰ 수송수요에 적합
㉱ 회차설비, 착발선 등 운전설비 조건 적합

해설 열차다이아 작성 시 고려 사항은 다음과 같다.
① 열차의 상호 지장 방지 및 선로용량 준수
② 수송수요 수용
③ 열차지연에 대한 탄력성 확보
④ 회차설비 · 착발선 등 운전설비 고려

예제 **다음 중 열차다이아 작성 시 회차 설비와 관련 없는 것은?**
㉮ 인상선 설치　　　　　　　　㉯ 루프선 설치
㉰ 차량기지 입환선 이용　　　　㉱ **정거장 착발선 운용**

해설 회차 설비의 종류는 다음과 같다.
① 인상선 설치
② 루프선 설치
③ 차량기지 입환선 이용 방식

예제　다음 중 열차설정상의 기본원칙으로 맞는 것은?

㉮ 열차는 항시 정시운전을 최우선과제로 하여야 한다.

㉯ 열차는 가능한 경우 DIA의 탄력성을 최소화하여야 한다.

㉰ 열차는 운행시분에 대하여 충분한 여유시분을 가지고 설정되어야 한다.

㉱ 열차는 시발 후 특수목적에 의하여 열차번호를 교호로 사용할 수 있다.

해설　열차 설정 상 기본원칙은 다음과 같다.

① 열차는 안전운행을 최우선 과제로 하여야 한다.

② 열차는 크지 않은 지연시분에 대하여 충분한 탄력성을 가져야 한다.

③ 열차는 시발 후 종착시까지 동일번호여야 하며, 특별한 경우라도 열차번호를 교호로 사용할 수 없다.

(2) 열차 DIA의 기재방법

① **시각선 및 정거장선**

㉠ 시각선: 세로선으로 표시하고 0시부터 24시까지 구간을 나누어 1일분으로 한다.

㉡ 정거장선: 가로선으로 구분하여 정거장을 순차로 표시하고, 간격은 정거장간의 운전시분에 비례하여 구간을 나눈다.

② **기재사항**

㉠ 노선명칭: 열차 DIA의 중앙상부에 기재, 여러 선로를 기록할 때는 각 노선명의 상부에 기재한다.

㉡ 다이아 작성 부서: 열차 DIA의 상부 여백에 기재한다.

㉢ 열차번호: 열차선에 연결하여 기재한다.

㉣ 기타: 표준 상·하구배, 역간거리, 기점부터의 거리, 정거장 종류, 승무교대 정거장, 폐색방식의 종류, 본선의 유효장, 대피선 표시, 급유 표시 등을 기재한다.

예제　다음 중 열차다이아 기재방법으로 틀린 것은?

㉮ 정거장은 가로선으로 위에서부터 순차적으로 표시한다.

㉯ 열차시각선은 세로로 표시한다.

㉰ 열차번호는 열차선에 연결하여 기재한다.

㉱ 열차종별, 운전구간 및 거리, 정차역 등을 표시한다.

해설 가로 눈금은 시각 단위, 세로 눈금은 역간 운전시간 단위로 구분하여 표시한다.

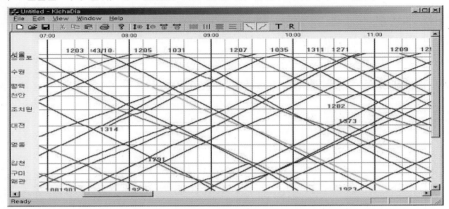

5. 열차 번호

(1) 열차 번호

─ 열차 운전정리시의 혼란을 방지하고 운용의 효율을 기하고자 매일 운행하는 열차 단위별로 열차 고유번호를 부여한다.

(2) 열차번호 부여 기준

① 하루 1회 운행열차는 1개의 번호 부여한다.
② 시발역에서 종착역까지 동일한 열차번호를 부여한다.
③ 노선별 칭호방향이 다른 구간을 걸쳐 운전하는 경우 시발역을 기준으로 부여한다.
④ 상행열차는 짝수, 하행열차는 홀수 번호를 부여한다.
⑤ 시각별로 순차적으로 부여한다.

제6절 선로 용량

1. 선로용량의 의의

─ 선로용량이란 당해 선구에 1일 몇 회의 열차를 운행할 수 있는가에 대한 기준으로서 1일 운행 가능한 최대열차횟수를 표시한다.

(1) 단선구간

　－ 편도 열차횟수를 표시한다.

(2) 복선구간

　－ 상 · 하행선 각각의 선별 열차횟수를 표시한다.

구분	단　　선	복　　선
용량	70~100회/일	• 일반열차 전용선: 120~140회/일 • 전동차와 일반열차 혼용: 200~280회/일 • 전동차 전용선: 340~430회/일
특징	① 역간길이가 짧고 균일할수록 큼 ② 열차종류가 적고, 열차속도가 높으면 큼 ③ 폐색취급이 간편할수록 큼	① 차량성능개선, 신호방식의 개량 등으로 종래의 복선선로용량이 단선의 약 3배(200회 이상) 이상으로 가능 ② 역 착발선의 다소, 분기기 배치, 제한속도 등에 의해 선로용량 변화

2. 선로용량의 한계계산을 위한 중요 영향 인자

　(1) 열차속도(운전시분)
　(2) 열차 간 운전속도의 차이
　(3) 열차 종별 운행순서 배치
　(4) 역 간 거리와 구내배선
　(5) 열차취급시분
　(6) 신호 · 폐색방식

3. 현실적 선로용량 한계계산을 위한 인자

　1) 열차유효시간대
　2) 선로보수시간
　3) 열차여유시분

4. 선로의 용량

(1) 한계용량

　－ 어느 선구에 가능한 한 많은 열차를 설정하되 어느 한도 이상의 열차를 설정하면 기

술적, 물리적으로 열차를 운행할 수 없다고 판단되는 한계열차횟수를 말한다.

(2) 실용용량

- 실용용량이란 한계용량에 상대되는 것으로서 열차유효시간대, 시설보수시간, 열차운전취급시간, 운전시간의 여유시분 등을 고려하여 구한 것을 말하며, 제반계획의 기본이 된다.

실용용량 = 한계용량 × 선로 이용률

(3) 경제용량

- 최저 수송원가로서 운행하는 어느 선구의 열차횟수를 경제용량이라 한다.

[철도의 용량 및 배차시간을 고려한 산정식]

$$C_v = \frac{3600}{h_m}$$

여기서, C_v : 이론적 용량 또는 최대용량

h_m : 최소배차간격(sec)

승객용량(passanger capacity)은 다음과 같음

$$C_p = n \cdot p \cdot C_v = \frac{3600 \cdot n \cdot p}{h_m}$$

여기서, C_p : 승객용량

n : 열차당 편성수(객차수)

p : 객차당 최대승객수

[실질용량(practical vehicular capacity)]

이론적인 선로용량에 현실적인 선로의 활용 특성, 선로활용계수를 적용함. 이를 식으로 나타내면 다음과 같음

$$C_a = \frac{3600 \cdot \alpha}{h_m}$$

여기서, C_a : 실질용량

α : 선로활용계수

[복선구간의 용량산정방법]

① 복선구간에는 단선구간과는 달리 고속과 저속차량의 운행비율 및 추월 대피를 위해 소요되는 시간 열차간에 유지하여야 할 차두간격 등의 요인에 의해 용량이 결정됨

② 복선구간의 용량 결정에는 다음 식을 활용할 수 있음

$$N = \frac{1440}{hv + (r+u+1)\cdot\ v'} \cdot\ f$$

여기서, h : 고속열차 상호간의 시간간격

r : 추월대피 소요기간

u : 열차 1대의 역간선로 점유시간

v : 고속열차비, hv 는 고속열차의 점유시간

v' : 저속열차비, $(r+u+1)v'$ 는 저속열차 점유시간

예제 다음 중 선로용량을 산정하는 종류가 아닌 것은?

㉮ 한계용량   ㉯ 실용용량

㉰ **실효용량**   ㉱ 경제용량

해설 선로용량 산정의 종류는 다음과 같다.

㉮ 한계용량

㉯ 실용용량

㉰ 경제용량

예제 다음 중 선로용량을 산정할 때 열차의 유효시간대, 시설보수시간, 열차운전취급시간, 운전시간의 여유시분 등을 고려하여 정한 용량은?

㉮ 한계용량   ㉯ **실용용량**

㉰ 경제용량   ㉱ 적정용량

해설 실용용량이란 한계용량에 상대되는 것으로서 열차유효시간대, 시설보수시간, 열차운전취급시간, 운전시간의 여유시분 등을 고려하여 구한 것을 말한다.

다음의 선로용량에 대한 설명으로 옳지 않은 것은?

㉮ 당해선구의 1일 운행 가능한 최대열차횟수를 표시한다.

㉯ 단선구간에서는 왕복열차회수를 표시한다.

㉰ 복선구간에서는 각각의 선별 열차회수로 표시함을 원칙으로 한다.

㉱ 선로조건, 차량성능, 운전상태 등을 고려하여야 한다.

선로용량이란 당해선구에 1일 몇 회의 열차를 운행할 수 있는가에 대한 기준으로서 1일 운행 가능한 최대열차횟수를 표시한다. 단선구간에서는 편도열차횟수, 복선구간에서는 상하행선 각각의 선별 열차횟수로 표시함을 원칙으로 한다. 또한 선로 용량을 산정하기 위해서는 선로조건, 차량성능, 운전상태 등을 고려하여야 한다.

다음 중 선로용량에 관한 설명으로 틀린 것은?

㉮ 1일 운행 가능한 최대열차횟수를 말한다.

㉯ 용량산정을 선로조건, 차량성능, 운전상태 등을 고려한다.

㉰ 한계용량은 선로보수시간, 열차취급시간, 열차설정불용시간 등을 고려한다.

㉱ 실용용량은 1일 한계열차횟수에 선로이용률 0.6을 곱해서 구한다.

한계용량은 선로보수시간 및 열차취급시간, 열차설정 불용시간 등은 고려하지 않고 단순한 물리적 요소만으로 계산한 것이므로 실제 사용가능한 선로용량계산의 과정으로서 수치이다.

5. 선로이용률

(1) 선로이용률의 개요

— 선로에 열차운전을 위하여 유효하게 활용할 수 있는 비율로서 1일(1,440분) 중 실제 열차설정 가능한 유효범위의 비율을 말한다.

> **[선로이용률이란?]**
>
> 1일 24시간 중 열차를 운행시키는 시간대의 비율
> 설정열차의 사명이나 선로보수 등에서 55%~75%를 취하며 표준 60%로 함
>
> $$f = \frac{t_{run}}{T} \times 100 (\%)$$
>
> 여기서, f: 선로이용률(%), t_{run}: 열차운행 가능시간(분), T: 1일 1,440(분)

(2) 선로이용률에 영향을 미치는 인자

① 수송량 및 종류에 따른 선구의 성격

② 여객열차와 화물열차의 횟수 비

③ 시간대별 열차집중도

④ 인접역간 상·하행 시·분차

⑤ 열차횟수

⑥ 인위적(신호등) 취급으로 인한 설정 불용시간

⑦ 열차운전시분의 여유

⑧ 열차지연 등 기타

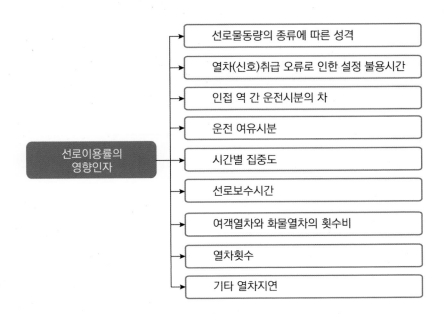

(3) 선로용량의 변화

　① 열차설정을 크게 변경시켰을 경우

　② 열차속도를 크게 변경시켰을 경우

　③ 폐색방식이 변경되었을 경우

　④ ATS, ATC, ATP구간에 폐색신호기 또는 폐색구간 거리가 변경되었을 경우

　⑤ 선로조건이 근본적으로 변경되었을 경우

6. 선로용량의 부족

(1) 선로용량의 계산

　－선로용량은 열차설정방법(편도 또는 왕복 등) 설정열차의 특성, 열차의 속도, 폐색 방식 및 폐색구간의 거리, CTC취급여부, 운전시격 등 여러 가지 조건에 의하여 영향을 받으며, 1일 한계열차횟수(한계용량)와 선로이용률(표준 0.6)의 곱으로 나타낼 수 있다.

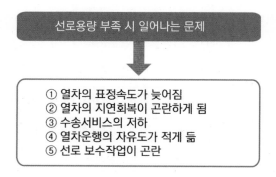

선로용량 부족 시 일어나는 문제

① 열차의 표정속도가 늦어짐
② 열차의 지연회복이 곤란하게 됨
③ 수송서비스의 저하
④ 열차운행의 자유도가 적게 둠
⑤ 선로 보수작업이 곤란

(2) 선로용량 증대방안

　① 시설확충(교행·대피를 위한 설비보강, 폐색 및 신호취급방법 개선 등)

　② 열차 DIA의 조정 및 증설

　③ 운전시격의 단축(차량성능 향상, 폐색방법 및 구간 조정 등)

예제 다음 중 선로용량 증대방안이 아닌 것은?

㉮ 시설 확충   ㉯ 열차다이아 조정 및 증설

㉰ 운전시격 단축   ㉱ **선로보수 시간 증대**

해설 선로용량 증대 방안은 다음과 같다.
　① 시설확충(교행 · 대피를 위한 설비보강, 폐색 및 신호취급 방법 개선 등)
　② 운전시격 단축(차량 성능 향상, 폐색방법 및 구간 조정 등)
　③ 열차다이아 조정 및 증설

(3) 선로용량 부족의 영향

　① 열차표정속도 저하

　② 유효시간대의 열차설정 곤란

　③ 열차지연의 만성화

　④ 차량 · 승무원 운용의 효율저하

예제 다음 중 선로용량의 부족 시 일어나는 현상으로 틀린 것은?

㉮ **열차평균속도 저하**   ㉯ 유효시간대 열차설정 곤란

㉰ 열차지연의 만성화   ㉱ 승무원 운용의 효율 저하

해설 선로용량 부족 시 일어나는 현상은 다음과 같다.
　① 열차표정속도 저하
　② 열차 지연의 만성화
　③ 차량, 승무원 운용의 효율 저하
　④ 유효시간대의 열차설정 곤란

제4장

경제운전

제4장

경제운전

−경제운전이란 동력을 최소로 소비하며 열차를 운전하는 방법을 말하며 주로 동력비 절감을 목적으로 한다.

제1절 **차량성능상 경제운전**

1. 직접적인 요소

(1) 고가속도운전

−가속도를 크게 하면 역행운전시분이 감소되고 타력운전을 증가시키는 결과가 되므로 제동초속도가 저하되어 열로서 방산되는 에너지손실을 감소시킬 수 있다.

(2) 고감속도운전

−동일구간을 동일운전시분으로 주행하는 조건과 비교할 때 제동감속도를 크게 하면 제동시분이 감소되기 때문에 역행 운전 시분을 단축할 수 있다.

(3) 약계자방식

−운전약계자회로 방식 운전을 하면 가속도를 크게 할 수 있으므로 역행 운전 시분이 감소되고 타력운전을 증가시키게 된다. 따라서 제동초속도가 저하되어 제동 시에 열로서 방산되는 에너지 손실을 감소시킬 수 있다.

2. 간접적인 요소

차량중량을 감소시켜 경제적인 운전목적을 달성하는 방법이다.

예제 다음 중 차량성능 상 경제운전에서 직접적인 요소가 아닌 것은?

㉮ 고가속도 운전 ㉯ 고감속도 운전
㉰ 약계자방식 운전 **㉱ 차량중량 경감**

해설 동력을 최소로 소비하며 열차를 운전하는 방법을 경제운전이라고 하며 주로 운전용 동력비 절약을 목적으로 한다. 차량성능 상 경제운전에는 직접적인 요소와 간접적인 요소가 있다.
① 직접적인 요소
　㉠ 고가속도 운전
　㉡ 고감속도 운전
　㉢ 약계자 방식 운전
② 간접적인 요소
　차량중량을 경감시킴으로서 경제운전의 목적을 달성하는 방법

예제 다음 중 경제운전에 관한 설명으로 틀린 것은?

㉮ 고가속도 운전은 직접적인 요소이다. ㉯ 고감속도 운전은 직접적인 요소이다.
㉰ 약계자방식 운전은 직접적인 요소이다. **㉱ 차량중량은 직접적인 요소이다.**

해설 차량중량의 경감은 경제운전의 간접적 요소이다.

예제 다음 중 경제운전의 3원칙에 대한 것 중 아닌 것은?

㉮ 정시운전 ㉯ 동력비 최소
㉰ 안전운전 ㉱ 기기 손상이 없을 것

해설 운전기술 상 경제운전의 3원칙은 다음과 같다.
① 정시운전
② 동력비 최소
③ 열차충격 및 기기손상이 없을 것

제2절　운전기술상 경제운전

1) 운전기술상 경제운전의 개요

　－동력차를 운전하는 운전기술에 따라 동력비를 절약하면서 정시 운전하여 경제적으로 열차를 운전할 수 있다.

2) 운전기술상 경제운전의 3원칙

　(1) 정시운전을 할 수 있을 것
　(2) 동력비가 최소일 것
　(3) 열차에 충격 및 기기손상이 없을 것

3) 운전기술상 경제3원칙의 기본운전취급방법

　(1) 발차할 때는 스로틀을 1~2단으로 하여 발차한다.
　(2) 스로틀은 인장력이 급격히 변하지 않도록 취급한다.
　(3) 스로틀을 상승할 때는 순차적으로 취급하되 최소한 1초 이상 간격을 유지한다.
　(4) 스로틀을 내릴 때는 열차저항의 변화가 적은 지점을 택하여 1초 이상 간격으로 취급한다.
　(5) 공전이 우려될 때는 사전에 살사를 시행하여 공전으로 인한 동력손실을 방지한다.

예제　다음 중 운전기술상 경제운전의 3원칙이 아닌 것은?

㉮ 정시운전을 할 수 있을 것　　　　㉯ 동력비가 최소일 것
㉰ 열차에 충격 및 기기손상이 없을 것　　㉱ **동력차 보수를 완벽히 할 것**

예제　운전기술상 경제3원칙의 기본운전취급방법이 아닌 것은?

㉮ 스로틀은 인장력이 급격히 변하지 않도록 취급한다.
㉯ 스로틀을 올리고 내릴 때는 최소 1초 이상 간격을 유지한다.
㉰ 발차할 때는 스로틀을 1~2단으로 하여 열차 전체의 연결기가 인장된 후 스로틀을 하강시켜 충격을 방지한다.

㉣ 스로틀을 내릴 때는 열차저항의 변화가 적은 지점을 택한다.

[운전기술상 경제 3원칙 기본운전 취급방법]
① 발차시 스로틀을 1~2단으로 하여 열차 전체의 연결기가 인장된 후 스로틀을 상승시킴으로써 충격 방지
② 스로틀 상승시 발차할 때 보다는 직렬 시에, 직렬 시 보다는 병렬 시에 순차적으로 취급하되 최소한 1초 이상 간격을 유지
③ 스로틀 하강시 열차저항의 변화가 적은 지점을 택하여 1초 이상 간격을 유지
④ 스로틀은 인장력이 급격히 변하지 않도록 취급
⑤ 공전이 우려될 때는 사전에 살사를 시행하여 공전으로 인한 동력손실을 방지

제3절 공전운전방지 운전취급

1. 공전발생의 역학적 원인

(1) 동륜주견인력이 점착견인력보다 클 때 발생한다.

(2) 눈, 비, 서리 등 선로상태에 따라서 발생한다.

(3) 앞뒤진동, 상하진동 및 급격한 속도변화가 있을 때 발생한다.

예제 다음 중 공전발생 원인으로 맞는 것은?

1. 점착견인력이 동륜주견인력보다 작을 때
2. 개통한 신설선 및 교환된 레일 위를 운행할 때
3. 급격한 속도변화가 있을 때

㉮ 1~3   ㉯ 2, 3
㉰ 1, 3   ㉱ 2

해설 공전이란 기관차 또는 동력차가 오르막길이나 평탄선로에서 운전 시 끌 수 있는 힘(견인력)이 점착력보다 너무 클 때, 동력차의 바퀴가 진행하지 않고 헛도는 현상을 말하며 발생원인은 다음과 같다.
① 동륜주견인력이 점착견인력보다 클 때 발생한다.
② 눈, 비, 서리 등 선로상태에 따라서 발생한다. 습기가 많은 터널 내, 눈, 비, 서리 등으로 인하여 레

일 면이 미끄러울 때, 개통한 신설선 및 교환한 레일 위를 운전할 때 발생한다.

③ 앞뒤진동, 상하진동 등과 급격한 속도변화가 있을 때 발생한다. 차량의 진동은 축중 이동을 가져오고 축중 이동은 점착견인력의 변화를 가져오므로 공전할 가능성이 높아진다.

예제 **다음 중 동력차가 공전을 야기하는 요인에 해당하지 않는 것은?**

㉠ 동력차의 보수불량으로 동요가 심할 때

㉡ 신설선 등에서 선로의 고저가 불균일할 때

㉢ 기관사가 살사를 하지 않았을 때

㉣ 운전속도에 급격한 변화를 가져왔을 때

2. 공전방지 운전취급 방법

1) 점착력을 크게 하는 방법

① 살사를 한다.

② 동력차 보수를 최적의 상태로 보수한다.

③ 선로보수를 최적의 상태로 보수한다.

예제 **공전방지 운전취급 방법 중 점착력을 크게 하는 방법으로 틀린 것은?**

㉠ 동력차를 최적의 상태로 보수한다.

㉡ 선로를 최적의 상태로 보수한다.

㉢ 대차스프링을 공기스프링이나 오일댐퍼로 대체한다.

㉣ 살사를 한다.

해설 공전방지 운전취급방법은 다음과 같다.
　　① 점착견인력을 크게 하는 방법
　　　　㉠ 살사
　　　　㉡ 선로를 최적의 상태로 보수
　　　　㉢ 동력차를 최적의 상태로 보수
　　② 동륜주견인력을 작게 하는 방법

공전방지 운전취급 중 점착견인력을 크게 하는 방법이 아닌 것은?

㉮ 살사   ㉯ 동력차를 최적상태로 보수

㉰ 선로상태를 최적상태로 보수   ㉱ 동륜주 견인력 증가

2) 공전발생 많은 곡선선로에서 운전취급 방법

– 공전발생 많은 곡선선로에서는 동륜주견인력을 작게 한다.

제4절   특수운전취급

1. 횡단로 통과 시 운전취급

– 동력운전하며 횡단로를 통과 시 진동이나 충격으로 인한 고장 우려가 있으므로 가감간을 무부하 위치로 한 후 통과한다.

2. 선로 침수 시 운전취급

– 열차 운행 중 부득이하게 수면 위를 통과할 때에는 약 5km/h 이내로 운전을 하여야 한다.

3. 상구배 선로에서 정차시 인출취급

(1) 자연 인출법─평단선로에서 출발할 때와 같은 방식으로 인출하는 방법이다.
(2) 압축 인출법─열차 출발저항을 이용하여 인출하는 방법이다.
(3) 후퇴 인출법─열차를 퇴행시켰다가 인출하는 방법이다.

다음 중 상구배 선로에서 정차 시 인출취급법이 아닌 것은?

㉮ 자연인출법   ㉯ 압축인출법

㉰ 후퇴인출법   ㉱ 보기인출법

해설 상구배 선로에서 정차시 인출취급방법은 다음과 같다.
① 자연인출법: 평탄선로 출발시와 같은 인출방법으로 제동완해 후 가감간을 상승시켜 동력운전하는 방법으로 견인중량이 많은 열차가 상구배 정차 후 출발하는 경우 인출 불능을 초래할 수 있다.
② 후퇴인출법: 열차를 퇴행시켰다가 인출하는 방법으로 구배가 완만하고 열차장이 짧은 경우 사용한다.
③ 압축인출법: 출발저항을 이용하여 인출하는 방법으로 가장 많이 사용된다.

예제 다음 열차저항 중 출발저항을 이용하여 인출하는 방법은?

㉮ 자연인출법   **㉯ 압축인출법**
㉲ 후퇴인출법   ㉴ 퇴행인출법실제

해설 압축인출법은 출발저항을 이용하여 인출하는 방법이다.

예제 도중구배에서 발차 시 압축인출법에 이용하는 저항으로 맞는 것은?

㉮ 주행저항   ㉯ 구배저항
㉲ 출발저항   ㉴ 가속도저항

해설 도중구배에서 발차시 압축인출법에 이용하는 저항은 출발저항이다.

제5장

철도차량의 진동

철도차량의 진동

철도차량의 진동종류

1. 개요

- 철도차량은 차체, 대차, 윤축의 3부분으로 이루어진다.
- 이 3개의 결합은 대차의 후레임과 축스프링에 의해 차측 위에 현가되어 있다.
- 스프링하 중량에 대하여 스프링 상 중량은 상하운동을 하며 또한 차축과 축상 간에는 전후, 좌우방향의 유간이 있어서 전후(열차진행방향), 좌우방향의 운동을 허용하고 있다.
- 6개의 자유도를 가진 진동계로 구성되어 있기에 열차 주행 시 궤도틀림, 차량의 구조 등에 따라 차량에 생기는 진동 가속도를 말한다.

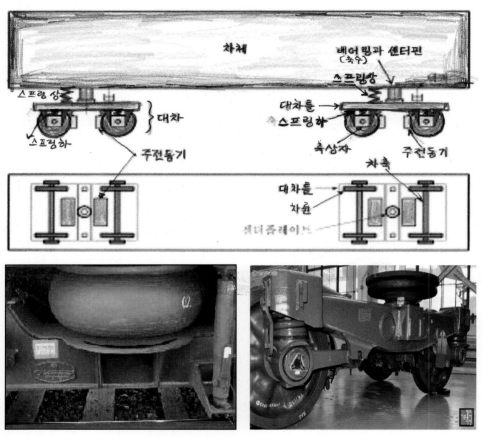

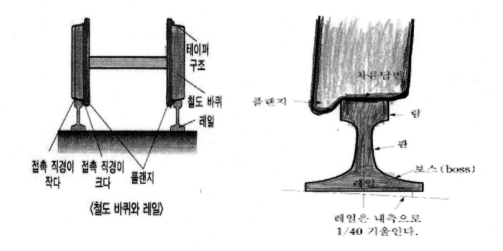

철도차량용 공기스프링

〈철도 바퀴와 레일〉

레일은 내측으로
1/40 기운다.

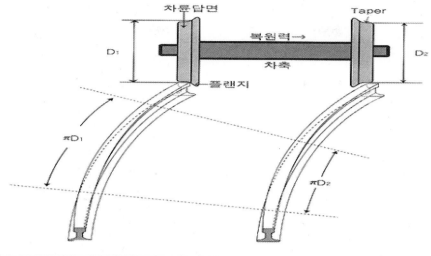

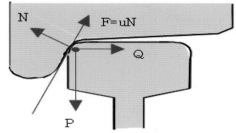

N : 플랜지 직각방향의 힘
P : 윤중
Q : 횡압(수평력)

1) 철도차량 진동의 종류

(1) 선로에 대한 스프링 하(아래) 중량의 상대운동에 의한 것

① 좌우운동

② 전후운동

③ 사행동(yawing)

(2) 스프링 하 중량에 대한 스프링 위 중량의 상대운동에 의한 것

① 상하운동

② 핏칭(pitching)운동

③ 로우링(rolling)진동

(1) X－X축방향의 운동: 전후진동

(2) Y－Y축 방향의 운동: 좌우진동

(3) Z－Z축 방향의 운동: 상하진동

(4) X－X축을 기준한 회전운동: 로우링 진동

(5) Y－Y축을 기준한 회전운동: 핏칭진동

(6) Z－Z축을 기준한 회전운동: 사행동

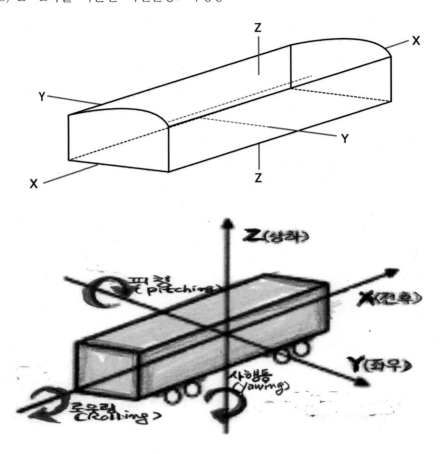

2) 철도차량에 진동을 일으키는 주요 원인

(1) 선로구조에 의한 것(침목, 전철기, 레일, 이음매 등)

(2) 레일 체결구의 탄성에 의한 것

(3) 좌우 레일간의 유간 불일치에 의한 것

(4) 레일마모(요철)에 의한 것

(5) 곡선부 통과 시 원심력에 의한 것

(6) 레일과 후렌지 사이의 유간에 의한 것

(7) 풍압 및 공기의 흐름에 의한 것

(8) 대차의 스프링 자체에 의한 것

(9) 대차스프링의 탄성력 차이에서 발생하는 것

(10) 차륜답면의 찰상에 의한 것

(11) 차륜과 궤도의 유간에 의한 것

(12) 주행 시 차량 무게중심의 편이에 의한 것

(13) 차체의 탄성력에 의한 것

(14) 동력이 분산되어 있는 경우 전후 동력차간의 동력 불균형에 의한 것

(15) 중련 운전 시 전후차량간의 조종 불균형에 의한 것

3) 철도 차량의 진동을 감소시키는 방법

(1) 궤도의 유간을 정확히 하고 특히 레일 연결부에 상하 좌우의 어긋남이 없도록 한다.

(2) 각 차륜간의 부담중량을 균등하게 한다.

(3) 차륜답면의 테이퍼를 최소화한다.

(4) 차축의 전후, 좌우간 유동을 적게 한다.

(5) 좌우 차륜의 직경을 동일하게 유지한다.

(6) 차륜의 후렌지와 레일간의 간격을 가급적 최소화한다.

(7) 대차의 스프링을 공기댐퍼나 오일댐퍼로 대체한다.

(8) 대차의 상판 높이를 가급적 낮게 한다.

2. 사행동(Snake Motion)

1) 개요

- 철도차량은 주행 중 차륜과 레일의 상호작용, 선로조건 등에 따라 상, 하, 좌, 우 진동과 흔들림이 발생하게 된다.

- 이러한 현상은 차량의 진행방향으로 볼 때 뱀이 기어가는 형상과 같다하여 사행동이라 한다.

－사행동은 철도 차량의 공진현상의 하나로 주로 직선부를 고속으로 주행할 경우 차체나 대차, 차축 등이 연직축 둘레 방향 회전 진동을 일으키는 현상이며, 궤도나 대차·차체에 손상을 준다.

－심한 경우에는 탈선 사고의 원인이 되기도 하므로, 고속화에서는 특히 이 현상에 대한 대책이 중요하다.

2) 사행동의 구분

(1) 1축 사행동(차체 사행동): 낮은 속도에서 발생하며 차체 진동이 발생하고 속도증가 시 소멸한다.

　① 1조의 wheel set의 사행동이다.

　② 파장은 궤간과 차륜경에 비례하고 답면구배에 반비례한다.

　③ 좌우진동과 좌우 차륜이 번갈아 전후하는 진동이다.

　④ 파장은 약 14m선로에 대한 스프링 하(아래) 중량의 상대운동에 의한 것이다.

(2) 2축 사행동(대차 사행동): 속도 증가 시 대차가 심하게 진동한다.

　① 축거에 비례하고 궤간에 반비례한다.

　② 파장은 약 30m정도이다.

　③ 승차감이 떨어지고, 소음이 발생하며, 차륜과 레일의 마모나 궤도 하중과 궤도의 변형, 탈선 위험성 등 문제점이 발생한다.

(3) 3축 사행동(차축 사행동): 속도 더욱 증가하면 운동학적 주파수와 대차 횡진동 주파수가 일치하면 대차가 더욱 심하게 진동한다.

3) 횡압에 의한 사행동

(1) 차륜이 레일에 직각으로 작용하는 힘

① 윤중(P): 수직방향의 힘
② 횡압(Q): 좌우방향의 힘

(2) 탈선계수

탈선계수탈선계수가 크면 클수록 탈선의 가능성이 커진다.

$$D=Q/P$$

[P: 수직방향의 힘, Q: 좌우방향의 힘]

4) 사행동의 좌우 진동에 의한 옆 방향의 힘

① 곡선 통과 시 속도가 높고 캔트가 부족할 때는 초과원심력의 작용으로 횡압이 증가하여 사행동이 발생한다.
② 곡선 통과 시 선회하는 차륜과 달리 윤축의 직진하려는 성질 때문에 횡압이 발생한다.

5) 차륜의 플랜지 마모

사행동 발생을 줄이기 위한 방지책의 하나로 대차의 선회 저항을 크게 하면 이로 인하여후렌지와 레일의 접촉으로 차륜의 후렌지 마모가 심하게 된다.

[헌팅(사행동) 현상]

– 헌팅(hunting)이란 회전수나 속도 등의 주기적 변화가 생기고, 그것이 지속되는 현상을 말한다.
– 철도차량에서는 특정한 주행속도 범위에서 주행이 불안정하게 되어 차륜의 좌우측 플랜지가 교대로 레일에 접촉하게 되어 횡진동이 심하게 나타나는 현상을 의미한다.
– 헌팅현상이 발생하면 승차감이 떨어지고 차륜과 레일 마모와 소음 발생이 발생한다. 이 현상을 방지하기 위해 차륜직경은 크게 하고 차륜 답면구배는 작게, 궤간은 넓게 한다.

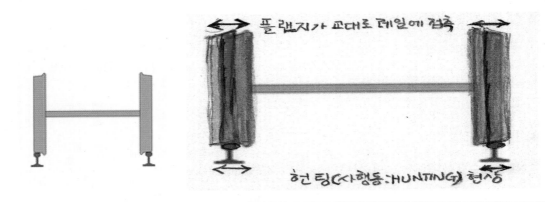

[크리이프(Creep) 현상]

- 차륜과 레일간의 접촉상태에서 완전한 접촉과 미끄러짐의 중간 단계에 해당되는 상대운동의 속도를 크리이프(Creep) 속도라 한다.
- 이러한 크리이프 속도를 발생시키는 힘을 크리이프 힘(Creep force)이라 한다.
- 또한 크리이프 속도를 차륜 주행속도로 나누어 준 것을 크리이퍼지(Creepage)라 한다.

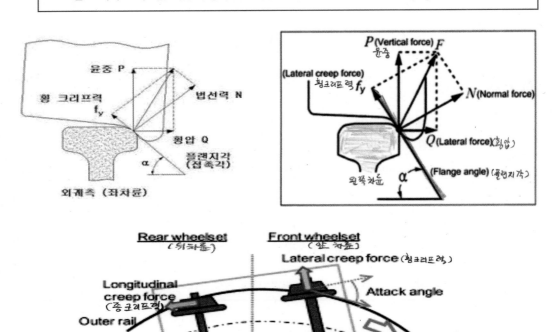

예제 다음 중 선로에 대한 스프링 아래 중량의 상대운동으로 맞는 것은?

㉮ 좌우진동 ㉯ 상하진동

㉰ 핏칭 ㉱ 로울링

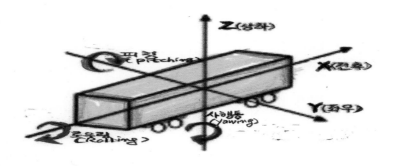

예제 선로에 대한 스프링 하(아래) 중량의 상대운동에 의한 것이 아닌 것은?

㉮ 좌우진동 ㉯ 전후진동

㉰ 상하진동 ㉱ 사행동(yawing)

해설 철도차량의 6개 진동은 다음과 같이 구분할 수 있다. 철도차량 진동 중 10Cycle 이상의 고주파수를 진동이라 하고, 5Cycle 이하의 주파수를 동요라 한다.

1. 선로에 대한 스프링 하(아래) 중량의 상대운동에 의한 것
   ① 좌우진동
   ② 전후진동
   ③ 사행동 (yawing)
2. 스프링 아래 중량에 대한 스프링 위 중량의 상대운동에 의한 것
   ① 상하진동
   ② 핏칭(pitching)진동
   ③ 로우링(rolling)진동(선로에 대한 스프링 아래 중량의 상대운동)

예제 다음 중 스프링 아래 중량에 대한 스프링 위 중량의 상대운동이 아닌 것은?

㉮ 전후진동 ㉯ 상하진동

㉰ 롤링진동 ㉱ 핏칭진동

예제 다음 중 철도차량의 회전운동에 의한 진동이 아닌 것은?

㉮ 로우링 진동   ㉯ 핏칭 진동

㉰ 사행동   ㉱ 전후 진동

해설 철도차량의 회전운동에 의한 진동은 다음과 같다.
① XX축 방향의 운동: 전후진동
② YY축 방향의 운동: 좌우진동
③ ZZ축 방향의 운동: 상하진동
④ XX축 기준 회전운동: 로우링 진동
⑤ YY축 기준 회전운동: 핏칭 진동
⑥ ZZ축 기준 회전운동: 사행동

예제 철도차량 진동 중 틀린 것은?

㉮ Y-Y축 방향의 운동 : 좌우진동

㉯ X-X축을 기준한 회전운동 : 사행동

㉰ Z-Z축 방향의 운동 : 상하진동

㉱ X-X축 방향의 운동 : 전후진동실제

해설 사행동은 ZZ축 방향의 운동이다.

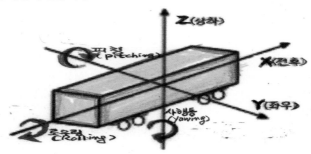

예제 다음 설명 중 맞는 것은?

㉮ 선로에 대한 스프링 하중량의 상대운동에 의한 것에 상하진동이 있다.

㉯ 스프링 아래 중량에 대한 스프링 위 중량의 상대운동에 의한 것에 로우링이 있다.

㉰ 스프링 아래 중량에 대한 스프링 위 중량의 상대운동은 사행동이 있다.

㉱ Z-Z축을 기준으로 한 회전운동은 핏칭이다.

예제 다음 중 맞는 것은?

㉮ 차량에 고유한 인자를 원인으로 하는 전후진동은 핏칭진동을, 좌우진동은 로우링진동을 동반하여 발생한다.

㉯ 철도차량의 진동 중 10싸이클 이상의 고주파수를 가진 것을 진동(振動)

㉰ 철도차량의 진동 중 5싸이클 이하의 주파수를 가진 것을 동요(動搖)

㉱ 탈선위험도 및 승차감을 논하는 경우의 진동은 차체의 재료가 탄성체로 되어 있는 관계로 발생되는 5싸이클 이하는 제외한다.

예제 진동에 대한 설명 중 틀린 것은?

㉮ 전후진동은 핏칭진동을, 좌우진동은 로우링진동을 동반하여 발생한다.

㉯ 진동 중 5 싸이클 이하의 주파수를 가진 것을 진동이라 한다.

㉰ 열차진동은 열차에 연결된 개별차량의 진동주기와 동력차의 견인력 불균형 주기가 병합되어 일어나는 공진현상이다.

㉱ 중련 운전 시 전후차량간의 조종 불균형은 철도차량의 진동을 일으키는 주요 원인이다.

예제 차량에 진동을 일으키는 주요원인으로 옳지 않은 것은?

㉮ 중련 운전 시 전후차량간의 조종 균형에 의한 것

㉯ 곡선부 통과시 원심력에 의한 것

㉰ 레일과 플랜지 사이의 유간에 의한 것

㉱ 대차의 스프링 자체에 의한 것

해설 철도차량 진동의 주요 원인은 다음과 같다.
① 레일마모(요철)
② 레일과 플렌지 사이의 유간
③ 레일 체결구 탄성
④ 차륜답면의 찰상
⑤ 차륜과 궤도의 유간
⑥ 차체의 탄성
⑦ 대차스프링 자체
⑧ 대차스프링 탄성력 차이
⑨ 중련 운전시 전후차량간 조종 불균형
⑩ 동력이 분산되어 있는 경우 전후 동력차간 동력 불균형
⑪ 풍압 및 공기의 흐름

⑫ 선로구조
⑬ 주행 시 차량의 무게중심 이동
⑭ 좌우 레일간 유간 불일치
⑮ 곡선부 통과시 원심력

예제 다음 중 철도차량의 진동을 감소시키는 방법으로 틀린 것은?

㉮ 차륜간의 부담중량을 균등히 한다.

㉯ 좌우 차륜의 직경을 동일하게 유지한다.

㉰ 대차의 상판 높이를 가급적 높게 한다.

㉱ 차륜답면의 테이퍼를 최소화한다.

해설 철도차량의 진동을 감소시키는 방법은 다음과 같다.
① 차륜간의 부담중량을 균등히 한다.
② 차륜답면의 테이퍼를 최소화한다.
③ 차륜의 플렌지와 레일간의 간격을 최소화한다.
④ 차축의 전후, 좌우간의 유동을 적게 한다.
⑤ 대차의 상판 높이를 가급적 낮게 한다.
⑥ 대차의 스프링을 공기담퍼나 오일담퍼로 대체한다.
⑦ 좌우 차륜의 직경을 동일하게 유지한다.
⑧ 궤도의 유간을 정확히 하고 레일연결부에 상하, 좌우의 어긋남이 없어야 한다.

예제 다음 중 철도차량의 사행동에 관한 설명으로 틀린 것은?

㉮ 1차 사행동은 차체에서 발생

㉯ 2차 사행동은 대차에서 발생

㉰ 차륜답면 구배에 의해서도 발생

㉱ 1차 사행동은 열차속도 증가시에도 지속

해설 철도차량은 주행중 차륜과 레일의 상호작용, 선로조건 등에 따라 상, 하, 좌, 우 진동과 흔들림이 발생하게 되는데 이러한 현상은 차량의 진행방향으로 볼 때 뱀이 기어가는 형상과 같다하여 사행동이라 한다.
① 낮은 속도에서는 차체가 심하게 흔들리는 1차 사행동(차체 사행동)이 발생하다가
② 속도가 증가되면 이 사행동은 없어지고 대차가 심하게 진동하는 2차 사행동(대차 사행동)이 발생한다. 이 2차 사행동은 속도가 증가하더라도 없어지지 않는다.
③ 속도가 더욱 증가하면 운동학적 주파수가 대차 횡진동 고유진동수와 일치하면 대차가 심하게 진동하는 3차사행동(차축 사행동)이 발행한다.

예제 다음 중 직선 궤도를 주행함에도 불안정한 상태로 진동을 유발하는 헌팅은?

㉮ 차축헌팅

㉯ 1차헌팅(차체)

㉰ 2차헌팅(대차)

㉱ creep헌팅

해설 **[1,2,3차 사행동의 특징]**

① 1차 사행동(차체 사행동): 저속도에서 차체가 흔들리는 사행동으로 속도가 증가하면 없어진다.

② 2차 사행동(대차 사행동): 중속도에서 대차가 흔들리는 사행동으로 고속도가 되더라도 없어지지 않는다. 즉, 2차 사행동은 진동계가 불안정해진 상태를 의미하며 레일이 완벽한 직선일지라도 발생한다. 강철 레일 위를 주행하는 강철 바퀴식 철차에서는 항상 발생한다.

③ 3차 사행동(차축 사행동): 속도가 더욱 증가하여 운동학적 주파수가 대차 횡진동 고유진동수와 일치하게 되어 대차가 심하게 진동하는 사행동이다.

예제 진동계가 불안정한 상태로 레일이 완벽한 직선에서도 발생할 수 있는 사행동은?(기출문제)

㉮ 로우링

㉯ 크리프 헌팅

㉰ 1차 사행동

㉱ 2차 사행동

해설 진동계가 불안정한 상태로 레일이 완벽한 직선에서도 발생할 수 있는 사행동은 2차 사행동이다.

예제 1축 사행동에 대한 설명이 아닌 것은?

㉮ 1조의 wheel set의 사행동은 궤간과 차륜반경에

㉯ 파장 반비례, 답면구배에 비례

㉰ 움직임은 좌우진동과 좌우의 차륜이 번갈아 전후하는 진동

㉱ 파장은 약 14m

해설 **[1축 사행동(차체 사행동)]**

- 1조의 Wheel set의 사행동
- 궤간과 차륜반경에 비례하고 답면구배에 반비례
- 파장의 길이는 약 14m
- 움직임은 좌우진동과 좌우차륜이 번갈아 작용하는 진동

예제 사행동에 대한 설명으로 틀린 것은?(기출문제)

㉮ 1축사행동의 파장은 궤간과 답면구배에 비례하고 차륜반경에 반비례한다.

㉯ 대차 사행동은 축거에 비례하고 궤간에 반비례한다.

㉰ 1축 사행동의 파장은 약 14M이다.

㉱ 2축 사행동의 파장은 약 30M이다.

예제 속도가 더욱 증가하여 운동역학적 주파수가 대차 횡진동의 고유 진동수와 일치하면 발생하는 헌팅은 무엇인가?

㉮ 1차 헌팅   ㉯ 2차 헌팅

㉰ 3차 헌팅   ㉱ 사행동

해설 **[헌팅(hunting)이란?]**
 – 헌팅(hunting)이란 철도차량의 주행이 불안정하게 되어서 차륜의 좌우측 플랜지가 교대로 레일에 접촉하게 되는 현상을 말한다. 특정한 주행속도 범위에서 철도차량의 횡진동이 심하게 나타나는 현상을 의미한다.
 – 헌팅은 비교적 낮은 속도에서 차체가 심하게 흔들리는 1차 헌팅(또는 차체 헌팅)이 발생하다가 속도가 증가하면 이 헌팅은 없어진다.
 – 이후 속도가 더 증가하면 대차가 심하게 진동하는 2차 헌팅(또는 대차 헌팅)이 발생되며 이는 속도가 더욱 증가하더라도 없어지지 않는다. 속도가 더욱 증가하여 운동역학적 주파수(kinematic frequency)가 대차 횡진동의 고유 진동수와 일치하면 대차가 심하게 진동하는 3차 헌팅이 발생된다.

예제 다음 중 레일에 작용하는 힘에 관한 설명으로 틀린 것은?

㉮ 곡선통과 시 슬랙은 횡압의 일부를 윤중으로 저감시킨다.

㉯ 좌우방향의 힘으로 곡선통과중의 힘과 좌우 진동의 힘이 있다.

㉰ 수직방향의 힘으로 차량의 하중과 상하진동의 힘이 있다.

㉱ 탈선계수는 횡압/윤중으로 허용치는 80%이다.

해설 곡선 통과 시 발생하는 횡압은 캔트(Cant)가 횡압(Q)의 일부를 윤중(P)으로 저감시킨다.

예제 다음 중 탈선계수(Derailment coefficient)를 산출하는 식은? (P: 수직력, Q: 수평력)(기출문제)

㉮ $Dc = P \times Q$ ㉯ $Dc = P + Q$

㉰ $Dc = P / Q$ ㉱ $Dc = Q / P$

해설 Dc = Q / P = 횡압/윤중 = 좌우방향의 힘/수직방향의 힘 = 좌우진동/상하진동

예제 다음 설명 중 옳지 않은 것은?

㉮ 횡압이 낮으면 탈선계수가 낮다.
㉯ 궤간이 넓을수록 곡선저항이 커진다.
㉰ 원심력과 구심력은 곡선저항에 의한 것이다.
㉱ 윤중은 수직방향의 힘이다.

해설 원심력과 관성력은 곡선저항에 영향을 미친다.

예제 다음 중 틀린 설명은?

㉮ 차륜과 레일간의 접촉상태에서 완전한 접촉과 미끄러짐의 중간단계에 해당되는 상대운동의 속도를 크리프(creep) 속도
㉯ 크리이프 속도를 발생시키는 접선방향의 힘을 크리이프의 힘(creep force)
㉰ 크리이프 속도를 차륜 주행속도로 나누어 준 값을 크리이퍼지(creepage)
㉱ 레일과 차륜 사이의 접촉면에는 하중과 점착견인력이 존재한다.

해설 차륜은 수직하중(N)과 횡압력(F)을 받으며 회전하게 되는데 이때 차륜에 가해지는 힘이 커지게 되면 미끄럼이 발생하는데, 이 미끄럼이 전체로 확산되어 일어나는 완전한 미끄럼 현상을 크리프라 한다.
① 크리프 속도: 차륜과 레일간의 접촉 상태에서 완전 접촉과 미끄러짐의 중간에 해당하는 상대속도로 차륜과레일의 Strain rate(변형율의 시간에 따른 변화율) 차이에 의해 생기는 차륜의 횡방향 속도이다.
② 크리프 힘: 크리이프 속도를 발생시키는 접선방향의 힘으로 차륜과 레일의 접촉면에 작용하는 힘의 반력이다.
③ 크리이퍼지: 크리이프 속도 ÷ 차륜주행속도

예제 다음 중 크리이프 속도를 차륜 주행속도로 나눈 값은?

㉮ 크리이퍼지　　　　　　　　㉯ 탈선계수
㉰ 사행동　　　　　　　　㉱ 헌팅

해설 크리이프 속도를 차륜 주행속도로 나누어 준 값을 크리이퍼지(creepage)라 한다.

예제 다음 중 철도차량 진동에 관한 설명으로 틀린 것은?

㉮ 사행동은 선로에 대한 스프링 아래 중량의 상대운동이다.

㉯ 철도차량은 10싸이클 이상은 진동, 5싸이클 이하는 동요로 구분한다.

㉰ 헌팅은 차량 상하진동의 일종이다.

㉱ 크리프속도를 차륜주행속도로 나눈 값을 크리이퍼지라 한다.

해설 헌팅(hunting)이란 철도차량의 주행이 불안정하게 되어서 차륜의 좌우측 플랜지가 교대로 레일에 접촉하게 되는 현상을 말한다.

예제 다음 중 진동에 관한 설명으로 틀린 것은?

㉮ X-X축을 기준한 회전운동은 핏칭진동이다.

㉯ 1축 사행동의 파장은 궤간과 차륜경에 비례한다.

㉰ 대차 사행동은 축거에 비례하고 궤간에 반비례한다.

㉱ 대차헌팅은 승차감, 소음 궤도변형을 발생시킨다.

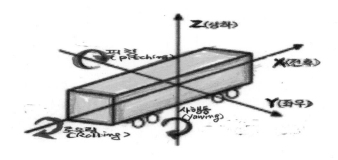

참고
문헌

[국내문헌]

곽정호, 도시철도운영론, 골든벨, 2014.

김경유·이항구, 스마트 전기동력 이동수단 개발 및 상용화 전략, 산업연구원, 2015.

김기화, 김현연, 정이섭, 유원연, 철도시스템의 이해, 태영문화사, 2007.

박정수, 도시철도시스템 공학, 북스홀릭, 2019.

박정수, 열차운전취급규정, 북스홀릭, 2019.

박정수, 철도관련법의 해설과 이해, 북스홀릭, 2019.

박정수, 철도차량운전면허 자격시험대비 최종수험서, 북스홀릭, 2019.

박정수, 최신철도교통공학, 2017.

박정수·선우영호, 운전이론일반, 철단기, 2017.

박찬배, 철도차량용 견인전동기의 기술 개발 현황. 한국자기학회 학술연구발 표회 논문개요
집, 28(1), 14−16. [2], 2018.

박찬배·정광우. (2016). 철도차량 추진용 전기기기 기술동향. 전력전자학회지, 21(4), 27−34.

백남욱·장경수, 철도공학 용어해설서, 아카데미서적, 2003.

백남욱·장경수, 철도차량 핸드북, 1999.

서사범, 철도공학, BG북갤러리 ,2006.

서사범, 철도공학의 이해, 얼과알, 2000.

서울교통공사, 도시철도시스템 일반, 2019.

서울교통공사, 비상시 조치, 2019.

서울교통공사, 전동차구조 및 기능, 2019.

손영진 외 3명, 신편철도차량공학, 2011.

원제무, 대중교통경제론, 보성각, 2003.

원제무, 도시교통론, 박영사, 2009.

원제무·박정수·서은영, 철도교통계획론, 한국학술정보, 2012.

원제무·박정수·서은영, 철도교통시스템론, 2010.

이종득, 철도공학개론, 노해, 2007.

이현우 외, 철도운전제어 개발동향 분석 (철도차량 동력장치의 제어방식을 중심으로), 2018.

장승민·박준형·양진송·류경수·박정수. (2018). 철도신호시스템의 역사 및 동향분석. 2018.

한국철도학회 학술발표대회논문집, , 46－5276호, 국토연구원, 2008.

한국철도학회, 알기 쉬운 철도용어 해설집, 2008.

한국철도학회, 알기쉬운 철도용어 해설집, 2008.

KORAIL, 운전이론 일반, 2017.

KORAIL, 전동차 구조 및 기능, 2017.

[외국문헌]

Álvaro Jesús López López, Optimising the electrical infrastructure of mass transit systems to improve the

use of regenerative braking, 2016.

C. J. Goodman, Overview of electric railway systems and the calculation of train performance 2006

Canadian Urban Transit Association, Canadian Transit Handbook, 1989.

CHUANG, H.J., 2005. Optimisation of inverter placement for mass rapid transit systems by immune

algorithm. IEE Proceedings －－ Electric Power Applications, 152(1), pp. 61－71.

COTO, M., ARBOLEYA, P. and GONZALEZ－MORAN, C., 2013. Optimization approach to unified AC/

DC power flow applied to traction systems with catenary voltage constraints. International Journal of

Electrical Power & Energy Systems, 53(0), pp. 434

DE RUS, G. a nd NOMBELA, G., 2 007. I s I nvestment i n H igh Speed R ail S ocially P rofitable? J ournal of

Transport Economics and Policy, 41(1), pp. 3－23

DOMÍNGUEZ, M., FERNÁNDEZ－CARDADOR, A., CUCALA, P. and BLANQUER, J., 2010. Efficient

design of ATO speed profiles with on board energy storage devices. WIT Transactions on The Built

Environment, 114, pp. 509-520.

EN 50163, 2004. European Standard. Railway Applications—Supply voltages of traction systems.

Hammad Alnuman, Daniel Gladwin and Martin Foster, Electrical Modelling of a DC Railway System with

Multiple Trains.

ITE, Prentice Hall, 1992.

Lang, A.S. and Soberman, R.M., Urban Rail Transit; 9ts Economics and Technology, MIT press, 1964.

Levinson, H.S. and etc, Capacity in Transportation Planning, Transportation Planning Handbook

MARTÍNEZ, I., VITORIANO, B., FERNANDEZ—CARDADOR, A. and CUCALA, A.P., 2007. Statistical dwell

time model for metro lines. WIT Transactions on The Built Environment, 96, pp. 1—10.

MELLITT, B., GOODMAN, C.J. and ARTHURTON, R.I.M., 1978. Simulator for studying operational

and power—supply conditions in rapid—transit railways. Proceedings of the Institution of Electrical

Engineers, 125(4), pp. 298—303

Morris Brenna, Federica Foiadelli, Dario Zaninelli, Electrical Railway Transportation Systems, John Wiley &

Sons, 2018

ÖSTLUND, S., 2012. Electric Railway Traction. Stockholm, Sweden: Royal Institute of Technology.

PROFILLIDIS, V.A., 2006. Railway Management and Engineering. Ashgate Publishing Limited.

SCHAFER, A. and VICTOR, D.G., 2000. The future mobility of the world population. Transportation

Research Part A: Policy and Practice, 34(3), pp. 171-205. · Moshe Givoni, Development and Impact of the Modern High－Speed Train: A review, Transport Reciewsm Vol. 26, 2006.

SIEMENS, Rail Electrification, 2018.

Steve Taranovich, Electric rail traction systems need specialized power management, 2018

Vuchic, Vukan R., Urban Public Transportation Systems and Technology, Pretice－Hall Inc., 1981.

W. F. Skene, Mcgraw Electric Railway Manual, 2017

[웹사이트]

한국철도공사 http://www.korail.com

서울교통공사 http://www.seoulmetro.co.kr

한국철도기술연구원 http://www.krii.re.kr

한국개발연구원 http://www.kdi.re.kr

한국교통연구원 http://www.koti.re.kr

서울시정개발연구원 http://www.sdi.re.kr

한국철도시설공단 http://www.kr.or.kr

국토교통부: http://www.moct.go.kr/

법제처: http://www.moleg.go.kr/

서울시청: http://www.seoul.go.kr/

일본 국토교통성 도로국: http://www.mlit.go.jp/road

국토교통통계누리: http://www.stat.mltm.go.kr

통계청: http://www.kostat.go.kr

JR동일본철도 주식회사 https://www.jreast.co.jp/kr/

철도기술웹사이트 http://www.railway－technical.com/trains/

저자소개

원제무

원제무 교수는 한양공대와 서울대 환경대학원을 거쳐 미국 MIT에서 도시공학 박사학위를 받고 KAIST 도시교통연구본부장, 서울시립대 교수와 한양대 도시대학원장을 역임한 바 있다. 그동안 대중교통론, 철도계획, 철도정책 등에 관한 연구와 강의를 해오고 있다. 요즘에는 김포대학교 석좌교수로서 도시철도시스템, 전동차구조 및 기능, 운전이론 강의도 진행 중에 있다.

서은영

서은영 교수는 한양대 경영학과, 한양대 공학대학원 도시·SOC계획 석사학위를 받은 후 한양대 도시대학원에서 '고속철도 개통 전후의 역세권 주변 용도별 지가 변화 특성에 미치는 영향 요인 분석'으로 도시공학박사를 취득하였다. 그동안 철도정책, 철도경영, 철도마케팅 강의와 연구논문을 발표해 오고 있다. 현재는 김포대학교 철도경영학과 학과장으로서 철도경영, 철도 서비스마케팅, 도시철도시스템, 운전이론 등의 과목을 강의하고 있다.

운전이론 II 열차저항·제동이론·운전계획·경제운전·진동

초판발행	2020년 10월 20일
지은이	원제무·서은영
펴낸이	안종만·안상준
편 집	전채린
기획/마케팅	이후근
표지디자인	조아라
제 작	우인도·고철민
펴낸곳	(주) **박영사**
	서울특별시 금천구 가산디지털2로 53, 210호(가산동, 한라시그마밸리)
	등록 1959. 3. 11. 제300-1959-1호(倫)
전 화	02)733-6771
f a x	02)736-4818
e-mail	pys@pybook.co.kr
homepage	www.pybook.co.kr
ISBN	979-11-303-1128-9 93550

정 가	15,000원

알기쉬운

도시철도시스템 Ⅲ

토목일반 · 정보통신 · 관제장치

원제무 · 서은영

박영사

머리말

　도시철도는 시민의 발이다. 이는 도시철도는 도시에서 시민들이 매일 이용하는 핵심 대중교통수단이기 때문이다. 도시철도는 우리의 도시생활과 밀접하게 연관되어 있어서 철도 분야와 관련된 철도 전문가뿐 아니라 일반 도시민들의 뜨거운 관심을 받고 있는 교통수단이기도 하다. 이런 의미에서 도시철도시스템 분야에 대한 관심이 증폭되면서 주목의 대상이 되고 있다. '도시철도 일반'이 제2종철도차량 운전면허시험과목에 포함된 배경이기도 하다.

　저자들은 도시철도시스템이란 과목을 좀 더 독자들에게 가깝게 다가가기 위하여 책 곳곳에 다양한 그림과 표를 집어넣으면서 가급적 알기 쉽게 풀어보았다. 이는 어디까지나 학생(철도차량 운전면허수험생)의 편의에서 조금이라도 도움이 되었으면 하는 의도에서이다.

　첫 번째, 도시철도와 운전일반에서는 도시철도의 과거와 현재를 이해하기 위한 도시철도의 연혁, 도시철도의 특성, 그리고 도시철도의 운영현황을 다룬다. 여기서는 광역철도 도시간 철도 경량전철, 노면전차, 모노레일, 안내 궤도식 철도, 자기부상열차란 무엇인지에 대해 알아본다. 또한 대형전동차와 중형전동차로 구성된 중량전철에 대해서도 알아본다.

　운전일반에서는 열차운행의 종류와 기관사의 정체성(3가지)와 기관사의 업무특징에 대해 설명한다. 아울러 전기동차의 승무사업 준비과정과 동력차 인수인계를 논한다. 운전취급에서는 기동절차라고 불리우는 출고준비과정과 기능시험 준비과정을 설명한다. 그리고 전기동차 운전에 있어서 운전취급, 제동취급, 열차운행 중 주요사항에 대해 독자들의 이해를 돕는다.

두 번째, 차량 및 주요기기에서는 우선적으로 차량유니트와 전동차 추진 원리를 비롯한 전기동차의 종류와 특성을 논한다. 이어서 특고압 기기의 구성 및 기능을 하나씩 살핀다. 그리고 제동장치와 제동의 종류 및 작용(SELD, HRDA, KNORR)에 대해 설명한다.

세 번째 신호제어설비에서는 신호기의 개발 연혁, 열차간격제어시스템(ATS/ATC/ATO), 신호기, 표지의 종류, 선로전환기, 궤도회로 폐색장치를 기술한다. 아울러 연동장치에서는 신호기와 선로전환기 상호 간의 연쇄, 선로전환기 상호 간의 연쇄 등에 대해 논하고, 여러 가지 쇄정방법에 대한 내용도 다룬다.

네 번째, 전기설비 일반은 전기, 전기철도에 대한 이해에 우선적으로 초점을 맞춘다. 전기철도의 개념 및 연혁, 교직류 특성 분류, 급전방식, 절연구간, 전차선 및 구분장치에 대한 내용을 논한다. 독자의 입장에서 보면 '전기철도'를 배우는 것이라 낯설고 이해가 잘 안 갈 수 있으나 그림과 표를 동원하여 가급적 쉽게 설명하려고 노력해 보았다. 전기설비는 시험에 자주 출제가 되므로 전기철도 관련 내용을 꼼꼼히 살펴 볼 필요가 있다. 따라서 전기에 대한 개념정리를 확실히 하고, 교직 급전계통, 전차선 가선방식 및 설비, 표지 등의 설치 조건을 이해해야 한다. 특히 에어조인트, 에어섹션, 익스펜션조인트, 앵커링 등 구분장치들은 외우는 것이 도움이 된다.

다섯 번째, 토목일반에서는 우선적으로 철도토목에 대한 이해. 궤도, 노반, 구조물에 대한 학습을 한다. 철도선로의 구조, 궤간, 완화곡선(크로소이드), 슬랙, 기울기(구배), 건축한계와 차량한계, 레일과 침목의 종류 등등 철도토목에 대한 기본적인 지식을 쌓는 내용들로 구성되어 있다. 분기기의 구성 3요소, 차량 및 건축한계 수치, 궤도의 구성요소 등과 레일의 종류(장척, 단척 표준 등) 등 시험에 자주 출제되는 내용을 정확히 이해하는 것이 필요하다.

여섯 번째, 정보통신에서는 우선적으로 아날로그와 디지털, 유무선 매체, 전파 주파수 등에 대한 이해도를 높인다. 정보통신에서 다루는 내용은 많은데 기존에 출제된 시험문제를 보면 주로 '정보통신 일반'의 앞부분에서 출제되는 경향이 있다. 따라서 정보통신 일반

초반부에 집중하여 이해하면서 열차 고정형 무전기 등에 대해서는 심도 있게 다루지 않아도 될 듯하다(단 후반부 C, M, Y 채널은 외워야 한다.).

일곱 번째, 관제장치에서는 우선 "관제장치는 어떤 역할은 하는가?"를 이해해야 한다. 관제장치의 본질적인 기능은 (1) 자동으로 열차운행 제어한다. (2) 한 곳에서 집중 제어한다. (3) 열차안전운행을 위해 보안기능을 활용한다. (4) 서비스제공이다. 관제장치에서는 이런 관제장치의 역할을 다하기 위한 CTC, TTC제어, MSC, TTC 등 관제설비의 종류, 관제 주요기기, 로컬/중앙제어, 관제사의 업무 및 운전명령, 사고 및 장애 관리 등에 대해서 살펴본다. 여기서는 전반적으로 관제장치별 개념을 이해하고 외워야 한다. 특히 TTC와 TCC는 서로 기능이 다르므로 헷갈리지 말아야 한다.

이 책을 출판해 준 박영사의 안상준 대표님이 호의를 배풀어 주신 것에 대해 감사를 드린다. 아울러 이 책의 편집과정에서 보여준 전채린 과장님의 정성과 열정에 마음 깊이 고마움을 느낀다.

아무쪼록 이 책을 통해 더 많은 철도면허시험 준비하는 분들이 국가고시에 합격하게 된다면 저자로서는 이를 커다란 보람으로 삼고자 한다.

저자 원제무 · 서은영

차례

제1부 토목일반

제1장 선로

제2장 궤도

제3장 화상전송설비

제4장 복합통신장치

제1부

토목일반

제1장

선로

제1절　철도선로란?

- 철도선로는 열차 또는 차량을 운행하기 위한 전용 통로의 총칭이며 궤도, 노반 및 선로 구조물 등으로 구성
- 궤도는 도상, 침목, 레일과 그 부속품으로 구성
- 선로의 중심 부분으로서 도상을 직접 지지하는 노반(roadbed)과 이에 부속된 선로 구조물(structure)로 구성

[궤도의 구성요소]
(1) 레일
(2) 침목
(3) 도상

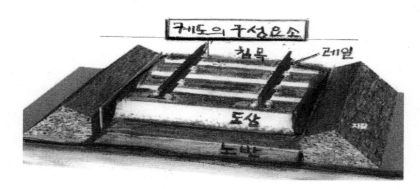

1. 궤도의 구성요소 및 기능

1) 레일

- 차량을 직접 지지한다.
- 차량의 주행을 유도한다.

2) 침목

- 레일로부터 받는 하중을 도상에 전달한다.
- 레일의 위치를 유지한다.

3) 도상

- 침목으로부터 받는 하중을 분포시켜 노반에 전달한다.
- 침목의 위치를 유지한다.
- 탄성에 의한 충격력을 완화시킨다.

예제 다음 중 궤도의 구성요소가 아닌 것은?

가. 노반   나. 침목
다. 도상   라. 레일

해설 궤도의 구성요소: 레일, 침목, 도상

예제 다음 중 차량하중을 직접 지지하며, 차량에 대해 주행 면과 주행선을 제공하여 주행을 유도하는 것으로 맞는 것은?

가. 침목   **나. 레일**
다. 도상   라. 노반

해설 레일은 차량하중을 직접 지지하며, 차량에 대해 주행 면과 주행선을 제공하여 주행을 유도해 주는 역할을 한다.

2. 궤도의 구비조건

(1) 열차의 충격하중을 견딜 수 있는 재료로 구성되어야 한다.

(2) 열차하중을 시공기면 이외의 노반에 광범위하게 균등하게 전달해야 한다.

(3) 차량의 동요와 진동이 적고 승차기분이 좋게 주행할 수 있어야 한다.

(4) 유지보수가 용이하고 구성재료의 갱환이 간편해야 한다

(5) 궤도틀림이 적고 열화진행이 완만해야 한다(열화진행: 나빠지는 상태의 진행 정도)

(6) 차량의 안전한 주행이 확보되고 경제적이어야 한다.

예제 **다음 중 궤도의 구비조건으로 틀린 것은?**

가. 궤도틀림이 적고 틀림 진행이 완만할 것

나. 유지보수가 용이하고 구성재료의 교환이 간편할 것

다. 열차의 동요와 진동이 크고 승차감 저하가 심할 것

라. 열차의 충격하중을 견딜 수 있는 재료로 구성될 것

해설 궤도는 열차의 동요와 진동이 적고 승차감이 좋게 주행할 수 있어야 한다.

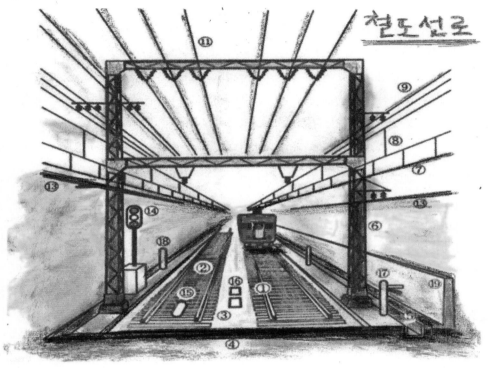

철도선로

① 레일 ② 침목 ③ 도상	④ 노반	⑤ 측구 ⑨ 급전선 ⑬ 부급전선 ⑯ 임피던스·본드	⑥ 철주 ⑩ 고압선(동력·신호) ⑭ 신호기 ⑰ 구배표	⑦ 전차선 ⑪ 특별고압선 ⑮ ATS지상자 ⑱ km정표	⑧ 조기선 ⑫ 통신선 ⑲ 방음벽
궤도	노반	선 로 구 조 물			

예제 다음 중 선로의 구성요소로 맞는 것은?

가. 궤도와 노반 및 선로구조물   나. 침목, 도상, 노반

다. 레일과 그 부속품, 침목, 도상   라. 레일, 침목, 노반

해설 선로는 궤도와 노반 및 선로구조물 등으로 구성된다.

1. 궤간(軌間, rail gauge)

- 두 철로 사이의 간격을 말한다.
- 레일의 맨 위쪽 부분으로부터 14mm 아래 지점에 위치한 양쪽 레일의 안쪽 간의 최단거리(차륜프랜지의 마모가 발생하는 것을 피해서 14mm 아래 지점을 설정. 보통 13mm까지 접촉이 되므로 1mm 여유를 주어서 정한 것임)

2. 궤간의 종류

- 표준궤간, 광궤, 협궤
- 궤간의 치수는 1,435m가 표준궤간(Standard Guage)으로
- 이보다 작은 것을 협궤(Narrow Guage), 넓은 것을 광궤(Broad Guage)라 함

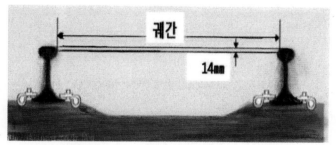

광궤의 장점	협궤의 장점
• 고속도 가능(안정되게 달림) • 수송능률 향상 및 수송력을 증대 • 주행안전도 증대, 동요감소 • 차량 폭이 넓어 차량 설비를 충실 • 차량의 직경이 큰 동륜사용으로 차륜의 마모를 감소	• 차량 폭이 좁아 건설비 및 유지비 등 감소 • 급곡선의 경우 광궤보다 곡선저항이 적음 • 산악지대의 선로 선정 용이

[학습코너] 광궤와 협궤

(1) 표준궤

표준궤는두 레일의 간격인 궤간이 1,435mm인 철도 선로를 말한다. 현재 전 세계 철도의 70%가 표준 궤간으로 부설되어 있으며, 대한민국은 물론, 유럽, 북미 등 주요 국가들이 국가적인 기준으로서 사용하고 있다.

(2) 광궤

광궤는 표준궤보다폭이 넓은 궤간을 가진 철도 선로를 말한다. 대표적인 광궤간으로는 러시아를 포함한 소비에트 연방 구 소련권국가의 1,520mm(러시아 궤간), 아일랜드 및 오스트레일리아, 브라질 일부에서 이용되는 1,600mm(아일랜드 궤간), 포르투갈과 에스파냐가 이용하는 1,668mm(이베리아궤간) 등이 있다.

(3) 협궤

협궤는 표준궤보다 폭이 좁은 궤간을 가진 철도 선로를 말한다. 대표적인 협궤간으로는 1,067mm(케이프 궤간), 1,372mm(스코틀랜드 궤간), 891mm, 763mm, 610mm 등이 있다.

예제 다음 중 광궤의 장점에 관한 설명으로 틀린 것은?

가. 수송력을 증대시킨다.　　　　　　나. 열차의 주행 안전도를 증대 시킨다.

다. 고속도를 낼 수 있다.　　　　　　**라. 고속에 불리하다.**

해설 궤간이 넓을수록 열차의 속도향상에 유리하다.

예제 다음 중 괄호 안에 들어갈 수치로 맞는 것은?

> 궤간은 레일의 맨 위쪽 부분으로부터 (　) 아래 지점에 위치한 양쪽 레일의 안쪽 간의 최단거리를 말하고, 궤간 치수는 (　)로 한다.

가. 14mm, 1,435mm　　　　　　나. 14mm, 1,425mm

다. 16mm, 1,435mm　　　　　　라. 16mm, 1,425mm

해설 궤간은 레일의 맨 위쪽 부분으로부터 14mm 아래 지점에 위치한 양쪽 레일의 안쪽 간의 최단거리를 말하고, 궤간 치수는 1,435mm로 한다.

제4절 곡선

1. 곡선의 종류

- 평면곡선에는 단곡선(Simple Curve), 복심곡선(Compound Curve), 반향곡선(Reverse Curve), 완화곡선(Transition Curve: 직선을 완화해서 붙인 것) 등이 있다.
- 철도에서는 단곡선과 완화곡선이 많이 이용되고 구배의 변화점에는 종곡선을 삽입
- 슬랙: 곡선의 내측 레일의 궤간을 확대하는 것
- 캔트: 곡선에서 외측 레일을 기준하여 외측레일을 높게 하는 것
- 전동차 전용선 기울기 제한: 35%

2. 곡선의 표시(Indication of Curve)

- 선로는 가능한 직선이어야 하나 지형 및 지장물 등으로 방향을 전환하는 곳에 곡선을 삽입하여야 한다.
- 곡선은 보통 원곡선을 사용하며 일반적으로 곡선반경 R로 표시

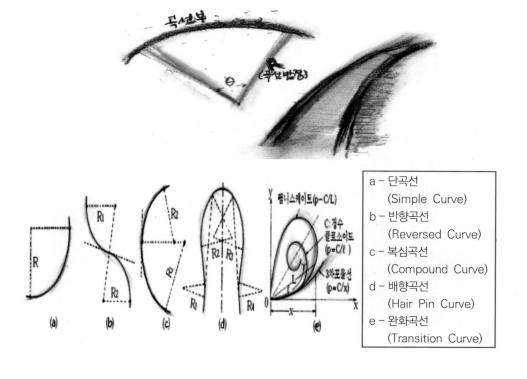

a - 단곡선
　　(Simple Curve)
b - 반향곡선
　　(Reversed Curve)
c - 복심곡선
　　(Compound Curve)
d - 배향곡선
　　(Hair Pin Curve)
e - 완화곡선
　　(Transition Curve)

3. 최소곡선반경(Minimum Radius of Curve)

- 곡선반경은 운전 및 선로 보수 상 가능한 한 큰 것이 좋으나 불가피하게 반경이 작은 곡선을 두어야 할 때가 많다.
- 최소곡선반경은 궤간, 열차속도, 차량의 고정거리(Rigid Wheel Base)에 따라 달라진다. 궤간이 넓으면 넓을 수록 최소곡선반경은 커져야 한다. 광궤일수록 큰 곡선반경이 필요하다.

[최소곡선반경]

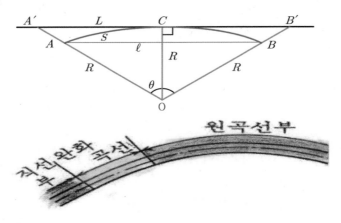

[고정거리(Rigid Wheel Base)]
앞의 축과 뒤의 축간의 거리. 고정거리가 넓으면 넓을 수록 심한 곡선은 통과할 수 없다.

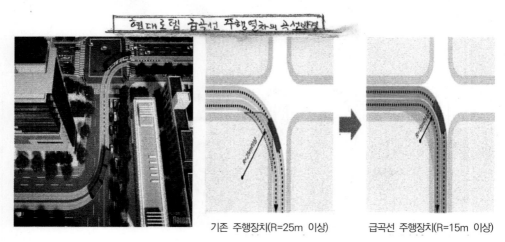

기존 주행장치(R=25m 이상)　　　급곡선 주행장치(R=15m 이상)

[최소곡선반경(minimum radius of curve)] 철도건설규칙 기준

일반본선			정거장 전후 등 부득이한 경우		전기동차 전용선
설계속도 V(km/h)	최소곡선반경(m)		설계속도 V(km/h)	최소곡선반경(m)	
	자갈도상궤도	콘크리트도상궤도			
350	6,100	4,700	200<V≤350	운영속도고려 조정	
300	4,500	3,500	150<V≤200		
250	3,100	2,400	120<V≤150		
200	1,900	1,600	70<V≤120		250
150	1,100	900	V≤70		
120	700	600			
V≤70	400	400			

* 부본선, 측선 및 분기기에 연속되는 경우 200m까지 축소 가능

4. 완화곡선(Transition Curve)

1) 완화곡선이란?

- 철도노선에 있어서 원곡선부와 직선부 사이에 설치되는 곡선이다.
- 철도차량이 직선부에서 곡선부로 갑자기 진입하면 원심력으로 인해 위험이 생기기 때문에 곡률 반경을 순차적으로 변화시켜 직선과 원곡선을 연속적으로 이은 곡선임

[완화곡선(Transition Curve)의 개념도]

2) 완화곡선의 종류

   [완화곡선의 종류]
   ① 클로소이드(clothoid)
   ② 3차 포물선
   ③ 렘니스케이트(lemniscate) 등이 이용됨

(1) **크로소이드**(clothoid)

   - 곡률이 곡선장에 비례해서 체감하는 방식
   - 곡률 반경이 곡선길이에 반비례하는 나선(spiral)의 하나로 자동차의 핸들을 등각속
     도로 돌렸을 때 자동차의 주행궤적에 일치하는 곡선
   - 도로와 지하철에서 사용

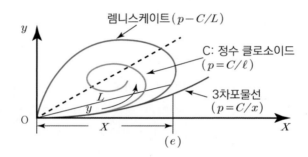

예제 다음 중 곡률 반경이 곡선길이에 반비례하는 나선(Spiral)의 하나로 도로와 지하철에 사용
하는 것은?

가. 3차 포물선   나. 크로소이드곡선
다. 주행 궤적   라. 종곡선

해설 크로소이드곡선에 관한 설명이다.

(2) 3차포물선(cubic Parabola)

   = 곡률 반경이 완화곡선의 시점에서의 횡거에 반비례
   - 계산식이 간단하며 곡선 설치가 쉬우므로 철도와 지하철에 사용

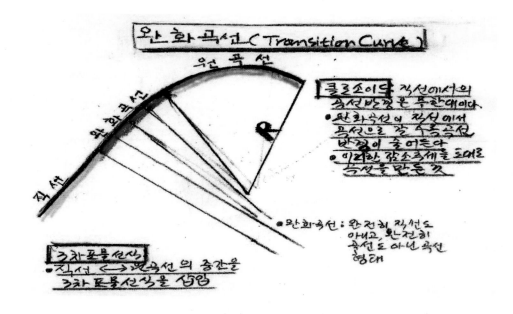

완화곡선 (Transition Curve)

원곡선

완화곡선

직선

클로소이드 직선에서의 곡선반경은 무한대이다.
- 완화곡선이 직선에서 곡선으로 갈 수록 곡선 반경이 줄어든다
- 이러한 감소추세를 도며로 곡선을 만든것

3차포물선식
직선 ⟷ 원곡선의 중간을 3차 포물선식을 삽입

완화곡선: 완전히 직선도 아니고, 완전히 곡선도 아닌 곡선 형태

다음 중 열차가 직선에서 원곡선으로 또는 원곡선에서 직선으로 진입할 경우 열차의 주행 방향이 급변함으로써 차량의 동요가 심하여 원활한 운전을 할 수 없으므로 직선과 원곡선 사이에 삽입하는 곡선은?

가. 종곡선   나. 반향곡선
다. 완화곡선   라. 복심곡선

직선과 원곡선 사이에 완화곡선을 삽입하여 열차의 원활한 운전을 돕는다.

다음 중 완화곡선 길이 결정 시 고려사항에 해당하지 않는 것은?

가. 철도차량은 고정축거 구조로 되어 있어 3점지지에 의한 차량의 부상탈선은 고려할 필요가 없다.
나. 완화곡선의 길이는 열차 운전속도에 비례하여 길이를 정하여야 한다.
다. 주행차량이 받는 단위시간당 캔트량의 변화나 캔트부족량의 변화는 승차 기분이 나쁘지 않는 범위 내에서 일정한 값 이상이어야 한다.
라. 캔트의 체감을 완만하게 하여 부상으로 인한 탈선의 위험이 없도록 하여야 한다.

차량의 고정축거로 3점 지지에 의한 차량의 부상 경향이 있으므로 캔트의 체감을 완만하게 하여 부상으로 인한 탈선의 위험이 없도록 한다.

3) 완화곡선 길이 결정 시 고려사항

　　－차량의 고정축거로 3점 지지에 의한 차륜의 부상경향이 있으므로

　　－캔트체감을 완만하게 해서 차륜의 부상으로 인한 탈선의 위험이 없도록 한다.

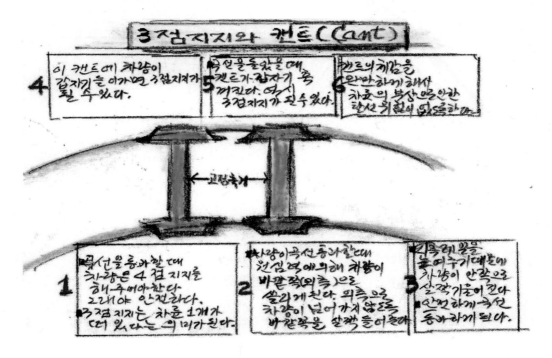

5. 슬랙(Slack: 확대 궤간)

　　－철도선로에서 차량의 고정 축거가곡선을 원활하게 통과하기 위해서는 표준궤간에
　　　곡선 내측레일을 궤간 외측으로 확대시켜야 한다.

　　－확대시킴으로써 곡선선로의 궤간이 넓어지게 된다.

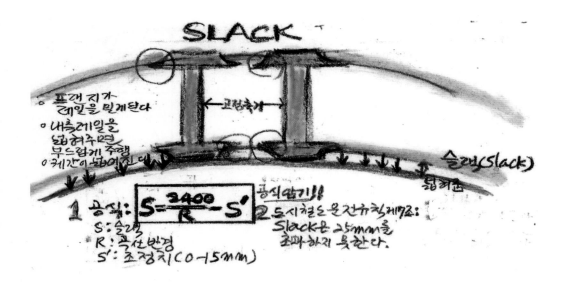

SLACK

- 플랜지가 레일을 밀게된다
- 내측레일을 넓혀주면 부드럽게 주행
- 궤간의 넓어진 데

슬랙(Slack)

1 공식: $S = \dfrac{2400}{R} - S'$ 공식외기!

S : 슬랙
R : 곡선반경
S' : 조정치(0~15mm)

2 도시철도운전규칙제72조: Slack은 25mm을 초과하지 못한다.

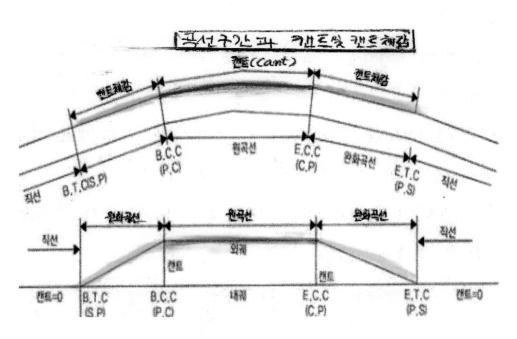

곡선구간과 캔트및 캔트체감

유지관리지침 slack공식을 적용하여 슬랙량을 계산한 경우

$$S_1 = \frac{2,400}{8} - S'$$

R=250의 경우 스랙(S_1)은

$$S_1 = \frac{2,400}{250} - S'$$

$$S_1 = 9.6mm$$

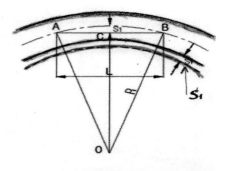

예제 다음 중 슬랙(Slack)에 관한 설명으로 틀린 것은?

가. 도시철도건설규칙 제7조: Slack은 25mm를 초과하지 못한다.

나. 곡선을 통과할 때 곡선을 원활하게 통과하도록 하기 위하여 슬랙을 삽입한다.

다. 곡선에서 내측레일을 기준하여 외측레일을 높게 하는 것을 슬랙(Slack)이라 한다.

라. 곡선의 내측레일에 궤간을 확대하는 것을 슬랙(Slack)이라 한다.

해설 곡선의 내측레일에 궤간을 확대하는 것은 슬랙이며, 내측레일을 기준하여 외측레일을 높게 하는 것은 캔트이다.

6. 캔트(Cant)

- 캔트(Cant)란 차량이 곡선구간을 통과할 때 원심력을 상쇄시켜 주기 위하여 내측 레일을 기준으로
- 외측(바깥 쪽)레일을 높게 부설하는 것을 말한다.

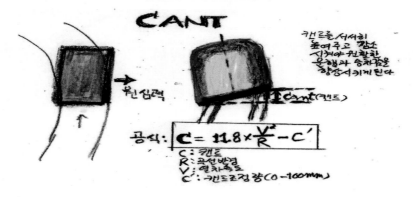

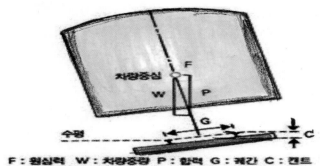

F : 원심력 W : 차량중량 P : 합력 G : 궤간 C : 캔트

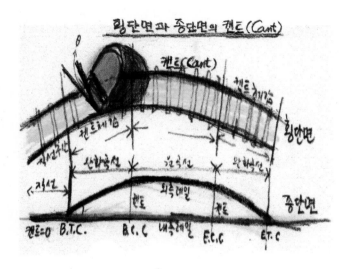

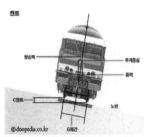

예제 다음 중 열차가 곡선부를 통과할 때 차량에 작용하는 원심력으로 곡선 외방으로 탈선할 우려가 있어 내측레일을 기준하여 외측레일을 높게 하는 것은?

가. 급곡선 　　　　　　　　　　　　나. 캔트
다. 슬랙 　　　　　　　　　　　　　라. 급기울기

해설 곡선부 외측 레일을 높게 하는 것을 캔트, 곡선부 레일의 궤간을 확대하는 것은 슬랙이다.

예제 다음 중 캔트의 공식으로 맞는 것은?

가. $C = 11.3 \times \dfrac{V^2}{R} - C'$ 나. $C = 10.8 \times \dfrac{V^2}{R} - C'$

다. $C = 11.8 \times \dfrac{V^2}{R} - C'$ 라. $C = 12.8 \times \dfrac{V^2}{R} - C'$

해설 캔트의 공식은 $C = 11.8 \times \dfrac{V^2}{R} - C'$이다.

예제 다음 중 곡선부에서는 직선보다 궤간을 확대시켜 철도차량 고정축거의 차륜이 원활하게 곡선을 통과할 수 있도록 하는 것은?

가. 슬랙   나. 급곡선
다. 캔트   라. 급기울기

해설 곡선부 레일의 궤간을 확대하는 것은 슬랙, 곡선부 외측레일을 높게하는 것을 캔트라 한다.

제5절 기울기(구배)

1. 기울기 표시

- 선로의 구배는 최소 곡선반경보다 수송력 및 열차속도에 직접 영향
- 수평선으로만 건설할 경우 큰 토공과 장대터널 불가피로 건설비 고가
- 10퍼밀리지 정도보다 완화한 구배는 견인력에 큰 영향을 주지 않으며 배수상으로도 필요

[기울기의 표시]
- 천분율
- 우리나라에서는 수평거리 1,000에 대한 고저차로 표시한 천분율로 표시하고, 프랑스, 독일, 일본 등 세계 각국 철도에서도 사용

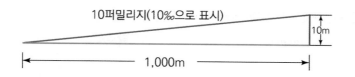

10퍼밀리지(10‰으로 표시)

10m

1,000m

2. 최급기울기

- 열차운전구간 중 가장 비탈이 심한 기울기를 말한다.
- 우리 나라의 최급기울기는 선로등급별 또는 운전조건 등으로 상당한 제한을 두고 있으며 그 제한은 다음과 같다.

[최급기울기 – 철도건설규칙 기준(본선)]

일반본선			부득이한 경우(‰)	
설계속도 V(km/h)		최대기울기 (‰)	설계속도 V(km/h)	최대기울기 (‰)
여객전용선	$250 < V \leq 350$	35	$200 < V \leq 250$	30
여객화물 혼용선	$200 < V \leq 250$	25	$150 < V \leq 200$	15
	$150 < V \leq 200$	10	$120 < V \leq 150$	15
	$120 < V \leq 150$	12.5	$70 < V \leq 120$	20
	$70 < V \leq 120$	15	$V \leq 70$	30
	$V \leq 70$	25		
전기동차전용선		35		

예제 다음 중 우리나라, 프랑스, 독일, 일본 등 세계 각국 철도에서 사용하는 기울기 표시방법으로 맞는 것은?

가. 3차포물선
나. 고저차
다. 백분율(%)
라. 천분율(‰)

해설 수평거리 1,000에 대한 고저차를 천분율로 표시하고, 한국·프랑스·독일·일본 등 세계 각국의 철도에서 사용한다.

예제 다음 중 철도건설규칙에서 본선의 설계속도(km/h)가 70<V<120일 때 일반적인 경우와 부득이한 경우 제한하는 최급기울기로 바르게 연결된 것은?

가. 일반: 10‰,   부득이한 경우: 12.5‰

나. 일반: 15‰,   **부득이한 경우: 20‰**

다. 일반: 12.5‰,   부득이한 경우: 15‰

라. 일반: 25‰,   부득이한 경우: 30‰

해설 본선 설계속도 (km/h)가 70<V<120 일 때 일반은 15‰ 부득이한 경우 최급기울기는 20‰다.

[최급기울기-철도건설규칙 기준[도시철도건설규칙 제 15~17조]]

구분			기울기 한도(‰)
일반본선			35
정거장 내	본선	차량을 분리·연결 또는 유치용도로 사용	3
		그 외(부득이한 경우)	8(10)
	측선	일반	3
		차량 미유치선	45

3. 구배의 분류(꼭! 이해 후 암기할 것)

1) 최급구배

열차운전구간 중 가장 물매(비탈)가 심한 구배를 말하며, 전차전용선로의 경우 한도를 35‰로 정하였다.

2) 제한구배

기관차의 견인정수(동력차가 몇 대의 차량을 연결시킬 수 있느냐)를 제한하는 구배를 말한다. 반드시 최급구배(구배안에 곡선이 발생하면, 저항이 더 심해지므로 견인정수가 낮아질 수 있다)와 일치하는 것은 아니다(구배가 심하면 견인정수에 제한을 받는다).

3) 타력구배

제한구배보다 심한 구배라도 그 연장이 짧을 경우 열차의 타력(관성의 힘으로)에 의하여 통과할 수 있는 구배

4) 표준구배

열차운전계획상 정거장 사이마다 조정된 구배로서 역간의 임의 지점간의 거리 1km의 연장 중 가장 급한 구배로 조정된다.

5) 가상구배

구배선을 운전하는 열차의 속도의 변화를 구배로 환산하여 실제의 구배에 대수적으로 가산한 것을 가상구배라 한다. 열차 운전 시, 분에 적용된다(가상구배를 열차운전계획에 직접 적용하게 된다).

예제 다음 중 구배의 종류 중 열차운전 중 가장 물매가 심한 구배로 맞는 것은?

가. 최급구배
나. 가상구배
다. 타력구배
라. 제한구배

해설 열차운전 구간 중 가장 물매가 심한 구배를 말하며, 전차전용선로는 구배한도를 35‰로 정하였다.

예제 다음 중 최급구배에 관한 설명으로 틀린 것은?

가. 일반적인 정거장 내 최급구배는 2‰이다.
나. 열차를 해결하지 아니하는 정거장 내 전기동차 전용선의 최급구배는 10‰이다.
다. 열차를 유치하지 아니하는 측선의 최급구배는 30‰이다.
라. 전차전용선의 최급구배의 한도는 35‰이다.

해설 열차를 유치하지 아니하는 측선의 최급구배는 35‰이다.

예제 다음 중 구배의 분류에 관한 설명으로 맞는 것은?

가. 가상구배: 열차운전 중 가장 물매가 심한 구배

나. 표준구배: 열차운전 계획상 정거장 사이마다 조정된 구배

다. 제한구배: 기관차의 최대견인력을 요구하는 최급구배

라. 환산구배: 곡선저항을 구배로 환산한 것

해설 표준구배: 열차운전 계획상 정거장 사이마다 조정된 구배

4. 종곡선

선로구배의 변화점을 통과하는 열차는 충동을 주어 승객의 승차감이 불쾌하게 되며 동시에 열차가 탈선할 우려가 있으므로 기울기 변환점에 종곡선을 설치한다.

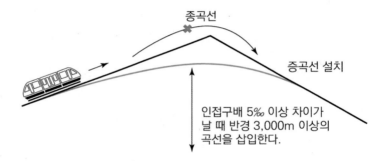

[도시철도건설규칙 기준]

인접구배 5퍼밀리지 이상 차이가 날 때 반경 3,000m 이상의 종곡선을 삽입한다.

[종곡선의 반경]

일반본선		부득이한 경우(M)	
설계속도V(km/h)	최소 종곡선 반경(M)	설계속도V(km/h)	최소 종곡선 반경(M)
265≤V	25,000	200	10,000
200	14,000	150	6,000
150	8,000	120	4,000
120	5,000	70	1,300
70	1,800		

인접구배 5‰이상 차이가 날 때 반경 3,000m이상의 종곡선을 삽입함

예제 다음 중 지하철에서는 인접구배 5‰ 이상 차이가 날 때 R=3,000m 이상의 곡선을 삽입하는데 이 곡선의 명칭으로 맞는 것은?

가. 복심곡선

나. 완화곡선

다. 종곡선

라. 원곡선

해설 **도시철도건설규칙 제18조**
인접구배 5‰ 이상 차이가 날 때 반경 3,000m 이상의 종곡선을 삽입한다.

예제 다음 중 선로구배의 변환점을 통과하는 열차의 구배변환점에 삽입하는 것으로 맞는 것은?

가. 환산구배

나. 종곡선

다. 곡선보정

라. 완화곡선

해설 구배(기울기)변환점에 열차의 탈선 및 충격을 방지하기 위해 종곡선을 삽입한다.

예제 다음 중 설계속도 120km/h의 경우 최소 종곡선 반경으로 맞는 것은?

가. 14,000m

나. 5,000m

다. 8,000m

라. 1,800m

해설 설계속도 120km/h의 경우 최소 종곡선 반경은 5,000m이다.

[종곡선의 반경]

일반본선		부득이한 경우(M)	
설계속도V(km/h)	최소 종곡선 반경(M)	설계속도V(km/h)	최소 종곡선 반경(M)
265≦V	25,000	200	10,000
200	14,000	150	6,000
150	8,000	120	4,000
120	5,000	70	1,300
70	1,800		

인접구배 5‰ 이상 차이가 날 때 반경 3,000m이상의 종곡선을 삽입함

다음 선로구조기준에 관한 설명으로 틀린 것은?

가. 열차하중은 차량의 축중 16톤 이하를 기준으로 한다.

나. 차량을 유치하지 않는 측선의 경우 기울기한도는 45/1000이다.

다. 종곡선의 경우 기울기 변화 5/1,000 초과한 경우 R2,000m 이상을 기준으로 한다.

라. 정거장 밖 본선이 곡선인 경우 곡선보정기울기를 적용한다.

종곡선의 경우 기울기 변화 5/1,000 초과한 경우 R3,000m 이상

5. 곡선보정 (꼭! 암기!!)

"보정기울기" "곡선보정"의 의미가 무엇인지? (용어의 차이점에 대해 시험문제 자주 출제)

- 곡선을 기울기(구배)로 환산하여 기울기(구배) 보정하는 것을 "곡선보정"이라고 한다.
- 기울기(구배) 중에 평면곡선이 있을 때에는 열차의 저항은 [곡선저항＋기울기저항]이 되어 열차의 저항은 엄청나게 된다.
- 그러므로 곡선저항과 동등한 구배량만큼 최급기울기(구배)를 완화(감소)시켜야 한다.
- 평면에서 주행이지 구배에서 주행은 주행이 아닌 것으로 간주한다.
- 따라서 곡선저항만 구배로 환산한다. 곡선저항만을 구배로 환산해도 충분하다.
- 그러므로 환산값을 실제구배에서 뺀다.

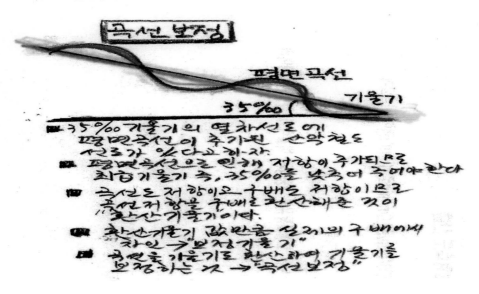

예제 다음 중 선로의 구배에 관한 설명으로 틀린 것은?

가. 구배선을 운전하는 열차의 속도의 변화를 구배로 환산하여 실제의 구배에 대수적으로 가산한 것을 "가상구배"라 한다.

나. 곡선을 기울기로 환산하여 기울기 보정을 하는 것을 "곡선보정"이라 한다.

다. 곡선저항을 선로기울기로 환산한 것을 "환산기울기"라 한다.

라. 기관차의 견인정수를 제한하는 구배를 "표준구배"라 한다.

해설 기관차의 견인정수를 제한하는 구배를 "제한구배"라 한다.

예제 다음 중 구배의 분류에 관한 설명으로 맞는 것은?

가. 최급구배: 열차운전 중 가장 물매가 심한 구배

나. 표준구배: 열차운전 계획상 정거장 사이마다 조정된 구배

다. 제한구배: 기관차의 최대견인력을 요구하는 구배

라. 환산구배: 곡선저항을 구배로 환산한 것

해설 표준구배: 열차운전 계획상 정거장 사이마다 조정된 구배

예제 다음 중 곡선보정에 관한 설명으로 틀린 것은?

가. 기울기 중에 종단곡선이 있을 때에는 열차의 저항은 기울기 저항이 가산됨으로써 발생한다.

나. 환산기울기 값만큼 실제의 구배에서 차인한 것을 보정기울기라 한다.

다. 곡선저항을 선로기울기로 환산한 것을 환산기울기라 한다.

라. 곡선을 기울기로 환산하여 기울기를 보정하는 것을 곡선보정이라고 한다.

해설 기울기(구배) 중에 평면곡선이 있을 때에는 열차의 저항은 기울기(구배) 저항이 가산되므로 곡선저항과 동등한 구배량만큼 최급기울기(구배)를 완화(감소)시켜야 한다.

1. 분기장치의 뜻

(1) 열차 또는 차량을 한 궤도에서 타 궤도로 전이시키기 위하여 설치한 궤도상의 설비를 분기기라고 한다.

(2) 포인트부(분기 시작), 리드부(열차를 리드), 크로싱부(선로가 나누어지는 부분)의 3부분으로 구성

[분기기]

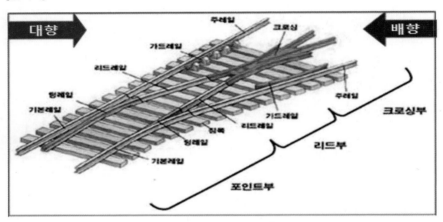

[텅레일(tongue rail)]

－현재 널리 사용되는 분기기(포인트)는 텅레일(tongue rail)이라는 부분이 좌우로 움직이도록 되어 있다.

－이 텅레일이 놓여진 위치에 따라 차륜(차바퀴)이 움직일 수 있는 경로가 달라진다.

－텅레일 끝 부분의 좌우 움직임과 그 위치에 따라 바퀴가 굴러갈 수 있는 진로가 결정될 수 있다.

예제 다음 중 열차가 분기기를 통과할 때 분기기 전단으로부터 후단으로 진입하는 경우를 가리키는 용어로 맞는 것은?

가. 대향   나. 반위
다. 정위   라. 배향

해설 대향에 대한 설명이다.

예제 다음 중 분기기는 크게 3부분으로 구성되어 있다. 다음 중 분기부의 3부분에 해당하지 않는 것은?

가. 리드부

나. 크로싱부

다. 포인트부

라. 가드부

해설 분기기의 3요소: 포인트부, 리드부, 크로싱부

예제 다음 중 분기기에서 텅레일 방향을 가리키는 용어로 맞는 것은?

가. 후단

나. 전단

다. 대향

라. 배향

해설 분기기의 전단에 대한 설명이다.

예제 다음 중 열차 또는 차량을 한 궤도에서 타 궤도로 전환하기 위한 설비의 명칭은?

가. 가드레일

나. 크로싱

다. 포인트

라. 분기기

해설 분기기에 대한 설명이다.

2. 분기기의 대향과 배향

1) 대향

하나의 선로가 둘로 나누어지는 곳으로 진입 시(열차가 분기하는 쪽으로 이동)(열차 탈선 우려가 있어서 위험) (만약 텅레일이 움직이는 문제가 생긴다 하면 10량 정도가 통과해야 하는데 어느 차량은 왼쪽으로 들어가고, 어느 차량은 오른쪽으로 들어가는 경우가 발생되어 탈선할 가능성이 있다.)

2) 배향

2대의 선로가 하나로 합쳐지는 곳으로 진입 시
("텅레일을 타고 넘는다", "레일을 찢어 먹는다"라는 현상이 발생되지만 대향방향처럼 사고로 이어지지는 않는다. 이 경우 후진하면 탈선하게 된다)

운전상의 안전도로서 대향분기기는 배향분기기보다 불안전하고 위험 (암기!!)

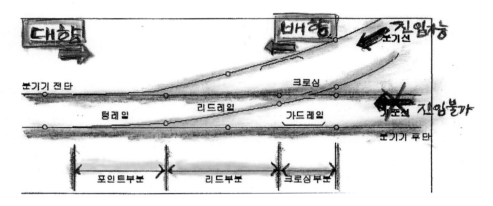

3. 포인트의 정위와 반위

－평상 시는 일정 방향으로 개통시키고 사용이 끝난 직후 원래의 방향으로 복귀시킨다.
－이 경우 상시 개통되어 있는 방향을 포인트의 정위라고 한다.
－반대로 개통되어 있는 것을 반위라고 한다.
－실제에 있어서 포인트가 어떤 방향이 정위인가는 대략 운전횟수가 많은 중요한 방향이 정위가 된다.

[정위의 표준] (이해 후 꼭 암기!!)
가) 본선 상호간에는 중요한 방향 그러나 단선의 상하본선에서는 열차의 진입 방향
나) 본선과 측선에서는 본선의 방향(본선이 더 중요한 방향이므로)
다) 본선, 안전측선, 상호간에서는 안전측선의 방향
라) 측선 상호간에서는 중요한 방향 탈선 포인트(탈선포인트는 안전측선이 없어서 설치하므로 안전측선과 비슷한 개념)가 있는 선은 차량을 탈선시키는 방향(열차충돌보다는 탈선하는 게 낫다).

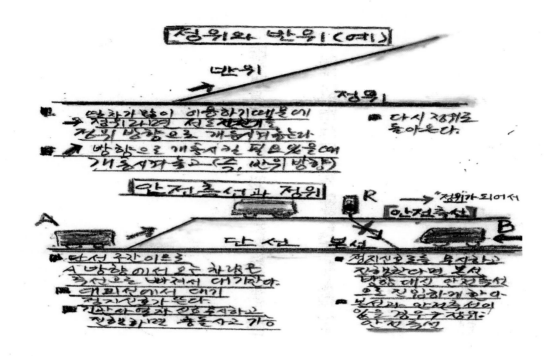

정위와 반위 (예)

반위

정위

- 열차가 통이 이송하기때문에 열차라면 점를 정위개를 정위 방향으로 개통시켜준다
- 방향으로 개통시킨 딸은양을에 개통시켜주고 (즉, 반위방향)
- 다시 정위로 돌아온다.

안전측선과 정위

A ← R → 정위가되어서 안전측선 B

단선 본선

- 단선 구간 이루로 A 방향에서 오는 차량은 측선을 빠져서 대기한다.
- 대피선에서 대기 정지신호가 뜬다.
- 기관사열차 신호 무시하고 진행하면 충돌사고 가능

- 정지신호로를 무시하고 진행하였다면 본선 당해 대신 안전측선 으로 진입하게 한다.
- 본선과 안전측선의 않는 경우 정위 안전측선

예제 다음 중 열차운전에 상시개통되어 있는 방향의 명칭은?

가. 반위   나. 배향

다. 대향   **라. 정위**

해설 상시 개통되어 있는 방향을 정위, 반대로 개통되어 있는 것을 반위라 한다.

예제 다음 중 열차가 분기기를 통과할 때 분기기 전단으로부터 후단으로 진입하는 경우 가리키는 용어로 맞는 것은?

가. 대향   나. 반위

다. 정위   라. 배향

해설 대향에 대한 설명이다.

예제 다음 중 포인트의 정위로 정해지지 않는 방향은?

가. 본선, 안전측선의 상호간에는 안전측선 방향

나. 본선과 측선에서는 본선

다. 본선 상호간에는 중요한 방향 그러나 단선의 상하본선은 열차의 진입방향

라. 측선 상호간에는 중요한 방향 탈선 포인트가 있는 선은 차량을 탈선시키지 않는 방향

해설 측선 상호 간에서는 중요한 방향 탈선 포인트가 있는 선은 정위가 차량을 탈선시키는 방향

4. 분기기의 종류

1) 구조에 의한 분류

[구조에 의한 포인트의 분류]

(1) 둔단 포인트
  구조가 단순하고 견고하나 열차가 분기선에 진입할 때 레일의 결선간격은 열차에 충격을 준다, 따라서 근래에는 잘 사용하지 않음

(2) 첨단 포인트
  가장 많이 사용되는 모양의 포인트로 2개의 첨단레일을 설치함

(3) 스프링포인트
  강력한 스프링의 작용으로 평상시는 교통이 빈번한 방향으로 개통되어 있는 포인트

(4) 승월포인트
  분기선이 본선에 비하여 중요치 않는 경우 또는 분기선을 사용하는 횟수가 드문 경우 본선에는 2개의 기본레일을 사용하고 분기선 한쪽은 보통 첨단레일을 사용한다. 그리고 다른 한쪽은 특수 형상의 레일을 사용하여 궤간 외측에 설치

---

2) 구조에 의한 크로싱의 분류

가. 고정 크로싱
  - 크로싱의 각부가 고정되어 윤연로(차륜이 들어가는 길)가 고정되어 있는 것
  - 차량이 어떤 방향으로 진행하든지 통과하여야 하므로 차륜의 진동과 소음이 큼

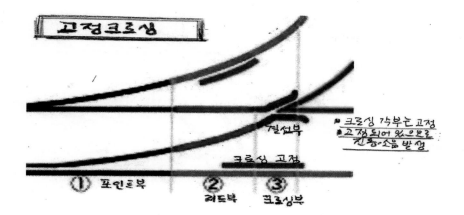

예제 다음 중 고정 크로싱의 특징에 관한 설명으로 틀린 것은?

가. 크로싱의 거의 대부분이 고정크로싱이다.

나. 크로싱의 각부가 고정되어 윤연로가 고정되어 있다.

다. 진동과 소음이 작고 승차기분이 편안하다.

라. 어떤 방향으로 진행하든지 결선부를 통과하여야 한다.

해설 고정크로싱은 진동과 소음이 크고 승차기분이 나쁘다.
운연로: 차륜이 들어가는 길

나. 가동 크로싱 (암기!!)

가동크로싱은 크로싱의 최대약점인 결선부를 없게 하여 레일을 연속시켜 격심한 차량의 충격, 동요, 소음 등을 해소하고 승차기분을 개선하여 고속열차진행의 안전도 향상을 도모(가동크로싱: 가동 노스 가동 둔단, 가동K자)하는 데 그 목적이 있다.

[가동 크로싱]

① 가동 노스
② 가동 둔단(천이포인트)
③ 가동K자

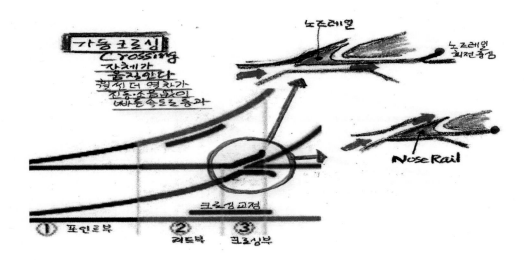

고정 분기기

노즈가동 분기기

예제 다음 중 가동크로싱의 종류에 해당하지 않는 크로싱은?

가. 가동 K자 크로싱

나. 가동 둔단 크로싱(천이포인트)

다. 가동 X자 크로싱

라. 가동 노오스크로싱

해설 **[가동크로싱의 종류]**

　① 가동K자 크로싱, ② 가동둔단크로싱(천이포인트), ③ 가동 노오스크로싱

3) 배선에 의한 분기기의 분류

가. 단분기기(보통분기기)

① 편개분기기(Simple turnout): 가장 많이 사용되고 있으며, 기본선에서 좌·우각 도로 분기한 것

② 양개분기기(Double curve turnout): 직선 궤도로부터 좌·우등각으로 분기한 것

③ 곡선분기기(Curve turnout): 기준선이 곡선인 분기기

편개분기기

양개분기기

한 선로에서 좌측 또는 우측으로 다른 선로가 분기되는 형태이다.

한 선로에서 Y자 형태로 좌우 둘로 나뉘는 형태로, 이등분선을 기준으로 동일한 각도로 분기되는 게 특징이다.

예제 다음 중 보통분기기(단분기기)에 해당한지 않는 것은?

가. 곡선분기기   나. 양개분기기

다. 편개분기기   **라. 탈선분기기**

해설 (1) 보통분기기(단분기기): 곡선분기기, 양개분기기, 편개분기기
      (2) 특수분기기: 건늠선, 씨사스·다이어먼드크로싱, 싱글·다블스립스위치, 복분기, 탈선포인트, 삼지분
          기, 간트렛트궤도

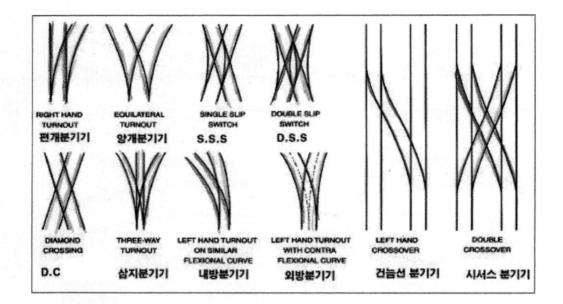

나. 특수분기기

① 건늠선(Crossover Crossing): 양 궤도에 건늠선을 1방향으로 부설

② 씨사스크로싱(Scissors Crossing): 건늠선을 2방향으로 부설

③ 다이아몬드 크로싱(DiamondCrossing): 두 선로가 평면 교차하는 개소에 부설

④ 싱글스립스위치(Single Slip Switch): 1개의 다이아몬드크로싱의 양 궤도 간에
   차량이 분기할 수 있도록 건늠선을 설치

⑤ 더블스립스위치(Single Slip Switch): 2개의 다이아몬드크로싱을 사용하여 양 궤
   도 간에 차량이 임의로 분기할 수 있도록 건늠선을 설치

⑥ 탈선 선로전환기: 탈선시키는 선로전환기

⑦ 복분기: 하나의 궤도에서 2개 또는 3개 이상의 궤도로 분리

⑧ 삼지분기: 직선 기준선을 중심으로 동일 개소에 좌우대칭 3선으로 분기

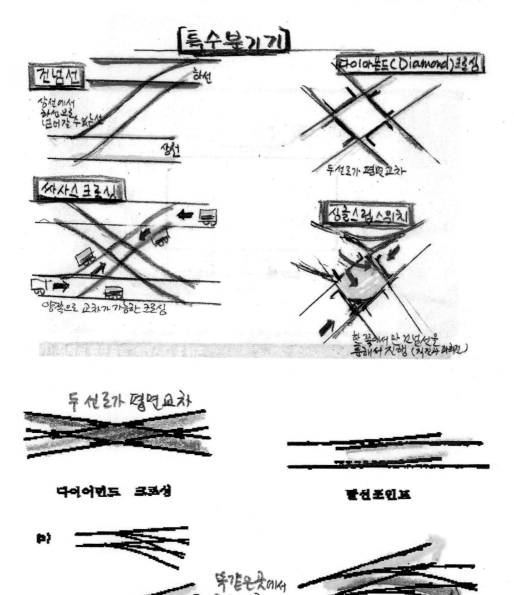

4) 크로싱 번호

- 그 크로싱 번호(N)를 들었을 때 "아! 어느 정도 각도로 이루어져 있구나"를 유추할 수 있게 된다.
- 분기기는 보통 크로싱 각의 대소에 따라 다르다.
- 크로싱 번호 N 으로 표시된다.
- 이것은 크로싱의 노스레일의 교각, 즉 크로싱각의 크기로 표시된다.
- 크로싱 번호 N은 크로싱 부분의 각도를 탄젠트 값, 즉 크로싱의 폭을 길이로 나눈 값을 의미한다.

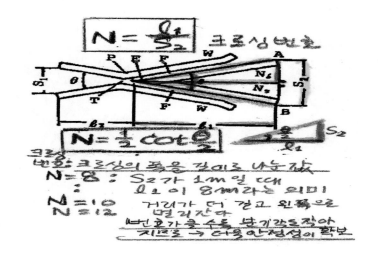

예제 다음 중 특수 분기기의 종류에 포함되지 않는 분기기는?

가. 씨사스크로싱　　　　　　　　　　나. 곡선분기기

다. 복분기　　　　　　　　　　　　　라. 다이어먼드크로싱

해설　① 특수분기기: 건늠선, 씨사스·다이어먼드크로싱, 싱글·다블스립스위치, 복분기, 탈선포인트, 삼지분기
　　② 보통분기기(단분기기): 곡선분기기, 양개분기기, 편개분기기

차량한계 및 건축한계

1. 차량한계와 건축한계

- 철도는 주행하는 차량과 그 통로에 접근하여 건축되는 구조물과 상당한 여유를 두어 주행차량에 위험이 없도록 해야 한다.
- 따라서 엄격한 구조물의 최소 공간제한(건축한계)과
- 차량의 최대 공간제한(차량한계)은 열차안전 운행확보에 절대적인 조건이다.

2. 차량한계

- 차량을 제작할 때 일정한 크기 안에서 제작하도록 규정한 공간으로
- 건축한계보다 좁게 하여 차량과 철도시설물과 접촉을 방지하는 것이다.

3. 건축한계

- 차량한계 내에 차량이 안전하게 운행될 수 있도록 선로 상에 설정한 일정한 공간을 말한다.
- 곡선에서는 직육면체의 차량운행으로 인한, 편기에 대한 확폭치수와 캔트(외측 레일을 높여주므로 높이를 올려준다.)에 의한 차량의 기울기 및 슬랙(내측레일을 확폭해주므로 궤간이 더 넓어진다)을 감안하여 직선구간 건축한계보다 넓게 확대하여야 한다.

[건축한계와 차량한계]
- 차량한계: 차량을 제작 할 때 일정한 크기 안에서 제작토록 규정한 공간
- 건축한계: 차량한계 내의 차량이 안전하게 운행될 수 있도록 선로상에 설정한 일정한 공간

구 분	폭	상부 높이	굴곡선 높이	상부 폭	승강장 높이	직선 승강장		곡선부 확폭
						궤도중심폭	간격	
건축한계	3,600	5,150	4,250	2,000	1,100	1,650	50	$\dfrac{24,000}{R}$
차량한계	3,200	4,750	3,750	1,808	–	1,600		

예제 다음 중 직선구간의 건축한계의 폭과 레일 면에서 상부높이가 바르게 짝지어진 것은?

가. 폭 3,200mm, 상부높이 4,700mm   **나. 폭 3,600mm, 상부높이 5,150mm**

다. 폭 3,200mm, 상부높이 4,800mm   라. 폭 4,200mm, 상부높이 5,200mm

해설 건축한계의 폭은 3,600mm이며, 높이는 5,150mm이다.

예제 다음 중 차량한계의 폭과 높이로 맞는 것은?

가. 폭 3,200mm, 상부높이 5,150mm   **나. 폭 3,200mm, 상부높이 4,750mm**

다. 폭 3,600mm, 상부높이 5,150mm   라. 폭 3,600mm, 상부높이 4,750mm

해설 차량한계의 폭은 3,200mm이며, 높이는 4,750mm이다.

예제 다음 중 차량을 제작할 때 일정한 크기 안에서 제작토록 규정한 공간으로, 건축한계보다 좁게 하여 차량과 철도시설물과 접촉을 방지하기 위한 한계에 해당하는 것은?

가. 안전한계   **나. 차량한계**

다. 건축한계   라. 선로한계

해설 차량한계에 대한 설명이다.

제8절   궤도중심간격

1. 궤도 중심간격

- 궤도가 2선 이상으로 나란히 부설되었을 때에는 궤도 중심간격을 충분히 확보하여 열차의 교행이 지장이 없고,
- 열차내 승객이나 승무원이 위험이 없도록 하며, 정차장 내 병렬 유치되어 있는 사이에서 종사원이 차량입환작업이나 정비작업을 할 수 있는 여유가 있어야 한다.
- 그러나 궤도 중심간격이 너무 넓게 되면 용지비와 건설비가 증대되므로 일정한 한계를 정하게 된다.

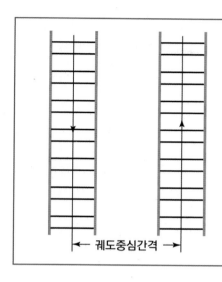

(1) 정거장 외 구간

2개의 선로를 나란히 설치하는 경우 궤도의 중심 간격은 설계속도에 따라 다음 표의 값 이상으로 하여야 한다.

설계속도 V(km/h)	궤도의 최소 중심간격(M)
$150 < V \leq 200$	4.3
$V \leq 150$	4.0

(2) 정거장 내
- 선로를 나란히 설치하는 경우 궤도중심간격은 4.3m 이상
- 6개 이상의 선로를 나란히 설치하는 경우 5개 선로마다 궤도중심간격을 6.0m 이상 확보

예제 다음 중 철도건설규칙 기준에 의한 궤도중심간격에 관한 설명으로 틀린 것은?

가. 정거장의 구간에서 설계속도가 V<150km<h인 경우 궤도의 최소 중심간격을 4.0m 이상으로 하여야 한다.

나. 곡선구간 궤도의 중심간격이 4.3m인 경우 건축한계의 확대량을 더하여 확대해야 한다.

다. 선로 사이에 전차선로 지지주, 신호기 등을 설치하여야 하는 때에는 궤도의 중심간격을 그 부분만큼 확대하여야 한다.

라. 정거장내에서 6개 이상의 선로를 나란히 설치하는 경우 5개 선로마다 궤도중심간격을 6.0m 이상 확보하여야 한다.

해설 곡선구간 궤도의 중심간격은 소정의 궤도중심간격에 앞행의 지지주등에 의한 확대량에 건축한계의 확대량을 더하여 확대하여야 한다(궤도의 중심간격이 4.3m 이상인 경우 제외).

예제 다음 중 궤도가 2선 이상으로 나란히 부설되었을 때에는 궤도중심간격을 충분히 확보하여야 하는 이유로 틀린 것은?

가. 열차 내 승객이나 승무원의 위험방지

나. 차량입환, 정비작업 종사원의 여유공간 확보

다. 안전한 열차교행

라. 궤도재료 적치공간 확보

해설 궤도중심간격은 궤도가 2선 이상으로 나란히 부설되었을 때 설정하는 이유는 열차 내 승객이나 승무원의 위험방지, 차량입환, 정비작업 종사원의 여유공간 확보, 안전한 열차교행 등을 확보할 수 있는 공간이 필요하기 때문이다.

제9절 선로제표

− 열차운전의 보안과 선로보수의 편의를 위하여 노반의 비탈머리에 선로제표를 설치한다.
− 선로제표는 각국 또는 각 철도에 따라 여러 가지가 있으나
− 한국철도에서 사용되는 제표는 건식표와 기록표로 구분된다.

[선로제표]

각종선로제표

거리표: 시점에서 몇 km나 떨어져 있는지 알려준다.

3퍼밀리지의 구배에다 구배의 길이는 480m

1. 건식표

거리표, 구배표, 선로작업표, 용지경계표, 차량접촉한계표, 담당구역표, 수준표, 낙석표, 제동주의표, 제동경고표, 취약지구경고표, 서행예고신호기, 차단기 있는 건널목표, 차단기없는 건널목표, 열차정지목표, 기적표, 속도제한표, 속도제한해제표, 서행신호기, 정차장구역표

제2장

궤도

제1절　궤도의 구조

- 궤도는 레일과 그 부속품, 침목 및 도상으로 구성
- 선로의 일반적인 구조는 견고한 노반 위에 도상을 정해진 두께로 포설하고
- 그 위에 침목을 일정간격으로 부설하여 침목 위에 두 줄의 레일을 소정 간격으로 팽행하게 체결한 것

[궤도]
- 도상
- 레일
- 침목(레일을 고정)

[궤도의 구성요소 및 기능]
1) 레일: 차량을 직접지지, 주행유도
2) 침목: 레일로 받는 하중을 도상에 전달, 레일 위치 유지
3) 도상: 침목으로부터의 하중을 노반에 전달, 침목 위치 유지, 탄성에 의한 충격력 완화

1. 궤도의 구비조건

- 열차의 충격하중을 견딜 수 있는 재료로 구성
- 열차하중을 시공기면 이하의 노반에 광범위하고 균등하게 전달
- 열차의 동요와 진동이 적고 승차감이 좋게 주행할 수 있어야 함
- 유지 보수가 용이하고 구성 재료의 교환이 간편할 것
- 궤도 틀림이 적고 틀림 진행이 완만할 것
- 차량의 원활한 주행과 안전이 확보되고 경제적일 것

예제 다음 중 도상의 역할에 관한 설명으로 틀린 것은?

가. 침목을 탄력적으로 지지하고, 충격력을 완화시켜 궤도의 파괴를 경감시킨다.
나. 침목을 종 · 횡 방향으로 움직이지 않도록 소정위치에 고정시킨다.
다. 레일 및 침목 등에서 절단된 하중을 널리 노반에 전달한다.
라. 열차하중이나 충격을 전부 흡수하여 노반의 파괴를 방지한다.

해설 도상의 역할은 레일 및 침목으로부터 전달되는 하중을 넓게 분산시켜 노반에 전달, 침목을 탄력적으로 지지하고, 충격력을 완화시켜 궤도의 파괴를 경감시키고, 승차감을 좋게 하는 것, 침목을 종 · 횡 방향으로 움직이지 않도록 소정위치에 고정하는 것이다.

예제 다음 중 도상 두께의 결정요인으로 틀린 것은?

가. 도상재료의하중 분산성　　　　　　나. 침목간격
다. 노반의 지지력　　　　　　　　　　**라. 레일의 형상치수**

해설 도상두께는
① 침목의 형상치수,
② 침목간격,
③ 도상재료의 하중 분산성,
④ 열차하중의 크기,
⑤ 노반의 지지력에 의해 결정된다.

예제 다음 중 도상재료의 구비조건에 해당하지 않는 것은?

가. 양산이 가능하고 값이 쌀 것

나. 단위중량이 크고, 능각이 풍부하고, 입자간의 마찰력이 클 것

다. 입도를 가능한 크게 하여 배수에 용이할 것

라. 충격과 마찰에 강할 것

해설 도상재료는 입도가 적정하고 동상작업이 쉬워야 한다.
　　　 * 입도: 토질역학에서 흙입자의 크기이다.

예제 다음 중 철도건설규칙에서 정하는 일반 본선에서 설계속도 150km/h인 자갈도상궤도의 최소곡선반경은?

가. 1,700m

나. 1,900m

다. 1,100m

라. 1,000m

해설 설계속도 150km/h인 자갈도상의 최소곡선반경은 1,100m이다.

예제 다음 중 도시철도 도상 견폭의 유효폭으로 맞는 것은?

가. 300~400mm

나. 250~350mm

다. 200~300mm

라. 350~450mm

해설 도상 견폭의 유효폭은 사용된 도상재료의 석질 침목의 노출량에 따라 다르나 도시철도에서는 350mm에서 450mm로 정하였다.

예제 궤도중심간격에 관한 설명으로 틀린 것은?

가. 정거장의 구간에서 설계속도가 V<150km/h인 경우 궤도의 최소 중심간격을 4.0m 이상으로 하여야 한다.

나. 곡선구간궤도의 중심간격이 4. 3m인 경우 건축한계의 확대량을 더하여 확대해야 한다.

다. 선로 사이에 전차선로지지주, 신호기 등을 설치하여야 하는 때에는 궤도의 중심간격을 그 부분만큼 확대하여야 한다.

라. 정거장내에서 6개 이상의 선로를 나란히 설치하는 경우 5개 선로마다 궤도중심간격을 6.0m이상 확보하여야 한다.

해설 곡선구간궤도의 중심간격은 소정의 궤도중심간격에 앞행의 지지주 등에 의한 확대량에 건축한계의 확대량을 더하여 확대하여야 한다(궤도의 중심간격이 4.3m 이상인 경우 제외).

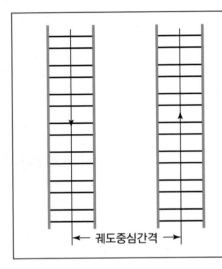

← 궤도중심간격 →

(1) 정거장 외 구간

2개의 선로를 나란히 설치하는 경우 궤도의 중심간격은 설계속도에 따라 다음표의 값 이상으로 하여야 한다.

설계속도 V(km/h)	궤도의 최소 중심간격(M)
150 < V ≤ 200	4.3
V ≤ 150	4.0

(2) 정거장 내
- 선로를 나란히 설치하는 경우 궤도중심간격은 4.3m 이상
- 6개 이상의 선로를 나란히 설치하는 경우 5개 선로마다 궤도중심간격을 6.0m 이상 확보

제2절 레일

1. 레일의 역할

(1) 차량의 하중을 직접 지지

(2) 평면, 종단의 선형을 유지하여 차량의 운행방향을 리드

(3) 평탄한 주행면을 제공

(4) 전기 및 신호의 전류 흐름이 원활하게 하여 상호기능유지
    (레일이 귀선로의 역할을 하므로. "－"부극의 전기가 흐르고 있으므로)

예제 다음 중 차량하중을 직접 지지하며, 차량에 대해 주행 면과 주행선을 제공하여 주행을 유도하는 것으로 맞는 것은?

가. 침목   나. 레일
다. 도상   라. 노반

해설 레일에 대한 설명이다.

예제 다음 중 레일의 역할에 대한 설명으로 틀린 것은?

가. 평면, 종단의 선형을 유지하여 차량의 운행방향을 리드
나. 평탄한 주행 면을 제공
다. 전기 및 신호의 전류 흐름이 원활하지 않도록 조치
라. 차량하중 직접지지

해설 레일은 전기 및 신호의 전류 흐름이 원활하게 하여 상호기능을 유지하는 역할을 한다.

예제 다음 중 레일 부설 및 취급에 의한 결함이 아닌 것은?

가. 레일의 폭이 높이에 비하여 작을 때
나. 궤도보수상태가 불량할 때
다. 부식, 이음매부 레일 끝처짐 등으로 레일 상태가 악화될 때
라. 레일의 취급방법과 부설방법이 불량할 때

해설 레일의 폭이 높이에 비하여 작을 때는 레일 부설 및 취급에 의한 결함에 해당하지 않는다.

2. 레일의 구비조건

(1) 적은 단면적으로 연직 및 수평방향(횡압등에 대하여)의 작용력에 대하여 충분한 강도와 강성을 가질 것
(2) 두부(레일의 윗면)의 마모가 적고, 마모에 대하여 충분한 여유가 있으며, 내구 연수가 길 것
(3) 침목에 설치가 용이하며, 외력에 대하여 안정된 형상일 것
(4) 진동 및 소음 감소에 유리할 것

3. 레일의 변위

어떠한 힘들이 레일을 변형시키는가?

가) 차륜에 의해 레일 두정면에 연직 방향으로 작용하는 윤중
나) 레일 두정면에서 길이 방향에 대하여 직각, 수평방향으로 작용하는 횡압
다) 온도변화에 의해 레일 길이 방향으로 작용하는 축력
라) 차륜과의 마찰력에 의한 접선력

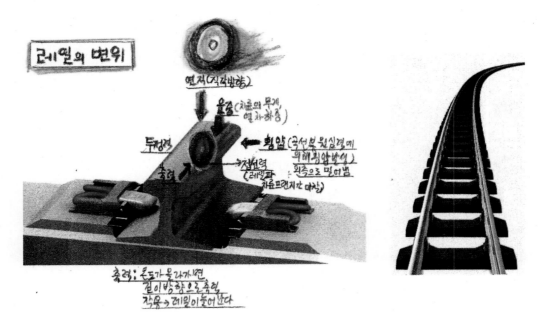

4. 레일의 종류

- 우리나라에서 사용하고 있는 레일은 평저레일로서 단면 2차모멘트가 커서(레일이 휘거나 처지거나 할 때에 저항하는 힘이 크다) 안정성이 있다.
- 체결장치 및 경제적인 측면에서 유리한 단면이다.
- 중량별로 분리할 때 레일의 무게는 일반적으로 단위 m당 중량 kg/m로 표시한다.

[레일 제원]

종 별	두부 (mm)	저부 (mm)	높이 (mm)	단면적 (cm²)	중립축의 위치(mm)	단면2차 모멘트		중량 (kg/m)
						Ix(cm⁴)	Iy(cm⁴)	
50kgN	65.00	127.00	153.00	64.05	71.56	1,960	322	50.4
60kg	65.00	145.00	174.00	77.50	77.80	3,090	512	60.8

레일 종류	길이 (m)
장대레일(LongRail, C.W.R: Construction Welded of long Rail)	200m 이상
장척레일(Longer Rail)	20m 이상~200m 미만
정척레일(Standard Rail)	20m(한국철도공사: 25m)
단척레일(Shorter Rail)	10~20m 미만

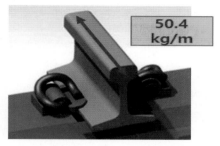

50kgN레일의 중량=50.4kg/m

체결장치

예제 다음 중 레일의 역할에 대한 설명으로 틀린 것은?

가. 평면, 종단의 선형을 유지하여 차량의 운행방향을 리드

나. 평탄한 주행 면을 제공

다. 전기 및 신호의 전류 흐름이 원활하지 않도록 조치

라. 차량 하중 직접 지지

해설 레일은 전기 및 신호의 전류 흐름이 원활하게 하여 상호기능을 유지하는 역할을 한다.

예제 다음 중 레일체결 장치의 기능 및 구비조건에 해당하지 않는 것은?

가. 하중의 분산과 충격을 완화할 수 있을 것

나. 전기적 절연성능이 확보될 것

다. 부재의 강도, 내구성이 균일할 것

라. 모양이 미려하여 보기 좋을 것

해설 모양의 미려함 등은 레일체결장치의 기능 및 구비조건에 해당하지 않는다.

다음 중 도시철도의 궤도기준에 관한 설명으로 틀린 것은?

가. 콘크리트 도상은 두께 120mm, 너비 3,150mm를 기준으로 한다.

나. 지하본선의 침목 배치는 20m당 W.T 35개, P.C.T 35개를 기준으로 한다.

다. 레일의 중량은 m당 50kg 이상으로 한다.

라. 지하부및 고가부의 자갈도상은 두께 250mm, 너비 3,200mm가 기준이다.

지하본선의 침목 배치는 20m당 W.T 34개, P.C.T 34개를 기준으로 한다.

5. 레일의 선정

− 궤도 부설시 레일의 종류를 결정하기 위하여 다음과 같은 궤도 특성을 고려하여야
한다.

1) 지하철 특성과 레일

(1) 빈번한 열차 운행회수및 열차 통과 톤수(일정기간 통과하는 열차의 누적된 무게를
모두 더한 값)

(2) 터널 내 협소 공간과 제한된 보수 기간

(3) 도심을 통과하는 급곡선

(4) 지하 터널의 누수로 인한 부식과 전식

2) 레일 중량화의 이점

(1) 안전도가 높아 열차 안전운행 도모

(2) 내구연한 연장(마모가 적어져서)

(3) 궤도 변위 감소 및 유지 보수비 절감

(4) 진동, 소음 감소

※ 50kgN보다 60kg이 더 이점이 많다.

예제 다음 중 레일 중량화의 이점이 아닌 것은?

가. 진동, 소음 감소　　　　　　　　　　나. 내구연한 연장

다. 궤도변위 증가 및 유지 보수비 절감　라. 안전도가 높다

해설 레일을 중량화하면 궤도변위가 감소하여 유지 보수비가 절감된다.

예제 다음 중 50kgN 레일을 구성하는 화학성분을 바르게 나열한 것은?

가. 탄소, 규소, 니켈, 인, 유황　　　　　**나. 탄소, 규소, 망간, 인, 유황**

다. 크로륨, 규소, 망간, 인, 유황　　　　라. 탄소, 규소, 망간, 구리, 유황

해설 50kgN레일을 구성하는 화학성분: C(탄소), Si(규소), Mn(망간), P(인), S(유황)

예제 다음 중 레일 부설 및 취급에 의한 결함이 아닌 것은?

가. 레일의 폭이 높이에 비하여 작을 때

나. 궤도보수상태가 불량할 때

다. 부식, 이음매부레일 끝처짐 등으로 레일 상태가 악화될 때

라. 레일의 취급방법과 부설방법이 불량할 때

해설 레일의 폭이 높이에 비하여 작은 경우는 레일 부설 및 취급에 의한 결함에 해당하지 않는다.

6. 레일의 수명

1) 통과 톤수

- 레일 갱환(교환)요인으로는 레일 기능의 시간적 변화를 파악하여 운용의 기본자료로 삼아야 한다.
- 레일 갱환을 목표로 하고 있는 주적 통과 톤수는 다음과 같으며 이는 재료 운용에 관한 목표이다.

[레일의 수명]

통과 톤수

구분	60kg	50kg · N
누적 통과톤수	6억톤	5억톤
중량(kg/m)	60.8	50.4

레일의 교환 기준

종류	마모량(mm)	
	수직	편
60kg	13	15
50kg	12	13

7. 레일의 길이

– 레일의 이음매는 궤도구도상 가장 취약개소로 보수능력이 증가하고 차량의 동요와 진동을 일으켜 승차감이 좋지 않다.

– 가능하면 이음매의 수를 줄이기 위하여 레일의 길이를 길게 하는 것이 좋으나 다음 과 같은 이유에서 제한한다.

[레일의 길이를 제한하는 이유]

(1) 온도 신축에 따른 이음매 유간의 제한(온도가 높아지면 레일이 늘어난다. 늘어나 는 레일을 받아주기 위해 여유 폭인 유간을 두게 된다.)

(2) 레일 구조상의 제한

(3) 운반 및 보수작업 상의 제한

(4) 레일 길이와 차량의 고유 진동주기와의 관계

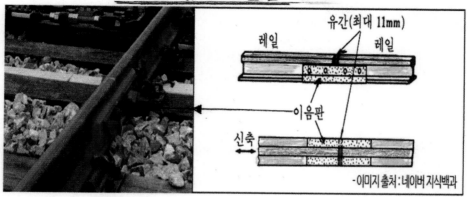

레일·유간·이음판

유간(최대 11mm)
레일   레일
이음판
신축

-이미지 출처 : 네이버 지식백과

[레일의 길이]

- 국철(KORAIL)에서는 25m를 정척(표준)으로 하고 있으나,
- 지하철에서는 도로운송에 대한 제약과 레일 투입(고가 및 지하)관계를 고려하여 1개의 레일 길이를 20m로 정하고 있다.

시험문제 출제

레일 종류	길이(m)
장대레일(LongRail, C.W.R: Construction Welded of long Rail)	200m 이상
장척레일(Longer Rail)	20m 이상~200m 미만
정척레일(Standard Rail)	20m(한국철도공사: 25m)
단척레일(Shorter Rail)	10~20m미만

예제 다음 중 레일의 길이와 명칭연결이 바르지 못한 것은?

가. 장대레일: 200m 이상   나.단척레일: 10~25m 미만

다. 정척레일: 20m(철도공사 25m)   라. 장척레일: 20m 이상 200m 미만

해설 단척레일은 10~20m 미만인 레일을 말한다.

8. 특수레일

1) 고탄소강레일

　　－탄소강 레일의 탄소함유량을 증가시켜, 내마모성을 증가시킨 것으로

　　－탄소 함유량을 0.85% 정도까지 사용

2) 솔바이트 레일(Sorbite Rail 또는 경두레일)

　　－레일의 두부면 약 20mm를 열처리시켜 솔 바이트 조직으로 한 것이며,

　　－일명 경두레일이라고 한다.

　　－냉수를 분사시켜 급냉하여 제작

[레일의 재질]

레일의 화학성분

종류	화학성분				
	C(탄소)	Si(규소)	Mn(망간)	P(인)	S(유황)
50kgN, 60kg					

레일의 기계적 성질

구분	인장강도(kg·f/mm²)	신율(%)	
50kgN, 60kg	80	10	

예제 다음 중 레일의 마모방지대책으로 틀린 것은?

가. 레일도유기 설치　　　　　　　　　　나. 레일의 중량화

다. 레일의 경질화　　　　　　　　　　　**라. 레일의 인(P)성분 강화**

해설 레일 경질화, 중량화, 레일도유기설치 등의 대책으로 레일 마모를 감소시킬 수 있다.

예제 다음 중 목침목방부처리 시 방부제인 크레오소트와 중유의 혼합비율로 맞는 것은?

가. 6:4　　　　　　　　　　　　　　　　나. 5:5

다. 4:6　　　　　　　　　　　　　　　　라. 7:3

방부제는 크레오소트(Creosote) 50%, 중유 50%를 사용한다.

9. 레일의 훼손

외력의 작용과 레일 자체가 보유하는 내부결함 또는 양자 결함으로 사용불능 상태가 되는 것을 훼손이라 한다.

1) 레일 제작시 결함

① 레일제작 시 강괴 내부의 결함
② 압연 작업불량으로 품질적인 결함 발생
③ 압연 시 가스에 의한 내부 공기공이 발생하거나, 냉각수축에 의한 중앙부에 관상 (관처럼 그 안이 비어 있는 상태)줄 발생

2) 레일 부설 및 취급에 의한 결함

① 레일의 취급방법과 부설방법이 불량할 때
② 레일의 단면이 하중에 비하여 약할 때
③ 부식, 이음매부, 레일 끝 처짐 등으로 레일 상태가 악화될 때
④ 궤도보수상태가 불량할 때
⑤ 차량 불량과 탈선, 전복사고가 발생한 때

10. 레일의 마모

- 레일과 차륜의 접촉면적이 적은 상태에서 차륜이 주행하므로 레일면은 강한 마찰로 마모
- 이 현상은 레일이 무르고 경량 레일일수록, 직선보다 곡선 외궤(곡선에는 횡압)가, 곡선 반경이 적을수록, 평탄선보다는 구배선이 심하며, 열차중량, 속도, 통과 톤수가 많을수록 마모 진행이 빠르다.
- 이와는 달리 레일의 길이 방향으로 수 cm씩 파형으로 마모되는 파상(波狀)마모(주로 콘크리트 도상에 생김. 파상마모가 심하면 기관사가 레일 부근에서 "웅웅" 하는 소리를 듣게 된다) 현상이 있으나 이것은 도상이 과도하게 견고한(너무 딱딱하여 탄

성력이 부족) 장소와 콘크리트 도상 등 레일의 지승체가 견고하여 탄력성이 부족하여 균열이 발생한다.

— 레일의 마모 방지는 레일 경질화(질을 좋게 한다), 중량화, 레일도유기(레일에 기름을 뿌리는 것. 그러나 기름을 지나치게 많이 뿌리면 레일 상에서 공전이 발생 우려) 설치로 마모를 감소시킬 수 있다.

제3절 침목(Railroad Tie)

1. 침목의 역할 및 조건

1) 침목의 역할

— 침목은 도상과 레일 사이에 있다.
— 레일을 소정 위치에 견고히 정착시켜 궤간을 정확하게 유지하고,
— 레일 위를 통과하는 차륜 하중을 넓게 도상에 분포시키는 역할

2) 침목의 구비조건

(가) 레일과의 견고한 체결에 적당하고 열차 하중을 지지할 수 있는 강도를 가질 것
(나) 탄성, 완충성, 내구성이 풍부할 것
(다) 도상 저항력이 크고 궤도 보수작업이 편리할 것
(라) 취급이 용이하고 내구연한이 길고 경제적일 것

예제 다음 중 침목의 구비조건으로 틀린 것은?

가. 레일과의 견고한 체결에 적당하고 레일하중을 지지할 수 있는 강도를 가지고 있어야 한다.
나. 취급이 용이하고 내구연한이 길고 경제적이어야 한다.
다. 도상 저항력이 크고 궤도 보수작업이 편리하여야 한다.
라. 탄성, 완충성, 내구성이 풍부하여야 한다.

해설 레일과의 견고한 체결에 적당하고 열차하중을 지지할 수 있는 강도를 가지고 있어야 한다.

2. 침목의 종류

1) 사용소개소에 의한 분류

    (가) 보통침목(Common Tie)

    (나) 분기침목(Switch Tie)

    (다) 교량침목(Bridge Tie)

2) 재질에 의한 분류

    (가) 목 침목(Wooden Tie)

    (나) 콘크리트 침목(Concrete Tie)

    (다) 철 침목(Metal Tie)

    (라) 조합 침목(Composite Tie)

3) 재질에 따른 특성

- 대부분 목침과 콘크리트 침목을 사용하고 있다.
- 콘크리트 침목은 목침목에 비하여 중량이 크므로 궤도틀림에 대한 저항력이 증대되어 궤도의 안전성에 미치는 효과가 클 뿐 아니라 수명도 길어(약 3배 이상) 훨씬 경제적이다.
- 그러나 분기부 및 레일 이음매부 등 열차 통과 시 충격이 심한 개소나(콘크리트 보다는 조금 더 탄성력이 있는 침목을 쓰는 것이 좋다) 급곡선부의 Slack체감에 있어서는 그 구조상 취약성을 나타내므로 이런 구간에는 목침목이 유리하다.

예제 다음 중 침목을 재질에 따라 분류할 때 이에 해당하지 않는 침목은?

가. 조합 침목   나. 철 침목

다. **보통 침목**   라. 콘크리트 침목

해설 (1) 사용개소에 의한 분류: 보통침목, 분기침목 교량침목

       (2) 재질에 의한 분류: 목침목, 철침목, 조합침목, 콘크리트 침목

3. 목침목

1) 침목의 치수 [길이 × 폭 × 두께 (mm)]

- 보통침목: 2500×240×150
- 이음매침목: 2500×300×150
- 분기침목: 2800×240×150(분기침목은 폭과 두께는 일정하고, 길이가 300mm씩 길어진
  다(분기하는 다른 레일까지 영향을 미치려면 길이가 길어야). 3100, 3400, 4000, 4300,
  4600 등 7종
- 교량침목: 3000×230×230

예제 다음 중 분기침목의 치수로 틀린 것은? (단, 폭 × 두께 × 길이, 단위mm)

가. 240 × 150 × 2800
나. 240 × 150 × 3100
다. **240 × 150 × 3300**
라. 240 × 150 × 4600

해설 분기침목 2800 × 240 × 150 (분기침목은 폭과 두께는 일정하고, 길이가 300mm씩 길어짐)
3100, 3400, 3700, 4000, 4300, 4600 등 7종이 된다.

예제 다음 중 궤도의 구조에 관한 설명으로 틀린 것은?

가. 콘크리트 도상의 너비는 3,150mm가 기준이다.
나. 차량기지의 자갈도상 두께는 170mm이다.
다. **지하본선에서 침목 수의 기준은 25m당 침목수**
라. 침목수는 교량의 경우 50개가 기준이다.

해설 침목 수의 기준은 20m당 침목수를 말한다.

예제 다음 중 지하본선에 침목 부설 시 1km당 P.C 침목의 부설 개수로 맞는 것은?

가. 1,500
나. **1,700**
다. 1,800
라. 3,400

해설 지하본선에서 WT, PCT 부설 시 1km당 1,700개 부설해야 한다.

2) 목침목 방부처리 방법

방부제는 크레오소트(Creosote) 50%, 증유 50%를 사용

3) PC 침목은 예응력(Pre-stress)을 주는 시기에 따라

① 프리텐션공법(Pre-tensioning method)에 의한 침목과
② 포스트텐션공법(Post-tensioning method)에 의한 침목으로 구분

제4절 **도상**

1. 도상의 역할

(1) 레일 및 침목으로부터 전달되는 하중을 넓게 분산시켜 노반에 전달해야 한다.
(2) 침목을 탄성적으로 지지하고, 충격력을 완화시켜 궤도의 파괴를 경감시키고, 승차감을 향상시켜야 한다.
(3) 침목을 종·횡 방향으로 움직이지 않도록 소정 위치에 고정시키고, 수평마찰력(도상저항)이 커야 한다.
(4) 궤도틀림 정정(궤도틀림 시 쉽게 정정되어야), 침목갱환(교환), 재료공급이 용이해야 한다.

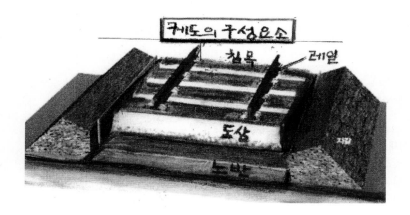

2. 자갈도상의 궤도

1) 도상자갈의 구비조건

    (1) 충격과 마찰에 강할 것

    (2) 단위중량이 크고, 능각(뾰족한 모서리)이 풍부하며, 입자 간의 마찰력이 클 것

    (3) 입도가 적정하고 도상작업이 쉬울 것

    (4) 점토 및 불순물의 혼입률이 적고 배수가 양호할 것

    (5) 동상과 풍화에 강하고, 잡초를 방지할 것

    (6) 재료 공급이 용이하고 경제적일 것

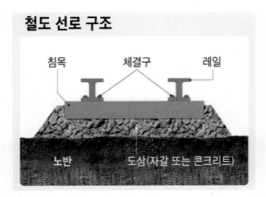 

예제 다음 중 도상재료의 구비조건에 해당하지 않는 것은?

가. 양산이 가능하고 값이 쌀 것

나. 단위중량이 크고, 능각이풍부하고, 입자간의 마찰력이 클 것

다. 입도를 가능한 크게 하여 배수에 용이할 것

라. 충격과 마찰에 강할 것

해설 **[도상재료의 구비조건]**
    (1) 충격과 마찰에 강할 것
    (2) 단위중량이 크고, 능각(뾰족한 모서리)이 풍부하며, 입자 간의 마찰력이 클 것
    (3) 입도가 적정하고 도상작업이 쉬울 것
    (4) 점토 및 불순물의 혼입율이 적고 배수가 양호할 것
    (5) 동상과 풍화에 강하고, 잡초를 방지할 것
    (6) 재료 공급이 용이하고 경제적일 것

2) 도상두께

[도상두께 결정에 영향을 미치는 요인]

① 침목의 형상치수

② 침목간격

③ 도상재료의 하중 분산성

④ 열차하중의 크기

⑤ 노반의 지지력

예제 다음 중 도상두께의 결정요인으로 틀린 것은?

가. 도상재료의 하중 분산성　　　　　　나. 침목간격

다. 노반의 지지력　　　　　　　　　　**라. 레일의 형상치수**

해설 도상두께는 ① 침목의 형상치수, ② 침목간격, ③ 도상재료의 하중 분산성, ④ 열차하중의 크기, ⑤ 노반의 지지력에 의해 결정된다.

예제 다음 중 도시철도 도상 견폭의 유효폭으로 맞는 것은?

가. 300~400mm　　　　　　　　　나. 250~350mm

다. 200~300mm　　　　　　　　　**라. 350~450mm**

해설 도상 견폭의 유효폭은 사용된 도상재료의 석질 침목의 노출량에 따라 다르나 도시철도에서는 350mm에서 450mm로 정하였다.

예제 다음 중 도상의 강도를 나타내는 것으로 맞는 것은?

가. 탄성계수　　　　　　　　　　　**나. 도상계수**

다. 소성계수　　　　　　　　　　　라. 진동계수

해설 도상의 강도를 표시하는데 궤도 역학적인 계산에서는 도상계수(Ballast coefficient)를 사용한다.

3. 콘크리트 도상 궤도

1) 개요

- 자갈 도상 궤도에 비하여 건설비가 고가이고 시공에 정밀을 요하지만
- 궤도의 강성을 높여 건설 후 유지보수비를 대폭 줄일 수 있을 뿐 아니라
- 잦은 보수작업 없이도 지속적으로 승객에게 쾌적한 승차감을 제공할 수 있는 장점이 있다.

[콘크리트 도상]

2) 콘크리트 도상의 특징

가. 기술성

① 궤도의 선형유지가 좋아 선형유지용 보수작업(자갈도상은 자갈치기 작업 등을 꾸준히 해주어야 하지만)이 거의 필요치 않다.

② 궤도의 횡방향 안전성이 개선되어 레일 좌굴(구불어진다)에 대한 저항력이 커지므로 급곡선에도 레일의 장대화가 가능

③ 궤도강도가 향상되어 에너지비용, 차량수선비, 궤도보수비 등이 감소

④ 자갈도상에 비해 시공 높이가 낮으므로 구조물의 규모를 줄일 수 있음(지하철에 많이 사용되는 이유)

⑤ 궤도의 세척과 청소가 용이

⑥ 열차속도향상에 유리

⑦ 궤도주변의 청결로 인해 각종 궤도 재료의 부식이 적어 수명이 연장

나. 경제성

콘크리트도상 궤도구조는 초기 투자비가 많은 대신 유지보수의 실질적인 감소와 보수작업을 위한 열차운행 제한의 감소

3) 콘크리트 도상의 장·단점

가. 장점

① 도상다짐이 필요 없어 보수 노력의 경감
② 배수가 양호하여 동상과 잡초 발생이 없음
③ 도상의 진동과 차량의 동요가 적음
④ 궤도 청소 용이

나. 단점

① 체결구 및 방진재에 따라(어떤 체결구를 쓰느냐? 어떤 방진제를 쓰느냐?)진동과 소음의 차이가 큼
② 침목 교환이나, 도상 파손 시 수선작업이 불편
③ 건설비가 큼

예제 **다음 중 콘크리트도상의 장점에 해당하지 않는 것은?**

가. 배수가 양호하여 동상과 잡초 발생이 없다.
나. 도상다짐이 필요 없어 보수노력이 경감되고 건설비가 적게 든다.
다. 도상의 진동과 차량의 동요가 적다.
라. 궤도를 청소하기가 쉽다.

해설 콘크리트도상은 건설비가 많이 든다.

예제 **다음 중 콘크리트도상의 특징에서 경제성에 관한 설명으로 틀린 것은?**

가. 건설비는 자갈도상에 비하여 약 1.5~2.5배 소요된다.
나. 보수작업을 위한 열차운행 제한이 감소된다.
다. 초기 투자비가 많은 대신 유지보수가 실질적으로 감소된다.
라. 콘크리트도상은 유지보수비는 증가하지만 자갈도상에 비하여 경제적이다.

[경제성]

콘크리트도상 궤도구조는 초기 투자비가 많은 대신 유지보수의 실질적인 감소와 보수작업을 위한 열차 운행 제한의 감소

다음 중 PC강선을 소정의 인장력을준 상태에서 콘크리트를 넣고 양생하여 경화 후 강선을 절단하여 침목에 압축응력을 도입시키는 PC침목 공법은?

가. 침목쇄정곡법   나. 방부처리 공법

다. 포스트렌숀공법   **라. 프리텐숀공법**

프리텐숀(pretension)공법에 대한 설명이다.

4. 슬래브 궤도(Slab Track) B2S Track

- 콘크리트 궤도는 탄성이 없는 것이 단점
- 슬래브 궤도는 궤도 슬래브와 하부구조의 사이에 완충재를 채워넣어 콘크리트의 단점을 보완
- 슬래브 궤도는 보수 경감화를 위한 구조
- 정밀하게 제작된 궤도 슬래브와 하부구조의 사이에 조정 가능한 완충재를 채우는 구조(완충재를 넣어 주어 탄성력이 발생할 수 있도록)

[슬래브 궤도(Slab Track)]

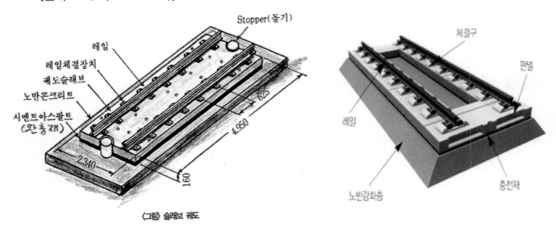

〈그림〉 슬래브 궤도

예제 다음 중 보수 경감화를 위한 구조로서 정밀하게 제작한 이것과 하부구조의 사이에 조정 가능한 완충재를 채우는 구조의 명칭으로 맞는 것은?

가. PC침목　　　　　　　　　　　　나. 슬래브궤도

다. 자갈도상　　　　　　　　　　　　라. 콘크리트도상

해설 슬래브궤도는 보수 경감화를 위한 구조로서 정밀하게 제작한 궤도 슬래브와 하부구조의 사이에 조정 가능한 완충재를 채우는 구조이다.

제5절 레일 체결장치

1. 레일체결장치

- 레일을 침목이나 도상에 직접 체결하여 궤간을 유지하며
- 차량의 주행에 따라 궤도에 전달되는 하중이나 진동에 저항할 뿐 아니라
- 이들을 침목, 도상 및 구조물과 노반에 전달하는 중요한 기능을 갖는다.

[레일체결장치]

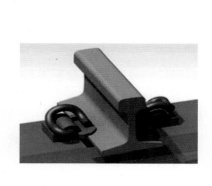
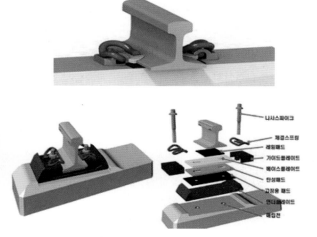

2. 레일 체결장치의 기능 및 조건

(1) 부재의 강도, 내구성

(2) 궤간의 확보(궤간: 레일과 레일 사이의 거리 확보)

(3) 레일 체결력(레일 누르는 힘)

(4) 하중 분산과 충격완화

(5) 진동의 저감, 차단

(6) 전기적 절연성능의 확보(레일에는 전기가 흐르고 있다)

(7) 조절성(선로의 틀림, 스랙(Slack), 레일 마모 등에 대해 궤간 조정 필요)

(8) 구조의 단순화, 보수 생력화(보수가 쉬워서 노동력 절약)

3. 레일 체결장치의 종류

1) 일반 체결장치

가. 개 못: 가장 단순하며 오래전부터 사용된 것이나 단점으로 지지력이 적고, 침목섬유 손상이 되며, 부패되기 쉬우며, 박았던 것을 다시 뽑아 박으면 저항력이 떨어짐 (대못: 레일에 못을 때려 박는 것)

나. 나사 못: 일반 스파이크의 지지력을 증대시키기 위한 것으로 스크류 스파이크, 스크류 볼트라고 하며, 단점으로는 박기와 뽑기의 품이 많이 들어감

2) 탄성체결장치

- 체결장치 안에 탄성력을 넣는 것
- 열차주행이 레일에 발생되는 고주파는 레일 파괴의 원인으로 이를 흡수하기 위해 탄성이 있는 레일못, 스프링클립, 타이패드 등을 사용하여 열차의 충격과 진동을 흡수 완화하고, 레일이 침목에 박히는 것과 소음을 방지

[레일체결장치의 기능 및 구비조건]

① 부재의 강도, 내구성

② 궤간의 확보

③ 레일 체결력

④ 하중의 분산과 충격의 완화
⑤ 진동의 저감, 차단
⑥ 전기적 절연성능의 확보
⑦ 조절성
⑧ 구조의 단순화 및 보수 생력화

예제 다음 중 레일을 침목 소정위치에 고정시키거나 또는 다른 레일지지 구조물에 결속시키는 장치는?

가. 레일체결장치
나. 침목체결장치
다. 레일복진 방지장치
라. 레일밀림 방지장치

해설 레일체결장치에 대한 설명이다.

예제 다음 중 레일체결장치의 기능 및 구비조건에 해당하지 않는 것은?

가. 하중의 분산과 충격을 완화할 수 있을 것
나. 전기적 절연성능이 확보될 것
다. 부재의 강도, 내구성이 균일할 것
라. 모양이 미려하여 보기 좋을 것

해설 **[레일체결장치의 기능 및 구비조건]**
① 부재의 강도, 내구성   ② 궤간의 확보
③ 레일 체결력   ④ 하중의 분산과 충격의 완화
⑤ 진동의 저감, 차단   ⑥ 전기적 절연성능의 확보
⑦ 조절성   ⑧ 구조의 단순화 및 보수 생력화

예제 다음 중 레일체결장치의 형태적 분류에 해당하지 않는 것은?

가. 선 스프링크립+숄더
나. 선 스프링크립+볼트
다. 판 스프링크립+볼트
라. 크립+스프링와셔+숄더

[레일체결장치의 종류]
① 판 스프링크립 + 볼트
② 선 스프링크립 + 볼트
③ 선 스프링크립 + 숄더
④ 크립+스프링와셔 + 볼트

제2부

정보통신

정보통신

제1절 통신과 정보

(1) 통신: 유선통신(전류), 무선통신(전파)
(2) 정보: 데이터를 처리 가공한 결과

※ 유비쿼터스: 인터넷 등 네트워크 통신망의 발전과 무선통신기술의 발전에 따라, '언제 어디서나 존재한다'의 새로운 개념의 통신방식

예제 다음 중 통신망 구성에 필요한 요소로 틀린 것은?

가. 정보원
나. 프로토콜
다. 매체
라. 주파수

해설 통신망의 3요소는 정보원, 매체, 프로토콜이다.

예제 다음 중 통신에 관한 설명으로 틀린 것은?

가. 신호원이라고 하는 시간과 공간상의 한 지점에서 목적지 또는 사용자라고 하는 다른 지점으로 정보가 전달되는 과정이다.
나. 어원은 'COMMUNICARE'라는 라틴어 '나누다'라는 것으로 공유라는 의미를 갖고 있다.
다. 통신선로에 흐르는 전류를 매개로 하는 통신을 무선통신이라 한다.

라. 정보를 격지(공간적) 사이에서 주고받는 작용 또는 현상이다.

해설 통신선로에 흐르는 전류를 매개로 하는 통신을 유선통신이라 한다.

예제 다음 중 인터넷 등 디지털 통신망의 발전과 무선 통신기술의 발전에 따라 '언제 어디에나 존재한다'라는 의미의 새로운 개념의 통신 방식은?

가. 위성통신   나. 이동통신
다. 무선전화   라. 유비쿼터스

해설 유비쿼터스에 대한 설명이다.

　　[통신망 구성에 필요한 요소]
　　(1) 정보원: 송신자와 수신자
　　(2) 매체: 정보를 전달기 위한 요소로서 유선과 무선
　　(3) 프로토콜: 통신을 할 수 있는 규약으로서 대화를 나누기 위한 언어나 형식

제2절　아날로그와 디지털 신호

1. 아날로그 신호

어떤 양을 표시할 때 연속적인 값으로 나타내며, 아날로그 통신의 전달은 사람의 음성 ⇒ 마이크 ⇒ 전기적 신호 전송 ⇒ 상대방으로 전달이 대표적인 전달과정이다.

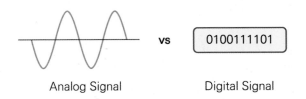

Analog Signal　　　　　　　　　　　　Digital Signal

예제 다음 중 아날로그 신호에 관한 설명으로 틀린 것은?

가. 디지털 신호에 비해 정확성을 가지지 못한다.

나. 어떤 양을 표시할 때 연속적인 값으로 나타낸다.

다. 신호 전송과정에서 손실과 왜곡을 줄일 수 있다.

라. 사람의 음성을 전기적인 신호로 전송한다.

해설 디지털 방식의 특징은 아날로그방식의 전송에 비해 신호의 전송 과정에서 손실과 왜곡을 줄일 수 있다는 장점이 있다.

예제 다음 중 디지털 신호에 관한 설명으로 틀린 것은?

가. 아날로그 신호에 비해 신호 전송과정에서 정확도가 떨어진다.

나. 같은 양의 정보를 보낼 때는 아날로그 신호에 비해 2배의 주파수 대역이 필요하다.

다. 통신비밀을 보장할 수 있는 암호화가 가능하다.

라. 아날로그 신호보다 용량이 커서 경제적이다.

해설 디지털신호는 아날로그 신호에 비해 신호의 전송과정에서 그만큼 더 정확성을 가지고 있다.

2. 디지털 신호

- 디지털 신호는 매체를 통해 전송되는 일련의 전압 펄스를 의미하며, 보통 전기적인 2가지 상태로만 표현되는 0과 1의 조합이다.

- 디지털 신호는 전류의 유무나 극성, 정해진 두 전위, 혹은 사인파진동(sine)의 위상의 동일·반대 등 물리적 현상을 사용하여 편의상 0과 1로 대응, 아날로그 신호 ⇒ 2진 부호 "0"과 "1"로 신호변환 ⇒ 디지털신호전송 ⇒ 상대방으로 전달이 대표적인 전달과정이다.

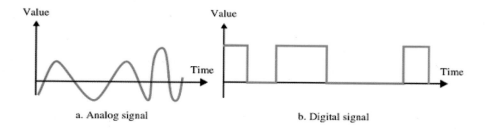

a. Analog signal   b. Digital signal

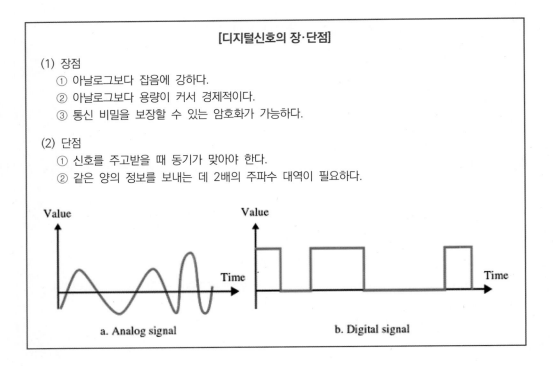

[디지털신호의 장·단점]

(1) 장점
　　① 아날로그보다 잡음에 강하다.
　　② 아날로그보다 용량이 커서 경제적이다.
　　③ 통신 비밀을 보장할 수 있는 암호화가 가능하다.

(2) 단점
　　① 신호를 주고받을 때 동기가 맞아야 한다.
　　② 같은 양의 정보를 보내는 데 2배의 주파수 대역이 필요하다.

a. Analog signal　　　　b. Digital signal

전송매체

－전송 매체란 통신 상대방 사이에서 실제적인 정보를 전송하는 물리적인 통로
－유선망과 무선망으로 분류

1. 유선전송매체

1) 꼬임선케이블(Twisted Pair Wire)

① 전송 과정에서 에러율이 높아 저속도 데이터 통신에 많이 사용
② 꼬임선 케이블은 두 줄의 전선을 서로 꼬아줌으로써 인접한 도체들 간의 상호 간섭을 줄일 수 있어 잡음에 대한 내성 보유
③ 저렴하고 설치가 간편하지만 전송 거리와 속도에 제한
④ LAN(근거리 통신망)의 10Base－T 회선으로 많이 사용
⑤ 두 줄의 전선이 서로 꼬아져 있는 형태로 여러 개의 쌍으로 된 전선이 하나의 다발

로 묶여서 케이블을 형성동축케이블은 무선장치의 급전선, 아테나 및 CCTV의 영상신호용으로도 사용된다.

[LAN에서 사용하는 UTP, FIP, STP(TP: Twisted Wire(꼬임선케이블))]
앞의 U, F, S는 형용사로 케이블 속의 구리선(심선)을 어떤 식으로 감싸고 있는지 실드(Shield: 감싸다, 보호하다)구조에 대한 명칭. (UTP: Unshielded Twisted Pair)

[꼬임선케이블 · 동축케이블 · 광섬유케이블]

꼬임선 (트위스트페어, UTP 케이블)	동축 케이블	광섬유 케이블
전송 속도는 느리지만 비용이 저렴하여 전화선 등에 이용된다.	장거리 통신망이나 케이블 텔레비전 등에 이용된다.	고속의 데이터 전송, 원거리 전송이 가터 전송, 원거리 전송이 가능하다.

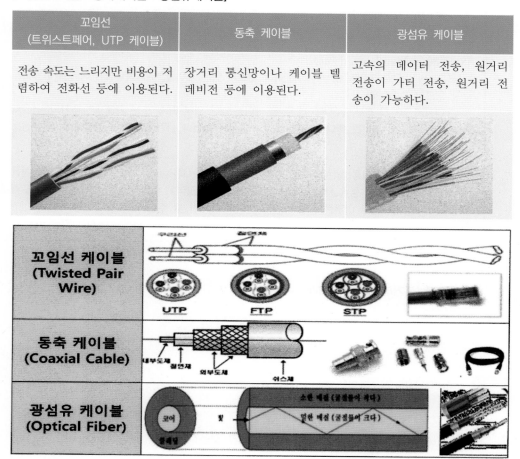

예제 다음 중 근거리 통신망(LAN)에서 사용하는 케이블의 종류가 아닌 것은?

가. STP 케이블   나. FTP 케이블

다. MTP 케이블   라. UTP 케이블

해설 LAN에서 사용하는 케이블 종류: STP, FTP, UTP

예제 다음 중 UTP 케이블에 관한 설명으로 틀린 것은?

가. 임피던스는 120Ω으로 특성이 좋다.

나. 전자파 간섭 또는 전자파장해 등 불필요한 전자기신호에 의해 희망하는 전자기 신호의 수신이 장해를 받는 것을 줄였다.

다. PC에서 허브나 스위치까지의 연결, 스위치와 스위치의 연결, 스위치와 라우터의 연결, 라우터와 라우터의 연결 등에 사용한다.

라. Cross 케이블은 서로 다른 장비 간 연결 시 사용한다.

해설 Cross 케이블은 서로 같은 장비 간 연결 시 사용한다.

예제 다음 중 꼬임선 케이블에 관한 설명으로 틀린 것은?

가. 전송과정에서 에러율이 높아 저속도 데이터 통신에 많이 사용된다.

나. 서로 꼬아줌으로서 다른 케이블과의 상호 간섭을 줄일 수 있다.

다. 두 줄의 전선이 서로 꼬아져 있는 형태이다.

라. 가격이 저렴하고 LAN의 10Base - T회선으로 사용된다.

해설 꼬임선 케이블은 두 줄의 전선을 서로 꼬아줌으로써 인접한 도체들 간의 상호 간섭을 줄일 수 있다.

예제 다음 중 꼬임선 케이블에 관한 설명으로 틀린 것은?

가. 저렴하고 간편하지만 전송거리와 속도에 제한을 받는 단점이 있다.

나. 전송과정에서 에러율이 높아 저속도 데이터 통신에 많이 사용된다.

다. 두 줄의 전선이 서로 꼬아져 있는 현태로 여러 개의 쌍으로 된 전선이 하나의 다발로 묶여서 케이블을 형성한다.

라. 무선장치의 급전선, 안테나 및 CCTV의 영상신호용으로 사용된다.

해설 동축케이블이 무선장치의 급전선, 안테나 및 CCTV의 영상신호용으로도 사용된다.

예제 다음 중 근거리 통신망(LAN)의 10Base-T 회선으로 많이 사용되며 저속도 데이터 통신에 많이 사용되는 전송매체는?

가. 꼬임선 케이블   나. 광섬유

다. 동축 케이블   라. 지상 마이크로파

해설 꼬임선 케이블에 대한 설명이다.

예제 다음 중 전송매체에 관한 설명으로 틀린 것은?

가. 꼬임선 케이블은 LAN에서 10Base-5 회선으로 사용된다.

나. 전송매체란 통신상대방 사이에서 실제적인 정보를 전송하는 물리적 통로를 의미한다.

다. 광섬유 구조는 코어, 클래드, 외부코팅으로 되어 있다.

라. 동축케이블은 대역폭이 넓고 고속데이터 전송이 가능하다.

해설 꼬임선 케이블은 LAN(근거리 통신망)의 10Base-T 회선으로 많이 사용된다.

2) 동축케이블(Coaxial Cable)

- 내부에 도체(구리선)의 전선이 위치되고 이를 원통형의 외부 도체가 감싸고 있는 형태로서
- 넓은 대역폭과 전기적 간섭이 적다.
- 유선통신 매체로 빠른 데이터 전송 속도를 가진다.
- 유선 TV 방송이나 장거리 전화에도 사용된다.
- 일반적으로 무선장치의 급전선, 안테나 및 CCTV의 영상신호용으로 많이 사용
- 동축케이블은 대역폭이 넓어 고속 데이터 전송이 가능하다.

동축케이블
컴퓨터 2016.3.6

광케이블
전자신문 2018.4.8

예제 다음 중 전송매체에 관한 설명으로 맞는 것은?

가. 동축케이블은 좁은 대역폭으로 전기적인 간섭이 크다.

나. 유선에 의한 전송매체는 물리적인 특성에 따라 분류된다.

다. 실제적인 정보를 전송하는 논리적인 통로를 의미한다.

라. 무선 전송매체는 전파를 사용하며, 주파수와는 상관없다.

해설 유선에 의한 전송매체는 물리적인 특성에 따라 분류된다.

　　　가. 동축케이블은 대역폭이 넓어 고속데이터 전송이 가능하다.

　　　다. 무선전송매체에는 지상마이크로파, 위성마이크로파 및 방송무선 등이 있고, 주파수의 범위에 따라
　　　　　분류되며 전파를 전송매체로 한다.

예제 다음 중 동축케이블에 관한 설명으로 틀린 것은?

가. 빠른 데이터 전송속도를 가지며, 유선 TV방송이나 장거리 통화에도 사용된다.

나. 전송과정에서 에러율이 높아 저속도 데이터 통신에 많이 사용된다.

다. 유선 전송매체이다.

라. 넓은 대역폭과 전기적 간섭이 적다.

해설 꼬임선케이블은 전송과정에서 에러율이 높아 저속도 데이터 통신에 많이 사용된다.

3) 광섬유(Optical Fiber)

　　－매우 가는 유리섬유와 플라스틱으로 이루어져 있다.

　　－유리섬유 속에서 빛의 파동 형태로 정보를 전송(대단히 빠름)한다.

　　－낮은 정보 손실율과 외부 잡음에 강하며, 거의 에너지 발산이 없으므로 다른 장치에
　　　거의 간섭 현상을 유발하지 않고, 높은 보안성과 안정성이 보장된다.

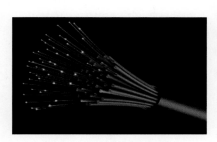

정연일의 원자재포커스 회토류 탐구12 광
섬유 통신 장비에 쓰이는 회토류

예제 다음 중 낮은 정보 손실률과 외부 잡음에 강하며, 다른 장치에 거의 간섭현상을 유발하지 않고, 높은 보안성과 안정성이 보장되는 전송매체는?

가. 동축케이블
나. UTP 케이블
다. 광섬유
라. 방송무선(라디오파)

해설 광섬유에 대한 설명이다.

2. 무선전송매체

－무선에 의한 전송매체에는
  (1) 지상 마이크로파,
  (2) 위성 마이크로파,
  (3) 방송무선(라디오파) 등이 있고
－주파수의 범위에 따라 분류되며 전파(전자기파)를 전송매체로 사용한다.
－따라서 무선에서는 안테나를 사용하면서 전파를 송수신하게 된다.

마이크로파	라디오파
지상 마이크로파를 극초단파 전송 또는 마이크로파 라디오라고도 한다. 지상 마이크로파는 동축 케이블과 같은 유선 선로 설치가 곤란한 지역(예: 습지대, 사막 등)에 접시형 안테나(파라볼라)를 사용하여 장거리 통신 서비스용으로 사용된다. 즉, 지향성이 강하며, 장거리 통신을 위해 TV나 음성 전송용 동축 케이블 대신 이용된다.(IT정보통신, 2019.9.30)	지향성을 갖는 마이크로파와 달리 라디오파는 다방향성이다. 따라서 접시형 안테나를 정해진 위치에 정확히 설치할 필요가 없다. 잘 알려진 바와 같이 AM, FM라디오와 VHF, UHF TV 방송에 이용되고 있다. 30MHz~1GHz의 주파수 범위는 방송통신으로 매우 효과적이다.(IT정보통신, 2019.9.30)

[무선통신매체]
- 지상 마이크로파, 위성 마이크로파, 방송무선 등 안테나를 사용하여 전파를 송수신
- 주파수: 전파가 움직이는 보이지 않는 길(Hz를 사용 1HZ는 1초 동안 1번 진동)
- 대역과 대역폭: 대역은 사용하는 주파수 범위, 대역폭은 사용하는 주파수 범위 크기
 즉, 음성주파수 대역의 경우 300~3400Hz, 대역폭은 3100Hz

예제 다음 중 무선전송 매체에 관한 설명으로 틀린 것은?

가. 물리적인 특성에 따라 분류된다.

나. 지상구간 장거리 통신서비스에 사용되는 전송매체를 지상 마이크로파라고 한다.

다. 안테나를 사용하며 전파를 송수신하다.

라. 지상 마이크로파, 위성 마이크로파 및 방송무선 등이 있다.

해설 무선전송매체는 주파수의 범위에 따라 분류된다.
 ※ 전파: 무선통신은 전파를 통해 이루어진다. 전파란 전류의 흐름에 의해 생성되는 속도가 빛의 속도에
 달하는 파동을 말한다.

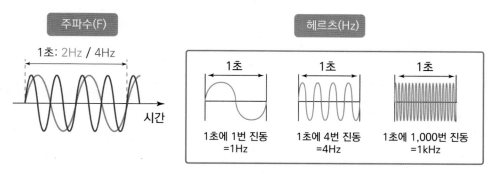

예제 다음 중 주파수에 관한 설명으로 맞는 것은?

가. 주어진 주파수 내에서 더 많은 채널을 만들기 위하여 광대역 사업이 추진되고 있다.

나. 주파수가 높아질수록 파장의 길이는 짧아진다.

다. 153MHz는 단파에 속한다.

라. 파장이란 전파가 1회 진동할 때 변하는 높이를 말한다.

주파수가 높아질수록 파장의 길이는 짧아진다.
라. 파장: 한 사이클의 공간상 길이로 전파가 1회 진동할 때 진행하는 거리이다.

다음 중 꼬임선 케이블에 관한 설명으로 틀린 것은?

가. 저렴하고 간편하지만 전송거리와 속도에 제한을 받는 단점이 있다.

나. 전송과정에서 에러율이 높아 저속도 데이터 통신에 많이 사용된다.

다. 두 줄의 전선이 서로 꼬아져 있는 현태로 여러 개의 쌍으로 된 전선이 하나의 다발로 묶여서 케이블을 형성한다.

라. 무선장치의 급전선, 안테나 및 CCTV의 영상신호용으로 사용된다.

동축케이블은 무선장치의 급전선, 안테나 및 CCTV의 영상신호용으로도 사용된다.

다음 중 전송매체에 관한 설명으로 틀린 것은?

가. 유선에 의한 전송매체는 물리적인 특성에 따라 분류된다.

나. 꼬임선 케이블은 서로 꼬아줌으로써 고속으로 통신할 수 있다.

다. 전송매체에 따라 유선망과 무선망으로 구분된다.

라. 무선전송매체는 전파를 사용하므로 주파수의 범위에 따라 분류된다.

꼬임선 케이블은 전송 과정에서 에러율이 높아 저속도 데이터 통신에 많이 사용되며, 저렴하고 설치가 간편하지만 전송 거리와 속도에 제한을 받는다.

다음 중 1-10GHz의 주파수를 사용하며 국제간 통신용으로 가장 좋은 전송 매체는?

가. 지상 마이크로파   **나. 위성 마이크로파**

다. 광섬유   라. 방송무선(라디오파)

위성 마이크로파에 대한 설명이다.

1. 통신망의 개요

(1) 통신망이란 하나 이상의 장치(단말기)가 서로 연결된 형태들의 집합으로 네트워크 (Network)와 같은 의미
(2) 통신망을 이용하는 형태와 전송매체, 구성방식에 따라 여러 가지로 분류

2. 통신망 구성에 필요한 요소(쉬운 시험문제!)

1) 정보원

송신자와 수신자(대화 또는 정보를 주고받는 상대방)

2) 전송매체

정보를 전달하기 위한 요소로서 유선매체와 무선매체

3) 프로토콜(통신 언어)

통신을 할 수 있는 규약으로 적절한 대화 절차와 이해할 수 있는 형식 및 공통된 언어

예제 다음 중 통신을 할 수 있는 규약으로 적절한 대화절차와 이해할 수 있는 형식 및 공통된 언어는?

가. 통신망   나. 링크
다. 전송매체   **라. 프로토콜**

해설 프로토콜에 대한 설명이다.

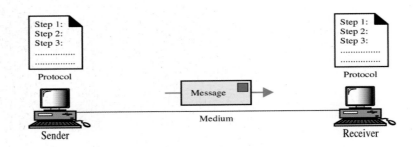

[정보통신시스템]

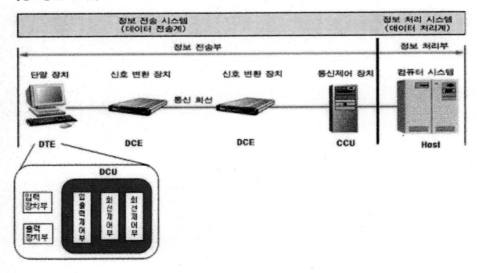

3. 통신방식

1) 단방향통신방식(Simplex) (한 방향으로만 통신이 이루어진다)

송수신측이 결정되어 있어 데이터를 한쪽 방향으로만 전송가능하며, 역 방향으로는 데이터 전송이 불가능, 무선에서는 단신 방식
예 라디오(듣기만 한다)

2) 반 이중 통신(Half Duplex)

양방향 전송이 가능하지만 동시에는 양방향 전송을 할 수 없고 송수신측은 서로 교대로 전송하며 PTT방식(PTT스위치를 눌러야만 송신이 가능)으로 부르기도 함. 무선에서

는 반 복신 방식이라고 함,

예 무전기(무전기와 같은 것: 송신할 때는 스위치를 누르고, 수신할 때는 스위치를 때고)

3) 전 이중 통신(Full Duplex)

동시에 양방향 송수신이 모두 가능하며, 반이중통신방식보다 전송효율이 높지만 회선 비용이 많이 들며, 사용자는 별도의 조작 없이 송수신이 가능한 형대로서 전용회선의 경우는 4회선(4W)이 필요, 무선에서는 복신 방식

예 전화기

예제 다음 중 반 이중 통신방식에 관한 설명으로 맞는 것은?

가. 라디오가 대표적인 반 이중 통신방식에 해당한다.

나. 데이터를 한쪽 방향으로만 전송가능하며, 역방향으로는 데이터 전송이 불가능하다.

다. 송수신측이 결정되어 있다.

라. 동시에 양방향 전송이 불가능하며 송수신측은 서로 교대로 전송 가능하다.

해설 송수신측이 서로 교대로 전송하며 PTT방식으로도 불리는 통신방식은 반 이중 방식이다.

예제 다음 중 통신방식에 관한 설명으로 틀린 것은?

가. 무전기에 사용되는 통신방식을 반 이중 통신방식이라 한다.

나. 송수신측이 서로 교대로 전송하며 PPT방식으로도 불리는 통신방식을 전이중통신방식이라 한다.

다. 라디오에 사용되며 송수신측이 결정되어 있는 통신방식을 단방향통신이라 한다.

라. 전송효율이 높지만 회선비용이 많이 들며, 사용자는 별도의 조작 없이 송수신이 가능한 형태로 서 전용회선의 경우는 4회선이 필요한 통신방식을 전이중통신이라 한다.

해설 송수신측이 교대로 전송하며 PTT방식으로도 불리는 통신방식은 반이중방식이다.

무선통신기술

1. 개요

    – 무선통신은 전파라는 매체를 전송매체로하는 통신으로
    – 송신측에서 정보신호를 전파에 실어서 공간에 방사하고,
    – 수신측에서는 공간을 거쳐 전송되어 온 전파를 수신하여
    – 원래의 신호를 검출하는 방식의 통신

예제 다음 중 무선통신에 관한 설명으로 틀린 것은?

가. 무선통신에서 사용하는 신호의 형태는 모두 디지털 신호이다.
나. 주파수 스펙트럼이 제한되어 있어 이용자 상호간 혼신도 막아주고, 적당한 전송품질을 유지하여야 하는 면에서 스펙트럼의 효율적 이용이 중요한 사항이다.
다. 대용량이고 광범위한 수신지역을 가지며 경제적이다.
라. 무선통신은 시스템의 유도성이나 기술방식, 사용목적에 따라 고정통신기술, 이동통신기술, 위성통신기술로 구분한다.

해설 무선 통신에서 사용하는 신호의 형태는 모두 아날로그 신호이다.

2. 무선통신에서의 신호

1) 주파수(Frequency, 'f'로 표현)

전자파가 공간을 진행할 때 1초 동안에 진동하는 횟수를 말하며, 단위는 [Hz]를 사용 (1초 동안에 2번 진동하면 2Hz)

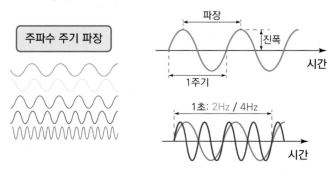

2) 주기(Period, "T"로 표현)

한 사이클의 시간 축 지속시간으로 1회 진동하는 데 걸리는 시간을 말한다. 단위는 [sec]를 사용

3) 파장(Wavelength, 'l'로 표현) (1회 진동 시 진행하는 거리)

한 사이클의 공간상 길이로 전파가 1회 진동할 때 진행하는 거리를 말한다. 단위는 [m]를 사용, 파장과 주파수의 관계에서 주파수가 높아질수록 파장의 길이는 짧아진다.

[주기(Period, "T"로 표현)]

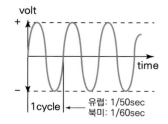

[파장(Wavelength, 'l'로 표현)]
(1회 진동 시 진행하는 거리)

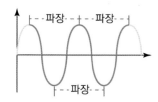

[파장과 주파수의 관계]
- 주파수가 높아질수록
- 파장의 길이는 짧아진다.

[저주파 신호]
(파장이 길다)

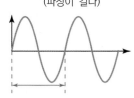

[고주파 신호]
(파장이 짧다)

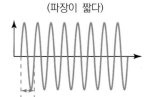

예제 다음 중 한 사이클의 공간상 길이로 전파가 1회 진동할 때 진행하는 거리를 뜻하는 용어는?

가. 대역   나. 주기
다. 파장   라. 주파수

파장의 설명이다.

4) 대역과 대역폭

① 대역: 사용하는 주파수의 범위

② 대역폭: 사용하는 주파수의 범위의 크기

③ 음성주파수대역: 대역이 300~3,400Hz(대역)이므로, 대역폭은 3,100Hz(사이)

다음 중음성주파수 대역이 300~3,400Hz일 때 대역폭은?

가. 300Hz   나. 3,100Hz

다. 3,400Hz   라. 3,700Hz

음성주파수 대역의 경우 300~3,400Hz이므로, 대역폭은 3,100Hz가 된다.

3. 전파(주파수)의 구분

전파란 전파법 제2조에서 "3,000GHz(기가 헤르츠) 이하의 주파수의 전자파를 말한다"

1) 가청주파수

－사람의 귀가 소리로 느낄 수 있는 주파수 영역

－20Hz 이하의 초 저주파음이나 20,KHz 이상의 소리는 들리지 않게 된다.

－감도가 제일 좋은 주파수의 범위는 1,000~5,000Hz로서 이 부근에서 소리를 가장 예민하게 느낀다고 볼 수 있다.

2) 음성 주파수

－통신 등에서 사람의 음성을 전송하기 위한 주파수 범위로서

－300~3,400Hz 사이의 주파수

[전파의 종류]

	명칭 및 약어	주파수 범위
초장파	VLF(Vey Low Frequency)	3~30KHz
장파	LF(Low Frequency)	30~300KHz
중파	MF(Medium Frequency)	300~3000KHz
단파	HF(High Frequency)	3~30MHz
초단파(철도에서 사용)	VHF(Very High Frequency)	30~300MHz
극초단파	UHF(Ultra High Frequency)	300~3000MHz
마이크로파	SHF(Super High Frequency)	3~30GHz
밀리미터파	EHF(Extra High Frequency)	30~300GKHz
데시밀리미터파		300~3000KHz

KHz:1,000Hz, MHz:1,000,000Hz, GHz:1,000,000,000Hz

예제 다음 중 열차무선시스템에서 사용하는 주파수대역은?

가. MF
나. VLF
다. VHF
라. SHF

해설 열차무선전화장치의 사용주파수대는 153MHz 대역으로서 VHF 극초단파이다.

예제 다음 중 전파의 명칭과 주파수 범위가 바르게 짝지어진 것은?

가. 밀리미터파(EHF): 300 ~ 3,000GHz
나. 초단파(VHF): 3 ~ 30MHz
다.마이크로파(SHF): 30 ~ 300GHz
라. 초장파(VLF): 3 ~ 30KHz

해설 밀리미터파(EHF): 30~300GHz, 초단파(VHF): 30~300MHz, 마이크로파(SHF): 3~30GHz, 초장파(VLF): 3~30KHz

예제 다음 중 가청주파수에 관한 설명으로 틀린 것은?

가. 대체로 20Hz 이하의 초저주파음이나 20KHz 이상의 소리는 들리지 않는다.
나. 작은 쪽의 한계 값에 해당하는 실효적인 음압을 최소가청 값이라고 한다.
다. 사람의 귀가 소리로 느낄 수 있는 주파수 영역을 말한다.

라. 감도가 제일 좋은 주파수의 범위는 300~1,000Hz로서 이 부근에서 소리를 가장 예민하게 느낀다고 볼 수 있다.

> **해설** 감도가 제일 좋은 주파수의 범위는 1,000~5,000Hz로서 이 부근에서 소리를 가장 예민하게 느낀다고 볼 수 있다.

4. 무선통신의 응용

1) 고정통신

– 전파를 발사하는 송신기와 수신기의 위치가 고정되며, 마이크로파 대역을 이용
  ※ 국가 기간통신망 유선통신망의 예비용 등

2) 이동통신

– 송신기와 수신기의 위치가 이동하며, 초단파, 극 초단파대를 이용
  ※ 이동전화, 무선인터넷, 각종 무전기 등

3) 위성통신

– 송신기와 수신기의 위치가 고정 또는 이동하며, 반드시 위성체를 통하여(인공위성은 중계역할) 통신하며, 마이크로파대역을 이용,
– 위성통신의 장점은 대용량 통신, 장거리 통신, 다원접속가능, 통신비용 감소, 에러율 향상이며,
– 위성통신의 단점으로는 전파의 지연시간 발행, 1:1 방식만 가능, 통신비밀보장이 어렵다는 것
  ※ 위성중계, 국제위성전화, 위성 DMB 등

[무선통신의 응용]

고정통신	−전파를 발사하는 송신기와 수신기의 위치가 고정되며, 마이크로파대역을 이용 −사용되는 주파수대는 3~12GHz이며, 주파수 대역이 큼 　이용 예) 국가 기간통신망, 유선통신망의 예비용 등
이동통신	−송신기와 수신기의 위치가 이동하며, 초단파, 극초단파대를 이용 　이용 예) 이동전화, 무선인터넷, 각종 무전기 등
위성통신	−송신기와 수신기의 위치가 고정 또는 이동하며, 반드시 위성체를 통하여(인공위 　성은 중계역할) 통신하며, 마이크로파대역을 이용 　이용 예) 위성중계, 국제위성전화, 위성 DMB 등

예제 다음 중 초단파, 극초단파대를 이용하여 무선인터넷, 각종 무전기 등에 이용되는 통신 방식은?

가. 기간통신　　　　　　　　　　　　　**나. 이동통신**
다. 위성통신　　　　　　　　　　　　　라. 고정통신

해설 이동통신에 대한 설명이다.

예제 다음 중 위성통신의 장점에 해당하지 않은 것은?

가. 통신비용이 감소된다.　　　　　　　나. 장거리 통신이 가능하다.
다. 전파의 지연시간이 없어진다.　　　라. 대용량 통신이 가능하다.

해설 위성통신의 장점: 대용량 통신, 장거리 통신, 다원접속 가능, 통신비용 감소
　　　위선통신의 단점: 전파의 지연시간 발생, 1:1 방식만 기능, 통신비밀보장이 어려움, 에러율 향상.

예제 다음 중 위성통신의 장점에 해당하지 않는 것은?

가. 반드시 위성체를 통하여 통신한다.
나. 초단파, 극초단파대를 이용한다.
다. 송신기와 수신기의 위치가 고정 또는 이동한다.
라. 장점으로는 대용량 통신, 장거리 통신, 다원접속가능, 통신비용 감소 등이 있다.

해설 위성통신은 마이크로파대역을 이용한다.

5. 무선통신 시스템의 구성

전자파를 이용하여 정보를 목적지까지 전달하기 위한 설비의 구성은 아래와 같다.

[정보를 목적지까지 전달하기 위해 필요한 4가지 설비]
(1) 송신기
(2) 수신기
(3) 급전선: 송신기의 출력을 안테나까지 공급하는 급전선
(4) 안테나: 전기적인 신호를 전파의 진동으로 변환하여 공간에 방사하는 공중선 안테나의 4가지로 구성

제2장

열차무선전화장치

수도권 TRCP(Train Radio Control Panel)

1. 열차무선전화장치의 개요

- 누설동축케이블을 사용함으로써 터널 내에서 난청을 해소하고 열차무선전화장치를 구조적으로 개선
- 열차무선전화장치의 사용주파수는 153MHz 대역으로서 VHF 극 초단파 사용
- 초창기에는 장애물로 인한 난청지역의문제가 있었으나 중계소의 대폭적인 증설로 인하여 통화가능지역이 95% 이상으로 향상

[열차무선 호출 및 통화 과정]

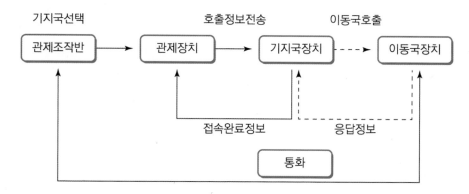

`예제` 다음 중 열차무선전화 장치 관한 설명으로 틀린 것은?

가. 사용주파수대는 153MHz 대역으로서 VHF 초단파에 해당한다.

나. 누설동축케이블을 사용함으로써 터널 내에서 난청을 해소하였다.

다. 1960년대 후반 신속한 운전정보 교환으로 사고를 예방하기 위하여 도입 설치하였다.

라. 주파수와 주기 공동방식(TRS)을 전 열차에 설치하여 통화폭주 현상을 해결하였다.

`해설` 통화폭주의 현상을 해결하고자 주파수 공동방식(TRS) 등 다양한 방안이 강구되고 있다.

[터널 내에서 난청을 해소하고자 누설동축케이블을 사용한 열차무선전화장치]

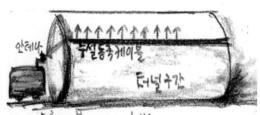
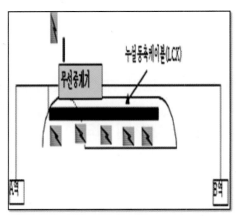

`예제` 다음 중 수도권 TRCP에 관한 설명으로 맞는 것은?

가. 터널용 무선중계장치는 난청지역을 해소하는 것으로 종합관제소와 연결되어 있다.

나. VHF 감청 수신기는 관제통화를 전용 수신하여 열차안전도를 높이는 역할을 하도록 하는 장치
이다.

다. 작업통화는 구내 입환업무를 수행함에 있어 상호간 정보교환을 위한 통화이다.

라. 통신상대방에는 기지국과 기지국간 통화로도 포함된다.

`해설` 작업통화는 구내 입환업무를 수행함에 있어 상호간 정보교환을 위한 통화이다.
　　　나. VHF 감청수신기: 비상통화를 전용수신하도록 되어 있다.
　　　라. 통신상대방: 기지국 ↔ 육상이동국, 육상이동국 ↔ 육상이동국

2. 무선국종류 및 통신 상대방

1) 무선국의 종류

가. 기지국
- 육상이동국(철도차량, 열차)과 통신을 하기 위하여 육상에 개설하여 이동하지 아니하는 무선국
- 철도 예: 관제실 및 역·소(사업소)

나. 육상이동국(철도차량)

육상을 이동 중 또는 특정하지 아니하는 지점에서 정지 중 운용하는 무선국으로 차량용과 휴대용으로 구분

① 차량용: 차량용 무선전화기는 기관차, 동차, 전동차, 기중기 및 자동차 등에 부착하여 차량의 전원을 사용하여 운용하는 무선국

② 휴대용: 휴대용 무선전화기는 일정 장소에 부착하지 아니하고 무전기 자체 전원을 사용하여 운용하는 무선국

2) 통신의 상대방

> 기지국 ↔ 육상이동국, 육상이동국 ↔ 육상이동국

3) 사용자 범위(열차무선전화장치를 사용할 수 있는 사람들의 범위)

① 관제사(종합관제센터이므로 모든 정보를 받는다.)
② 기관사 및 열차승무원
③ 역장 또는 운전취급자
④ 기타 소속장이 필요하다고 인정한 자

[학습코너] 무선국의 종류 · 통신 상대방 · 사용자범위

1. 무선국의 종류
   ① 기지국: 육상이동국과 통신을 하기 위하여 육상에 개설하여 이동하지 않는 무선국
   ② 육상이동국(철도차량): 육상을 이동 중 또는 특정하지 아니하는 지점에서 정지 중 운용하는 무선국으로 차량용과 휴대용으로 구분

---

2. 통신의 상대방
　　① 기지국 ↔ 육상이동국
　　② 육상이동국 ↔ 육상이동국

3. 사용자 범위
　　① 관제사
　　② 기관사 및 열차승무원
　　③ 역장 또는 운전취급자
　　④ 기타 소속장이 필요하다고 인정한 자

예제 다음 중 열차무선전화장치 사용자 범위에 해당하지 않는 자는?

가. 기관사 및 열차 승무원　　　　　　　나. 관제사

다. 기관사 및 차량관리계원　　　　　　라. 역장 또는 운전취급자

해설 열차무선전화장치 사용자 범위: 관제사, 기관사 및 열차승무원, 역장 또는 운전취급자, 기타 소속장이 필요하다고 인정한 자

예제 다음 중 무선국의 종류에 관한 설명으로 틀린 것은?

가. 육상이동국은 차량용과 휴대용으로 구분된다.

나. 육상이동국은 특정하지 아니하는 지점에서 운용하는 무선국이다.

다. 기지국은 육상에 개설하여 이동하지 아니하는 무선국이다.

라. 무선국 사용자의 범위는 구체적으로 명시되어 있지 않다.

해설 사용자 범위: (1) 관제사 (2) 기관사 및 열차승무원 (3) 역장 또는 운전취급자 (4) 기타 소속장이 필요하다고 인정한 자

3. 열차무선전화장치 사용법

1) 통화의 종류 및 통화의 우선순위

(1) 비상통화

천재지변 또는 열차운전사고 기타 위급한 사태가 발생하였거나 발생할 우려가 있

을 때 사용하는 통화(비상!비상!비상! 외치고 관련사항을 전달)

(2) 관제통화

운행에 관한 정보교환을 위하여 관제와 하는 통화

(3) 일반통화

비상, 관제, 작업통화 이외의 통화로서 통화 가능 구역 내에서 상호 정보교환을 위하여 하는 통화

(4) 작업통화

설비의 보수 및 건설업무와 구내 입환업무를 수행함에 있어 상호간에 정보 교환을 위하여 하는 통화

(5) 통화의 우선순위는 위 각 호의 순서에 의한다.

예제 다음 중 수도권 열차무선전화장치에서 통화의 종류로 틀린 것은?

가. 일반통화   나. 관제통화
다. 비상통화   **라. 보수통화**

해설 **[열차무선전화장치 통화의 종류 및 순위]**
　　① 비상통화: 1순위　　② 관제통화: 2순위
　　③ 일반통화: 3순위　　④ 작업통화: 4순위

예제 다음 중 천재지변 또는 열차운전사고 기타 위급한 사태가 발생하였거나 발생할 우려가 있을 때 사용하는 통화는?

가. 비상통화   나. 작업통화
다. 일반통화   라. 관제통화

해설 비상통화에 대한 설명이다.

예제 다음 중 열차무선전화 통화의 우선순위가 바르게 나열된 것은?

가. 비상통화 > 관제통화 > 일반통화 >작업통화

나. 비상통화 > 관제통화 > 작업통화 > 일반통화

다. 관제통화 > 비상통화 > 작업통화 > 일반통화

라. 관제통화 > 비상통화 > 일반통화 > 작업통화

해설 비상통화 > 관제통화 > 일반통화 > 작업통화 순으로 상위 순위이다.

예제 다음 중 무선전화장치 관제통화 요령에 관한 설명으로 틀린 것은?

가. 관제실에서 기관차를 호출할 경우 관제사는 채널스위치를 "3"번에 놓고 상대국을 호출한다.

나. 과천선, 분당선을 운행 중인 전동차는 일반통화채널(채널 1)로 놓고 통화한다.

다. 지하철 1호선을 운행 중인 전동차는 관제채널(채널 4)에 놓고 직접호출하여 통화한다.

라. 기관차에서 관제사를 호출하여 통화할 경우 채널스위치를 관제채널(채널 3,4)에 놓고 직접 호출하여 통화한다.

해설 관제실에서 기관차를 호출할 경우 관제사는 채널스위치를 2번에 놓고 상대국을 호출한다.

예제 다음 중 열차무선 전화기 사용자 준수사항으로 거리가 먼 것은?

가. 자국호출을 항시 청취하며 호출이 있을 때에는 즉시 응답

나. 통화는 간단명료하게 하고 불필요한 전파 발사를 하지 말 것

다. 관계규정 엄수

라. 기관사는 동력차를 출고할 때에는 무전기 상태 확인을 생략할 수 있다.

해설 기관사는 열차에 충당하는 동력차(기관차, 동차, 전동차, 기중기)를 출고할 때에는 반드시 무전기 상태를 확인하여 이상이 있을 경우 관련소속에 통보하여 조치를 받아야 한다.

2) VHF무전기 사용법(VHF 많이 쓴다)

(1) 무선전화통화 요령

  (가) 상대국 호출부호(철도 ○○역(소), 철도기관차○○○○호, 철도휴대 ○○○○ 호)를 연속 2회 호출 후(예)1234열차 나오세요! 1234열차 나오세요! 2번 호출)

  (나) 자국 호출번호(여기는 철도 ○○역(소), 철도기관차○○○○호, 철도휴대○○○○ 호, 철도관제실) 1회 송화하여 상대국의 응답을 받은 후 통화한다. (관제사입니다.)

  (다) 통화중상대국에 송화를 요구할 때에는 자국통화가 끝날 때마다 "이상"이라 하고 (1234열차 나오세요! 1234열차 나오세요! 관제, 이상!)

  (라) 통화가 모두 끝냈을 때는 "통화 끝"이라 한다. (관제사: 1234열차는 신도림역진입 전까지 서행운전하세요! 이상! 기관사: 예1 서행운전하겠습니다. 통화 끝! 이상!)

  (마) 휴대용 무선전화기의 사용에 있어서 지형 등의 영향으로 통화 상태가 불량할 때 에는 위치를 이동해서 양호한 장소에서 사용하여야 한다.

  (바) VHF휴대용 무선전화기의 운전용 번호

    ① 일반통화(채널 1번)

    ② 비상통화(채널 2번 비상용)

    ③ 작업통화(채널 3번, 4번)

    ④ 구내입환작업용은 일반통화(채널 1번)

    ⑤ 입환작업통화(채널 2, 3, 4, 6, 7, 8번)가 가능하다.

PT-3100 VHF대역 업무용
무전기 출력대비 최소형

예제 다음 중 VHF무전기 사용법에 관한 설명으로 틀린 것은?

가. 수도권 전동차 지하구간에서 관제통화는 과천선의 경우 일반통화채널 1번으로 놓고 통화한다.

나. 수도권 전동차 지하구간에서 관제통화는 1호선의 경우 관제채널 4번으로 놓고 통화한다.

다. 비상통화는 채널2번에 놓고 "비상"을 연속 3회 호출하여야 한다.

라. 열차운전명령 사항을 통화할 때는 그 내용을 기록하여 3년간 보존한다.

해설 열차운전명령 사항을 통화할 때와 비상통화가 끝났을 때에는 [통화기록표] (별지 제4호 서식)에 의거, 그 내용을 기록하여 1년간 보존한다.

예제 다음 중 무선전화통화 요령에 관한 설명으로 틀린 것은?

가. 통화를 모두 끝냈을 때는 '통화 끝'이라 한다.

나. 자국 호출부호 1회 송화

다. 상대국 호출부호를 연속 2회 호출

라. VHF 휴대용 무선전화기의 운전용은 채널 2번을 취급하면 일반통화가 가능하다.

해설 VHF휴대용 무선전화기의 운용은 일반통화(채널 1번)와 비상통화(채널2번 비상용)를 취급한다.

예제 다음 중 열차무선장치 사용법에 관한 설명으로 틀린 것은?

가. 비상통화는 채널스위치를 2번에 놓고 비상을 연속 3회 호출한다.

나. 통화가 모두 끝났을 때는 "이상"이라고 한다.

다. 일반통화는 상대국 호출부호를 연속 2회 호출한다.

라. 휴대용 무선전화기의 운전용은 일반통화와 비상통화가 가능하다.

해설 통화가 모두 끝냈을 때는 "통화 끝"이라 한다.

(2) 비상통화요령

- 채널스위치를 "2"번(비상)에 놓고 "비상" "비상" "비상" 연속 3회 호출하여야 하며
- 수신한 해당 상대국은 즉시 채널스위치로 "2"번으로 하여 통화하고,
- 일산선에서는 EMER 버튼(버튼이 따로 있다. 2번 맞출 필요없다)을 누르고 상대방이 나오면 비상임을 알린 후 통화

예제 다음 중 비상통화 시 열차무선전화 채널스위치 위치로 맞는 것은?

가. 채널 3번

나. 채널 2번

다. 채널 1번

라. 채널 4번

해설 채널 2번은 비상통화 시 채널번호이다.

예제 다음 중 VHF무선장치의 통화종류에 따른 사용채널 선정 및 사용구간, 통신상대방에 관한 설명으로 틀린 것은?

가. 비상통화 통신 상대방은 모든 무선국 상호간(입환용 포함)

나. 작업통화 채널 3, 4번 사용구간은 전 노선의 통신가능구역

다. 관제통화 통신상대방은 관제실과 육상이동국

라. 일반통화 통신 상대방은 기지국과 육상이동국간, 육상이동국 상호간

해설 비상통화 통신 상대방은 모든 무선국 상호간(입환용 제외)

(3) 관제통화요령

    (가) 관제실에서 기관차 또는 역·소를 호출할 경우

        a. 관제사는 채널스위치를 "2"번에 놓고 상대국을 호출

        b. 수신한 상대국(기관차 또는 역·소)은 채널스위치를 "2"번에 놓고 응답

        c. 관제사와 상대국은 해당 관제 채널(채널 3, 4)로 바꾸어 통화

        d. 통화가 끝나면 채널스위치를 각각의 사용 채널로 복귀

        e. 지형 또는 거리 관계로 통화가 불가능하거나 곤란할 때에는 인접역의 역장으로 하여금 중계시킬 수 있다.

    (나) 기관차에서 관제사를 호출하여 통화할 경우

        채널스위치를 관제채널(채널 3, 4)에 놓고 직접 호출하여 통화

    (다) 수도권 전동차에 한하여 지하 구간에서의 관제통화

        a. 지하철 1호선을 운행 중인 전동차는 관제채널(4번)으로 직접 호출하여 통화

        b. 과천선, 분당선을 운행 중인 전동차는 일반통화채널(채널1번)으로, 일산선은 채널(3번)으로 통화

(4) 비상통화의 호출을 받았을 때의 조치

- 비상의 통화의 호출을 수신한 모든 무선국은 통화를 즉시 중지하고 비상호출자의 통화를 청취(역사에 화재가 났다고 하면 그 역사 주변을 운행하는 모든 열차가 인지하고 있어야 한다)
- 해당국은 지체없이 응답하고 그 지시 또는 통보에 따르고 해당국이 아니더라도 통화내용을 계속 청취하여 상황을 판단

(5) 비상통화채널 선정의 특례

비상통화를 하고자 할 때에는 채널 2번으로 상대국을 호출하여 응답이 없거나 불가능하여 사태가 위급할 때에는 어느 채널이라도 사용할 수 있다.

(6) 통화의 기록

비상통화가 끝났을 때에는 <통화기록표>에 의거 그 내용을 기록하여 1년간 보존하고 관계처의 요구가 있을 때에는 제시한다.

예제 다음 중 무선전화에 의하여 열차운전명령 사항을 통화하였을 때 통화내용 기록 보존기간으로 맞는 것은?

가. 2년   나. 2주
다. 1년   라. 1년 6개월

해설 무선전화에 의하여 열차운전명령 사항을 통화할 때와 비상통화가 끝났을 때에는 [통화기록표](별지 4호 서식)에 의거 그 내용을 기록하여 1년간 보존하고 관계처에서 요구가 있을 때에는 제시한다.

3) VHF 감청수신기사용방법(듣기만 들을 수 있는)

- (1) 감청수신기는 비상통화를 전용 수신하도록 되어 있으며, 1종(기관차 및 역용)과 2종(수도권 전동차용)으로 나눌 수 있는데, 볼륨은 청취 가능한 상태로 조정해야 한다. 스켈치 볼륨은 잡음이 멈추는 점에 맞춘다(싸악—하는 소리가 멈추는 지점).
- (2) 감청수신기2종은 스캔 기능이 있어 채널 우선 선택이 가능하다.

[VHF 채널선정, 조작]

통화종류, 사용채널, 사용구간, 통신상대방

통화종류	사용채널	사 용 구 간(국철)	통 신 상 대 방
일반통화	채널 1번	경부 고속선을 제외한 전 노선의 통신 가능 구역 내	기지국과 육상이동국간, 육상이동국 상호간
비상통화	채널 2번	경부 고속선을 제외한 전 노선의 통신 가능 구역 내	모든 무선상호간 (다만, 입환용 제외)
관제통화	채널 3번	경북북부, 강원, 충북지사 이외지사 관내의 통신 가능 구역 내	관제실과 육상이동구간
관제통화	채널 4번	경북북부, 강원, 충북지사 이외지사 관내의 통신 가능 구역 내	상 동
작업통화	채널 3,4번	전 노선의 통신가능 구역 내	보수작업장 내 무선국 상호간
	채널 2,3,4번 (채널 2번 비상통화주 파수와 상이)	전 노선의 통신가능 구역 내	입환작업장 내 무선국 상호간

과천선, 분당선 지하구간의 통화종류, 사용채널, 사용구간 및 통신상대방

통화종류	사용채널	사용구간	통신상대방
일반통화	채널 1번	지하철구간의 통신 가능 구역 내	기지국과 육상이동국간, 육상이동국 상호간
비상통화	채널 2번	상동	기지국과 육상이동국간, 육상이동국 상호간
관제통화	채널 1번	상동	관제실과 육상이동구간 (관제실에서 그룹 또는 일제호출)

일산선에서의 채널선정

통화종류	사용채널	사용구간	통신상대방
일반통화 관제통화	채널 3번	지하철구간의 통신 가능 구역 내	기지국과 육상이동국간, 육상이동국 상호간, 관제실과 육상이동국간(관제실에서 그룹 또는 일제호출)
일반통화	YARD버튼 (차량기지통화)	차량기지 내의 통신 가능한 구역	차량기지와 육상이동국간
비상통화	EMERGE버튼	지하철 구간의 통신 가능 구역 내	기지국과 육상이동국간, 육상이동국 상호간

4. 전동차 무전기

1) 개요

- 전동차용 무전기는 AC구간(철도공사, 지상)에서 DC구간(서울교통공사 지하)으로 진입할 때 자동으로 무전기의 채널 전환이 이루어지도록 하는 기능이 있다.
- 지하구간과 지상구간의 주파수를 달리하고 있으므로 채널전환이 필요
- 관제실도 다르다(AC철도공사 관제실 따로 있다. AC구간에서는 철도공사차량이든 서울교통공사 차량이든 관계없이 철도공사관제센터의 지시를 받는다).
- DC구간에서는 서울교통공사 따로 지시를 받는다.

2) 종류와 특징

가. 1호선 전동차 무전기 조정대

A. Control Head(저항제어형구형 전동차에 설치)

B. TCRP(Train Radio Control Panel) (최근에는 대부분 TRCP사용)

[Control Head(저항제어차)&TCRP(최근의 차량)]

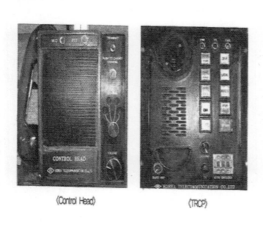

(Control Head) (TRCP)

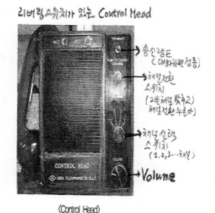

리버링스위치가 있는 Control Head

→ 송신램프 (대화채번점등)

→ 채널전환 스위치 (2번채널 맞추고 채널전환누름)

→ 채널선택 스위치 (1,2,3...채널)

→ Volume

(Control Head)

[리버팅 스위치가 없는 Control Head]
① 음량조절(VOLUME)
② 채널선택스위치(CHANNEL SW)
③ 채널전환스위치(PUCH TO CHANGE CHANNEL)

④ 송신표시램프(TRANSMIT RAMP)

⑤ 리버팅 스위치(HANG UP SWITCH)

[예제] 다음 중 통화가 끝나고 송수화기를 콘트롤 헤드 좌측면에 걸어 놓으면 미리 선택하여 놓은 채널로 되돌아가도록 동자하는 스위치로 맞는 것은?

가. 송신표시 스위치

나. 채널전환 스위치

다. 채널선택 스위치

라. 리버팅 스위치

[해설] 리버팅 스위치에 대한 설명이다.

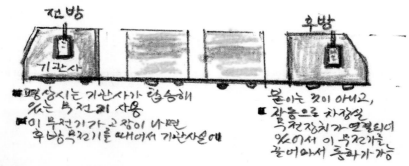

B. TRCP(Train Radio Control Panel)

- 저항제어형구형 전동차 이후 전동차에 설치 운영되고 있으며 Control Head와 사용하는 CH 및 자동절체 기능은 비슷하지만

- 전방(보통 기관사 탑승)운전석용 무전기(Local)고장 시 후방(보통 차장 탑승)운전석의 무전기(Remote)를 전방에서 사용하는 기능이 있다.

- 최신 전동차에서는 무전기 신뢰도 향상으로 이 기능을 사용하지 않는 구조로 제작되고 있는 추세이다.

나. 3호선 전동차 무전기 조정대

A. TRCP-A Type(대부분 전동차에 설치)

B. TRCP-B Type(극히 일부 전동차에 설치)

[A. TRCP - "a" Type의 운용]

- 3호선은 철도공사 및 서울교통공사 구간 모두 DC1,500V로 전철화되어 있어서 AC-DC 절체스위치가 없음

－무전기도 철도공사 및 서울 메트로 구간에 따라 절체되는 기능 필요치 않음
－CH3번을 공용(같은 주파수)으로 사용하고 있다(아래 왼쪽 그림(TRCP－a Type)의 첫 번째 버튼).

[TRCP－"a" Type의 운용절차]

① 아래 왼쪽 그림(TRCP－a Type)의 오른쪽 2번째 버튼(Local)을 누른 후 왼쪽 첫 번째 버튼(CH3)을 눌러서 철도공사 관제사 또는 서울메트로 운전관제와통화(Local 버튼을 누르는 이유는 "이 무전기를 전방으로 사용합니다")

② 응급조치되지 않은 장애 시 후방무전기를 사용하는 절차는, 먼저 TRCP OFF(그림 오른쪽 첫 번째)을 "딸깍" 소리가 날 때까지 누른 후 전방 TRCP Remote 버튼(그림 오른쪽 3번째 버튼)을 눌러서(고장이 났을 때 후방에 있는 멀쩡한 TRCP를 끌어와서 운전할 수 있게 된다) 사용

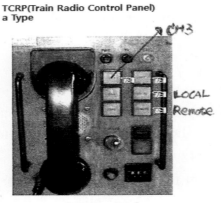

〈TRCP － a Type〉

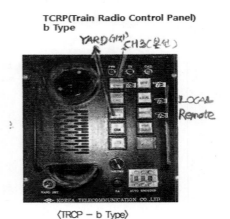

〈TRCP － b Type〉

[B. TRCP－"b" Type의 운용]

－Local 버튼(그림 오른쪽 2번째)을 누른 후 원하는 ch버튼(운행선로에서는 왼쪽 첫 번째 버튼(주황색 CH3 흰색 CH1),
－기지에서는 왼쪽 세 번째 버튼(주황색 YARD, 흰색 CH3)을 눌러서 원하는 통화를 할 수 있다.
－장애 시는 TRCP－a Type에서와 같은 절차로 후방의 무전기를 사용할 수 있다(후방 무전기의 OFF장치를 누르고 전방에서 Remote버튼을 눌러서 후방에 있는 무전기를 끌어서 전방에서 사용할 수 있다).

다. 4호선 전동차 무전기 조정대
  A. TRCP: 1호선과 3호선의 TRCP와 같은 기종
  B. 운영절차

[철도공사 지상구간]
 － Local 버튼(TRCP의 오른쪽 2번째 버튼)을 누른 후 TRCP의 왼쪽 첫 번째 버튼(주황색 CH3, 흰색 CH1)을 누르면 KNR버튼(오른쪽 4번째) (불이 들어온다)의 KNR측(흰색)과
 － Local(Local에도 불이 들어온다) 그리고 TRCP의 왼쪽 첫 번째 버튼의 CH1(흰색)에 불이 들어온 상태에서 운행하다가
 － 감청수신기로부터 관제 호출("1234호나오세요")을 듣고, TRCP의 왼쪽 3번째 버튼을 누르면 CH3에 불이 켜지면서 철도관제사와 통화할 수 있다.

[철도공사 지하구간]
 － Local 버튼(TRCP의 오른쪽 2번째 버튼)을 누른 후 TRCP의 왼쪽 첫 번째 버튼(주황색 CH3, 흰색 Ch1)을 누르면
 － KNR버튼(오른쪽 4번째)의 KNR측(흰색)과 Local, 그리고 TRCP의 왼쪽 첫 번째 버튼의 CH1(흰색)에 불이 들어온다.
 － 이 상태에서 철도관제사와 통화할 수 있다.

[서울교통공사구간으로 진입]
 － 서울메트로 구간으로 진입하면 SMSC 버튼(TRCP의 오른쪽 4번째) 주황색 측과
 － 왼쪽 두 번째 버튼의 CH4(주황색)에 불이 들어오면서
 － 서울교통공사 운전관제와통화
 － 장애 시 절차는 3호선과 같은 절차로 후방(Remote)를 사용할 수 있다.

5. Control Head와 무전기(송수신기)

1) 일체형(휴대국)의 운용

  A. 채널선택스위치: 채널선택스위치는 VHF(Very High Frequency: 초단파)채널선정, 조작에 의거 선택된다.

B. 볼륨스위치: 음량을 조정하는 스위치로 사용한다.

C. 스켈치 스위치:스켈치 스위치는 잡음 제거용 스위치로서 좌우로 돌려 "샤"하는 잡음이 끊어지는 지점에 놓고 사용하여야 양질의 통신을 할 수 있다.

D. 누름스위치: 송수화기의 누름스위치와 휴대용 무선전화기의 누름스위치는 송신할 때만 가볍게 누르고 송신이 끝났을 때에는 즉시 스위치를 놓아야 한다(놓지 않으면 수신이 안 된다).

[Control Head와 무전기(송수신기)]

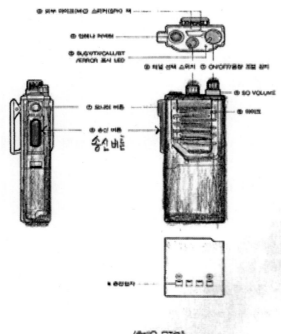

〈휴대용 무전기〉

6. 감청수신기의 운용

- 감청수신기는 비상통화를 전용 수신하도록 되어 있는 1종과
- 비상통화와 관제통화를 수신할 수 있는 2종이 있다.
- 상용 시 스켈치 볼륨은 "샤" 소리의 잡음이 멈추는 점에 맞추어 놓고 사용한다.

한국철도공사 열차무선장비 중 VHF 감청수신기 사용에 관한 설명으로 틀린 것은?

가. 감청수신기 2종은 스캔 기능이 있어 채널 우선 선택이 가능하다.

나. 볼륨은 청취 가능한 상태로 조정하여야 한다.

다. 비상통화를 전용 수신하도록 되어 있다.

라. 스켈치 볼륨은 잡음이 작아지는 지점에 맞추어 놓는다.

스켈치 볼륨은 잡음이 멈추는 점에 맞추어 놓는다.

7. 터널용 무선중계장치

- 터널을 통과하는 무선국과 통화할 수 있도록 터널에 무선장치를 설치하여 인근 역과 터널 내에 있는 무선국과 통화할 수 있게 하였다.
- 인근 역에는 터널 무선중계장치와 유선으로 연결되어 있는 원격조정대를 운전 취급자가 조작하면,
- 터널 무선중계장치에 연결된 누설동축케이블로 전파가 발사되어 통신할 수 있도록 되어 있다(역과 역 사이에는 터널 벽면에 누설동축케이블이 깔려 있다. 이곳을 진행하는 열차들이 동축케이블에서 나오는 전파를 받으면서 서로 통신을 하게 되는 것이다).

[터널용 무선중계장치]

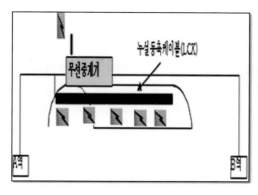

8. 사용자 준수사항

1) 사용자 준수사항

(1) 관계규정 엄수

(2) 통화는 간단명료하게 하고 불필요한 전파 발사를 하지 말 것.

(3) 자국 호출을 항시 청취하며 호출이 있을 때는 즉시 응답(종종 기관사들이 열차무선전화기의 볼륨을 낮게 설정해 놓아 관제사가 아무리 기관사를 호출해도 못 받는 경우가 있다. 만약 비상상황인데 응답을 못해주면 큰 일로 이어질 수 있다.)

(4) 기관사는 열차에 충당하는 동력차(기관차, 동차, 전동차, 기중기)를 출고할 때에는 반드시 무전기 상태를 확인하여 이상이 있을 경우 관련 소속에 통보하여 조치를 받아야 한다.

2) 열차무선전화장치의 인수인계

무선전화장치는 다음에 해당할 때에는 반드시 인계인수한다.

(가) 교대근무, 출무 및 귀소할 때(다음 근무자에게 인수인계)

(나) 기관차, 동차 및 전동차가 차고에 입고 또는 출고할 때

(다) 기관차, 동차 및 전동차가 차량관리단에 입고 또는 출고할 때

(라) 무선전화장치의 신설 및 철거 등 기타 필요하다고 인정한 때

3) 열차무선전화장치의 훼손, 망실 시 책임

1) 무선전화장치는 선량한 관리자의 주의로서 관리하여야 하며 무선전화장치 훼손 시에는 즉시 관할 지사장, 오송고속철도전기사무소장 또는 서울 정보통신사무소장에게 반납하여야 한다(경우에 따라 다르므로 외울 필요 없다.)

2) 무선전화장치의 훼손 또는 망실 시의 책임

가) 기지국 또는 고정국인경우 사용자 또는 소속장

나) 운행 중인 동력차의 경우는 해당 승무원, 다만, 인계인수 소홀로 인하여 책임한 계가 분명하지 아니한 때에는 최종 승무원(누가 고장 냈는지 몰라?)

다) 차고에 입고되어 승무원으로부터 인계가 완료된 동력차에 대하여는 인수담당자

라) 입고 중인 동력차에 대하여는 입고담당검사원, 다만, 입고 검사원이 해당 공장장에 인계하였을 때에는 해당 공장장

다음 중 무선전화장치의 훼손 또는 망실 시의 책임자에 해당하지 않는 것은?

가. 입고중인 동력차에 대하여는 입고담당 검사원

나. 운행중인 동력차의 경우 해당 승무원, 인계인수 소홀로 인하여 책임한계가 분명하기 아니한 때에도 해당 승무원

다. 차고에 입고되어 승무원으로부터 인계가 완료된 동력차에 대하여는 인수담당자

라. 기지국 또는 고정국인 경우 사용자 또는 소속장

운행 중인 동력차의 경우는 해당 승무원, 다만 인계인수 소홀로 인하여 책임한계가 분명하지 아니한 때에는 최종 승무원이 훼손 또는 망실 시 책임자가 된다.

4) 무선 전화기 장애처리

무선전화기에 사용되는 기기의 이상 및 장애 발생 시 다음과 같이 처리한다.

1) 기관차, 동차, 전동차용무선전화기

(가) 운행 중인 열차에 장애가 발생하였을 때에는 일시, 열차번호 및 기관차(동차 및 전동차 포함)번호, 신고자(기관사)명, 장애 상태 등을 연락 가능한 역에 통보하고 역장은 보수담당자와 관제사에 통보

(나) 입고된 전동차의 상태권(운행상황표)에 무전기 장애 상태가 기록되었을 경우에는 관할 철도차량 관리단장, 차량사업소장은 보수담당자에게 통보(수리하라는 내용을 전달해 주어야 한다)

제2절   서울교통공사 열차무선설비

1. 서울교통공사(1, 3, 4호선) 열차무선전화 장치 개요

1) 1,3,4호선 구간에서 VHF 146~174MHz의 주파수를 사용

2) 관제조작반(CCP)과 무인기지국(WBS), 열차의 이동국(TRE) 장치 등이 있으며 제어 및 통화를 위한 열차무선중앙제어장치(CCE)가 정보통신관제실에 설치

3) 운전취급실 및 기지국에서도 ↔ 열차이동국과 통화 가능, M채널용 휴대국 ↔ 휴대국상호 간, 구내전화 가입자 간에도 통화 가능

4) 1호선과 3,4호선의 경우는 서울교통공사 및 철도공사(KORAIL)구간을 운행하므로 철도공사 구간에서도 통화 가능

5) 1호선 열차무선장치는 서울역에서 청량리 간 지하철 구간에서 사용하는 채널(SMSC)과 철도공사 구간에서 사용하는 채널(KNR)로 구분

2. 이동국 장치

1) 개요

- 이동국 장치(TRE)는 열차 내에 설치하여 운용하는 이동국 장치로서
- VHF(146MHz-174MHz)대역의 FM전파를 사용하여
- 관제원(CCP)과 승무원(TRCP) 및 운전취급실(RCP) 구내원과의 열차운행에 관한 제반 정보 및 통제 사항을 교신하기 위한 장치이다.

2) 구성 및 외형

(1) 구성

- 무선송수신기 본체(RADIO)
- 무선송수신기 본체(POWER)
- TRCP(제어기)
- 안테나

예제 다음 중 무선통신 시스템 구성품인 안테나에 관한 설명으로 틀린 것은?

가. 무선통신주파수 대역의 전기신호를 전파로 전환하고, 전파를 전기신호로 변환하는 역할도 수행할 수 있다.

나. 전기적인 신호를 전파의 진동으로 변환하여 공간에 방사하는 기능을 한다.

다. 특정영역의 전파를 수신만 하는 변환장치이다.

라. 곤충의 촉각이라는 어원을 가지고 있다.

해설 무선통신 시스템 구성품인 안테나는 특정 영역의 전파를 송신 또는 수신하기 위한 변환 장치이다.

[서울교통공사 1,3호선 TCRP]

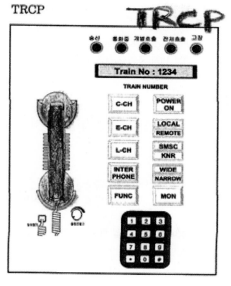

〈1호선 TRCP〉   〈3호선 TRCP〉

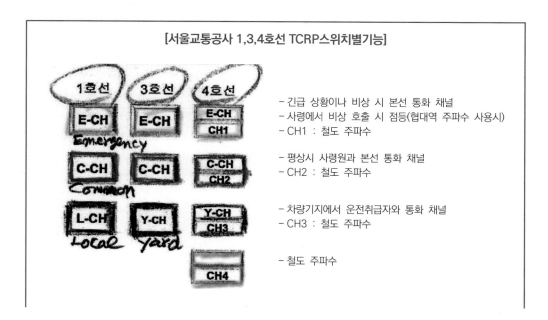

[서울교통공사 1,3,4호선 TCRP스위치별기능]

- 긴급 상황이나 비상 시 본선 통화 채널
- 사령에서 비상 호출 시 점등(협대역 주파수 사용시)
- CH1 : 철도 주파수

- 평상시 사령원과 본선 통화 채널
- CH2 : 철도 주파수

- 차량기지에서 운전취급자와 통화 채널
- CH3 : 철도 주파수

- 철도 주파수

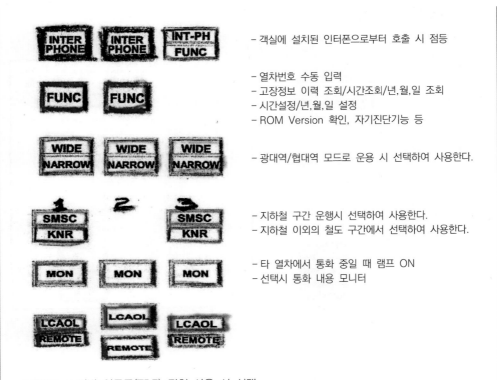

– 객실에 설치된 인터폰으로부터 호출 시 점등

– 열차번호 수동 입력
– 고장정보 이력 조회/시간조회/년,월,일 조회
– 시간설정/년,월,일 설정
– ROM Version 확인, 자기진단기능 등

– 광대역/협대역 모드로 운용 시 선택하여 사용한다.

– 지하철 구간 운행시 선택하여 사용한다.
– 지하철 이외의 철도 구간에서 선택하여 사용한다.

– 타 열차에서 통화 중일 때 램프 ON
– 선택시 통화 내용 모니터

– LOCAL : 전방 이동국(TRE) 장치 사용 시 선택
– REMOTE : 전방 이동국(TRE)장치 고장 시 후방 이동국 장치 선택
– 전방 이동국 장치 고장 발생시 자동으로 후방의 이동국 장치로 전환되어 사령원과 통화를 할 수 있다.
– 필요에 따라 수동으로 후방의 이동국 장치로 전환하여 사용한다.

–만약 조작반의 모든 표시 Lamp가 OFF된 경우에는 SW를 OFF한 다음
–최소한 1분 30초 이상 기다린 후 전원SW를 다시 ON하도록 한다.
–무전기용 전원 스위치는 TRCP에 부착(ON, OFF만 있음)되어 있지 않고 차량 분전
　반(기관사 등 뒤에 설치되어 문을 열면 무전기 전원 스위치가 있다)에 위치해 있음
　을 주의한다.

[통화종류와 호출방법]

통화종류	호출방법
열차(TR) → 관제(CCP)통화	CH(채널선택) + HANDSET HOOK－OFF(송수화기 든다)
CCP → TR개별통화 (해당 열차만 꼭 집어서 호출통화)	OFF － HOOK(응답준비) + ZONE(어느 지국 존에 있는 가) + IND(버튼누른다) + ID(열차번호 누른다)
CCP → 전TR통화(전 열차통화)	OFF － HOOK(응답준비) + ZONE(선택) + ALL(전 열차)
CCP → TR개별방송통화(관제실에 서 원격으로 열차방송,1234열차)	OFF － HOOK + ZONE +BC(방송스위치 누르고) + IND(버튼 누르고) + ID(열차번호)
CCP → 전TR방송통화	OFF － HOOK + ZONE +BC + ALL
CCP → 긴급통화	OFF － HOOK + EMG
TR → YCP(기지관제)통화	YCH(Yard채널설정) + HANDSET HOOK － OFF(송수화 기 들어 통화)

[약어]
(1) TR: Train   (2) IND: Individual   (3) ALL: All Call   (4) BC: Boardcast
(5) EMG: Emergency   (6) ID: 열차번호   (7) CCP: 관제실   (8) YCP: 기지관제

4) TRCP기능 및 조작방법

[기능(서울교통공사 열차무선설비)]

AC구간에서는 KNR 채널로 자동 절체, 자동정체가 불가능할 경우 수동으로 절체한다.

(1) SMSC/KNR채널 절체스위치가 취부되어 있으며 DC구간에서 운용 시에는 SMSC(지하철) 채널로

(2) TRCP에는 숫자－ Key－Pad, 각종Switch, 표시등(송신, 통화중, 개별호출, 전체호출, 고장 등) LCD 표시기 등이 부착

(3) 승무원은 LAMP점 등을 보고 개별호출, 전체호출을 확인할 수 있다.

(4) TRCP에는 모니터용 스피커가 부착되어 있어서 핸드셋(송수화기)이 걸이에 걸려 있으면 관제원의 음성을 모니터 스피커를 통하여 모니터링(Monitoring)할 수 있으며, 핸드셋을 들면 핸드셋의 수화기로 모니터링이 된다.

(5) TRCP의 LED표시부는송신, 통화중, 개별호출, 전체호출, 고장 등의 통화 상태를 표시하고 LED화면에는 열차번호가 현시된다.

(6) TRCP에는 LOCAL(전방) 및 REMOTE(후방)전환스위치가 취부되어 있으며, 스위치 선택에 따라 전방 또는 후방을 선택할 수 있다.

－평상 운용 시에는 LOCAL(전방) MODE에서 사용하며

－전방열차 이동국장치에서 고장 발생 시 자동적으로 REMOTE(후방) MODE로 전환되어 후방의 이동국 장치가 동작(자동으로 안 되면 수동으로 절체를 해주면 된다. REMOTE 버튼을 누르면 된다).

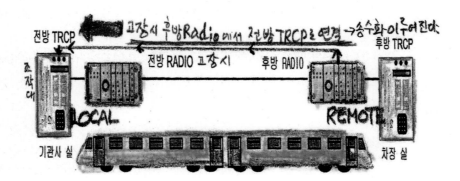

7) 동일 ZONE 내에 타 열차가 관제원과 통화 중일 때 "통화 중 LAMP"가 점등되며 통화내용을 모니터링할 수 있다(통화내용을 모두 들을 수 있다).

8) 동일 ZONE 내에 타 열차가 통화 중일 때 핸드셋을 들면 통화중음(BUSY TONE)을 발생하여 해당 기지국이 BUSY 상태임을 알려준다.

－통화 끝난 후 30초 이상 핸드셋(제대로 놓지 않고, 잘못 걸려 있을 때)이 방치되어 있을 경우 경보음을 발생하여 핸드셋을 정위치에 걸 수 있도록 알려준다.

－단, 인접 기지국에서 다른 열차가 (먼저)통화 중일 때는 통화가 중단된다.

－철도 구간 운행 중에는 철도주파수(KNR)로 전화하여 철도관제로부터 비상호출을 할 수 있다.

9) 통화중인 차량 이동국 장치가 기지국 장치 통화권 범위(ZONE)를 벗어나면 HAND－OFF되어 자동적으로 인접 기지국에 접속되어 끊김없이 통화를 할 수 있다.

10) 열차운행 중 긴급사항 또는 비상사태 발생 시 TRCP의 비상채널(E－CH)스위치를 눌러 승무원이 관제를 우선 호출하여 관제원과 통화할 수 있다.

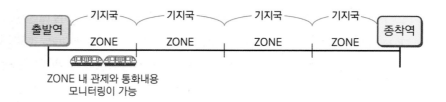

5) 운용 방법

[관련 법규 및 통신보안]

가. 철도안전법시행규칙 4조(비상대응계획의 내용 등)

　1) 철도운영자 등이 법 제8조 제1항의 규정에 의하여 수립하여야 하는 비상대응계획의 체계와 각각의 비상대응계획에 포함되어야 하는 사항(체계와 사항들을 규정하고 있다).

나. 기능별 비상대응계획

　1) 긴급 상황의 전파, 비상연락체계 및 긴급대피 등에 관한 사항

　2) 여객보호를 위한 비상방송시스템의 가동 등 정보제공체계와 정보통제 등에 관한 사항

　3) 구조 지원 기관 간 정보통신체계 운영 등에 관한 사항

예제 다음 중 서울교통공사 1, 3, 4호선 열차무선장치에 관한 설명으로 틀린 것은?

가. M채널용휴대국장치에 의해서 구내전화 가입자와 통화할 수 있다.

나. 관제조작반(CCP), 기지국(WBS), 열차의 이동국(TRE)장치 등이 있다.

다. 운전취급실에서는 이동중인 열차의 이동국과 통화할 수 없다.

라. VHF 146~174MHz의 주파수를 사용한다.

해설 운전 취급실 및 기지국에서도 열차의 이동국과 통화할 수 있다.

예제 다음 중 서울교통공사(5,6,7,8호선) 열차 무선설비의 구성품이 아닌 것은?

가. TRCP(제어기) 1set

나. 무선 송수신기 본체(POWER) 1set

다. 무선 송수신기 본체(RADIO) 1set

라. Antenna(안테나) 2set

해설 서울교통공사(1,2,3,4호선)열차 무선설비의 구성품 중에 한 종류는 Antenna(안테나) 1set

예제 다음 중 서울교통공사(5,6,7,8호선 차무선전화장치 운용에 관한 설명으로 틀린 것은?

가. 후방 TRCP에는 REMOTE램 램프만 점등되고 나머지 스위치는 전원이 OFF된다.

나. 평상시 전방 RADIO의 열차번호를 1011로 설정하면 후방 RADIO도 자동으로 1011로 설정된다.

다. 전방 RADIO 장애시 전방 TRCP의 고장 LED와 REMOTE 스위치 램프가 점등되면서 후방 RADIO 도 자동 절체된다.

라. 이동국(RADIO)장치는 이중화로 구성/동작하며, 전방 이동국장치 고장 시 자동으로 후방 이동 국 장치로 절체되어 통화가 이루어진다.

해설 후방 RADIO도 자동으로 0011로 설정된다.

제3절 서울교통공사 열차무선설비(서울교통공사5,6,7,8호선)

1. 운영현황

1) 운영개요

(1) C채널: 기관사와 운전관제 간의 통화에 이용

(2) M채널: 보수요원과 각 전화가입자 간의 통화에 이용

(3) Y채널: 각 차량기지에서 기관사와 신호취급자 간의 통화에 이용

(4) 종합관제실과 기관사 간 통화내용을 역무실 및 현업분소에서 청취 가능
　　－5호선은 KT－POWER TEL과 협정에 의하여 TRS(주파수공용방식: 다자간 통화 가능. 9호선 등 최근 건설된 도시철도시스템은 모두 TRS방식 채용) 설치로 3자 간 통화가 이루어지고 있음: 기관사 ⇔ 관제실 ⇔ 역무원
　　－**예** TRS(주파수 공용방식): 역무원이 관제실과 스크린도어를 정비(초등조치 등)하 는 통화내용을 역으로 진입하는 기관사도 들을 수 있다(어느 정도 고장이 났고, 장애시간은 얼마나 되는지에 대한 통화를 서로 할 수 있게 된다).

2) 중앙제어장치 구성현황

(1) 무선기지국 제어는 관제실 제어신호기에 의하여 개별, 그룹, 전체를 원격제어할 수 있다.

(2) 본선 기지국으로부터 전송되는 음성 및 DATA를 처리하여 종합관제실 관제장치 조작반에 열차번호, 통화구역, 통화종류, 통화우선순위 표시

(3) 종합관제실에 유지보수 조작반을 설치하여 중앙제어장치와 본선 기지국의 동작 및 장애상태기록, 표시한다.

3) 열차무선기지국 장치(각 ZONE마다 기지국 설치)

본선 및 차량기지에 일정한 간격으로 설치, VHF주파수대를 사용하여 종합관제실과 이 동국, ICP, 휴대국, 구내교환가입자 간 상호 통화 기능 장치

4) ICP장치

신호취급실에 설치되어 기지국 장치를 원격으로 제어하여 해당 기지국 구간의 기관사와 통화하기 위한 장치로서 본체, 조작반, 수신기 각 1조로 구성

5) 휴대 무전기

유지보수를 목적으로 사용하는 휴대무전기는 분야별 사무소 및 분소에 배치되어 구내 자동전화 가입자 및 휴대무전기와 유지보수 통화를 하기 위한 설비이다.

6) 누설동축케이블

지하, 지상구간에서 일정한 전계강도를 유지하기 위하여 설치된 안테나로 이동국의 안 테나와 비슷한 4~4.5M 높이의 터널 벽면에 포설되어 있다.

예제 다음 중 서울교통공사(5,6,7,8호선) 열차무선설비에 관한 설명으로 틀린 것은?

가. 관제실과 기관사간 통화내용을 역무실 및 현업분소에서 청취가능

나. M채널: 보수요원과 각 전화가입자간의 통화에 이용

다. Y채널: 각 차량기지에서 운전관제와 신호취급자간 통화에 이용

라. C채널: 기관사와 운전관제간 통화에 이용

해설 Y채널: 각 차량기지에서 기관사와 신호취급자 간의 통화에 이용

예제 다음 중 서울교통공사(5, 6, 7, 8호선) 열차무선설비의 중앙제어장치에 관한 설명으로 틀린 것은?

가. 무선기지국 제어는 관제실 제어신호에 의하여 개별적으로만 원격제어할 수 있다.

나. 종합관제실과 열차 기관사간의 통화는 개별, 일제, 비상통화할 수 있다.

다. 종합관제실에 유지보수 조작반을 설치하여 중앙제어장치와 본선 기지국의 동작 및 장애상태를 기록, 표시한다.

라. 모니터 기능에 의하여 열차 무선 통화내용이 감청 또는 녹음된다.

해설 무선기지국 제어는 관제실 제어신호에 의하여 개별, 그룹, 전체를 원격제어할 수 있다.

예제 서울교통공사(5,6,7,8호선)공사 신호취급실에 설치되어 기지국 장치를 원격제어하며 해당 기지국 구간의 기관사와 통화하기 위한 장치로서 본체, 조작반, 수신기 각 1조로 구성되어 있는 장치는?

가. TRS 장치   나. 휴대국 장치

다. ICP장치   라. 이동국 장치

해설 ICP 장치에 대한 설명이다.

예제 다음 중 서울교통공사(5,6,7,8호선)열차무선 기지국 장치에 관한 설명으로 틀린 것은?

가. 기지국 고장시 종합관제실 또는 정보통신 유지보수 조작반에 고장 신호를 송출한다.

나. VHF 주파수대를 사용하여 종합관제실과 이동국 ICP, 휴대국, 구내교환 가입자간 상호통화가 가능하다.

다. 본선 및 차량기지에 일정한 간격으로 설치되었다.

라. 제어부는 유지보수 조작반에 의하여 동작될 수 없다.

해설 제어부는 유지보수 조작반에 의하여 동작할 수 있다.

제3장

화상전송설비

개요

(1) 역사에 설치된 카메라 영상정보를 승객의 승·하차 상태 감시와 역무실에서 승객
  의 안전 상태를 감시할 수 있으며,
  - 관리역 및 종합관제실에서 원하는 영상정보를 제공하는 설비(승객이 많이 이용
    하는 주요 역사 내 도난사고, 긴급상황 등)
(2) 영상정보를 다중화하여 광케이블을 사용하여 관리역 및 종합관제실에서 원하는 영
  상정보를 제공하는 설비
(3) 영상은 단방향전송(광케이블)만 가능하며, 제어Data(디지털)는 양방향으로 전송

[화상 전송 설비]

구기능	전송방식	전송구간	비고
일반역 영상감시	Base-band	카메라 → 모니터	동축케이블
대열차 화상전송	RF	승강장 → 차량운전석	
관리역 영상감시	디지털 다중전송	일반역 → 관리역	광케이블
종합관제실 영상감시	디지털 다중전송	관리역 → 종합관제실	광케이블

[9호선 화상전송 설비]
- 화상전송설비(Video Transmission System)는 필요시 열차운전 확인, 승객의 이동, 승하차 감시 및 역무자동화설비를 효과적으로 관리할 목적으로
- 각 역의 승강장, 대합실, 분기기 등에 CCTV Camera를 설치하여 각 역의 안전관리실, 종합관제센터에서 모니터로
- 현장역의 운전 및 여객에 관한 상황을 즉시 확인할 수 있도록 하는 설비

제2절 LS(Local System)

- 승강장의 열차 진입 및 승객의 승하차상태와 역사내 주요설비 및 취약지역을 영상으로 감시
- 승강장에는 모니터가 설치되어 기관사가 승객의 승하차상태를 감시토록 구성

1. CAMERA

고체 촬상소자인CCD 카메라를 사용, 승강장 및 대합실의 4가지 종류 사용

2. MONITOR

- 카메라에서 동축케이블을 통하여 전달된 영상 신호를 화면으로 표시하는 설비
- 승강장, 역무실, 종합관제실에 설치되어 승객 및 역사 상황 등 감시

[LS(Local System): 지하철역 영상감지 시스템]

지하철 역 내 승객 안전과 보안을 강화하는 KT
의 24시간 관제 시스템
'기가 아이즈' 실행 화면, KT 제공 한국일보

서울 종로구 광화문역 고객상담실에서 한
직원이 지능형 CCTV로 쓰러진 고객을
발견하는 시스템 시연을 하고 있다.
사진/뉴시스 뉴스토마토

`예제` 다음 중 역사에 설치된 카메라 영상정보를 승객의 승·하차 상태 감시와 역무실에서 승객
의 안전상태를 감시하는 설비는?

가. 복합통신장치   나. 화상전송설비
다. 행선안내장치   라. 방송장치

`해설` 화상전송설비에 대한 설명이다.

`제3절`   행선안내게시기

1. 설치목적

(1) 승객에 대한 서비스 향상
(2) 승객에게 열차운행에 대한 안내정보를 시각적으로 제공

2. 설치현황

－각 역에 설치되어 승객들에게 필요한 열차의 행선지, 접근상태, 공지사항, 차량편성
등 기타 필요한 그래픽 정보 등을 자동 또는 수동조작에 의해 표시해주는 장치
－TTC(열차종합제어장치)(열차가 어디에 있고 몇 분 후에 도착한다는 정보 등을 제

공)로부터 필요한 열차정보를 입수하는 중앙장치,
- 각 역에 설치되어 복수 개의 안내게시기를 역별, 홈별로 제어하는 역장치 및 최종적
  으로 열차정보를 표시하는 표시반으로 구성

[행선안내게시기]

▶ LCD방식 안내게시기

제4절　시스템구성 내역

1. 중앙장치(HSE)

- 열차 행선안내시스템의 중앙제어장치
- TTC로부터 열차운행 기본정보 수신
- 행선안내표시기 표출을 위한 열차운행정보의 작성
- 대민홍보와 일반정보 및 이의 표출을 제어하는 스케줄 정보 작성
- 역 장치의 작동상태를 감시

2. 역 장치(LSE)

- 중앙장치로부터 열차정보수신, 분석처리 및 수신정보의 표출기능
- 수동입력에 의한 표시반 표시기능
- 자동안내방송장치의 정보전달 기능
- 접속장치의 이상여부 확인 및 이상발생 리포트 기능
- 행선안내정보의 수록, 및 표출실적작성 기능

3. 안내게시기(TDI)

- 제어장치에서 전송된 표시정보를 받아 안내게시기에 설치된 LED에 표출시켜 행선 안내표시창의 최종단계인 안내표시를 함
- LED표시면, 정보수신 및 드라이버, 전원공급장치, 표시반 전원공급장치의 상태 및 통신회선 상태의 감시

예제 다음 중 열차행선 안내장치가 제공하는 안내정보가 아닌 것은?

가. 공지사항　　　　　　　　　　　　나. 열차의 접근 상태
다. 열차 행선지　　　　　　　　　　　**라. 승차인원 정보**

해설 열차행선 안내장치는 승객 서비스향성을 위하여 전동차의 행선지, 정차역, 다음 정차역, 정차역의 출입문방향 및 공지사항을 방송장치와 연계하여 표시한다.

예제 다음 중 열차행선 안내장치 시스템에 관한 설명으로 틀린 것은?

가. 안내 게시기(TDI)는 행선안내표시장치의 최종단계인 안내표시를 한다.
나. 역장치(LSE)는 각 역에 설치되어 최종적인 열차정보를 표출하게 하는 기능을 수행한다.
다. 중앙장치는 표시반 각 부분의 이상여부확인, 운용보고서의 작성, 수동전환작동처리 등 모든 운영제어를 담당한다.
라. 중앙장치(HSE)는 TTC로부터 열차운행 기본정보를 수신한다.

해설 역장치(LSE)는 표시반 각 부분의 이상여부 확인, 운용보고서의 작성, 수동전환작동처리 등 모든 운영제어를 담당한다.

예제 다음 중 승객에 대한 서비스 향상 및 승객에게 열차운행에 관한 안내정보를 시각적으로 제공하기 위한 설비는?

가. 복합통신장치　　　　　　　　　　나. 화상전송 설비
다. 방송장치　　　　　　　　　　　　**라. 행선안내장치**

해설 행선안내장치에 대한 설명이다.

제4장

복합통신장치

승객 외에 소방, 경찰 등과 정보 공유하기 위하여 만들어진 별도의 장치

제1절　설치목적

(1) FM라디오 방송 12채널을 지하구간의 대합실과 승강장 및 터널에 재송출
(2) 비상사태 및 민방공 훈련 정보 동시 전달
(3) 도시철도 이용 승객들에 대한 안전을 사전 확보하여 긴급상황에 신속히 대처

제2절　운영현황

1. 재방송 설비

(1) 이용승객 생활정보 제공으로 편의 향상과 비상시 및 민방위 시설 활용
(2) 승객 휴대 라디오로 생활정보, 교통정보, 교양 방송 청취

2. 소방 무선통신보조설비

(1) 화재 시 시민의 생명 및 공공시설 보호용 소방활동 통신망 확보
(2) 소방본부 화재지령실과 화재진압 출동 소방관과 재해 구호

3. 경찰지휘통신설비

    (1) 도시철도 운행구간 범죄예방 및 방범활동 용 민생치안 통신
    (2) 경찰청 상황실 및 지하철 방범수사대와 순찰 경찰관 간 치안 통신

예제 다음 중 철도역사 복합통신장치에 관한 설명으로 틀린 것은?

가. FM라디오 방송12채널을 수신하여 지하구간인 대합실과 승강장 및 터널에 재송출하여 승객들에게 최상의 서비스를 제공한다.

나. 소방본부 화재지령실과 화재진압 출동 소방관과 재해 구호 통신을 할 수 있다.

다. 비상사태 및 민방공훈련 정보를 전달할 수 있다.

라. 각 역사에 사용되는 자동방송장치, 방송장치, 매표방송, 원격방송이 가능한 설비이다.

해설 방송장치는 각 역사에 사용되는 자동방송장치, 방송장치, 매표방송, 원격방송이 가능한 설비이다.
    라. 복합통신장치가 아닌 방송장치에 관한 설명이다.

방송장치

제1절 **설치목적**

방송장치는 도시철도 역사에 설치하여 승객의 유도 및 안내에 사용대는장비, 자동방송장치, 방송장치(PAGING), 매표방송, 원격방송이 가능한 설비

제2절 **자동방송장치**

- 역구내여객 유도, 안내방송, 행선지 자동 방송(지금 잠실역 방면으로 운행하는 열차가 들어오고 있습니다.), 역무실 조정탁(역무원들이)에서 안내방송, 화재 시 화재경고방송 등 사용되는 장비
- 본체함, 조정탁으로 구성

제3절 **관제방송장치**

역뿐만 아니라 열차에도 방송을 할 수 있다.

1. 개요

 - 관제실에서 각 역사에 긴급 상황 발생 시 승객의 유도 및 안내 방송, 오존 경보 방송을 하기 위하여 설치 운영하는 장비로서
 - 각 역사를 개별 및 그룹, 전체그룹 방송을 할 수 있는 장치
 - 관제방송콘솔, 역장치

제4절 방송순서

1. 방송의 우선순위

 - 역사 진입 방송을 끊고서라도 비상상황 방송이 먼저 전달이 되어야 한다.
 - 방송에 우선순위를 두어 긴급 상황 발생 시 최우선으로 방송한다.
 - 각 역사 화재 방송을 최우선으로 취급하고 다음으로 E/M(비상관제방송) 관제 방송, 열차진입방송, 일반관제방송, 일반방송으로 사용한다.

2. 각 역사를 그룹 또는 전체그룹 및 개별적으로 선택하여 방송 가능

3. EM방송

 - 관제에서 하는 방송에서는 비상(EM)방송이 최우선이다.
 - EM방송은 관제방송에 최우선으로 방송된다.
 - 긴급 상황에 사용되며 방송 중에는 진입방송이 되지 않는다(우선순위에 따라서).

[방송장치 시스템구성도]

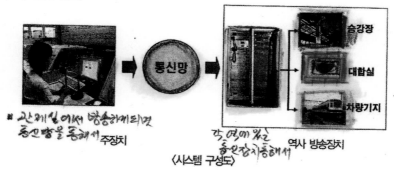

다음 중 철도역사에서 사용하는 방송장치에 관한 설명으로 틀린 것은?

가. EM방송은 긴급 상황에 사용되며 방송 중에는 진입방송이 되지 않는다.

나. 관제로부터 데이터를 수신하여 LCD에 표시하며, 수신된 데이터를 분석한 후 응답 신호를 전송하는 장치를 역장치(INTERFACE)라고 한다.

다. 각 역사 EM방송을 최우선으로 취급하고 다음으로 화재방송, 열차진입방송, 일반관계방송, 일반방송으로 사용한다.

라. 방송에 우선순위를 두어 긴급 상황 발생 시 최우선으로 방송한다.

해설 각 역사 화재방송을 최우선으로 취급하고 다음으로 E/M관제방송, 열차진입방송, 일반관제방송, 일반방송으로 사용한다.

예제 다음 중 역구내에서 여객의 유도 및 안내방송, 승강장에서 행선지 자동방송, 화재 시 화재경보 방송 등에 사용되는 장비는?

가. 자동방송장치   나. 관제방송장치
다. 소방 무선통신보조설비   라. 화상전송설비

해설 자동방송장치에 대한 설명이다.

제3부

관제 장치

제1장

관제 장치의 변천

제1절 개요

1. 폐색구간

- 도시철도에서는 고밀도로 열차를 운행시키기 위하여 정거장과 정거장 간을 여러 구간으로 나누어 이를 폐색구간으로 정한다(고밀도 운전이므로 열차끼리의 충돌을 막기 위해 한 폐색구간에는 1개의 열차만 들어 갈 수 있게 한다).
- 이 폐색구간마다 철도신호를 설치하여 신호의 조건에 따라 열차를 운행하는 방식으로 열차를 운행하게 된다.

2. 열차의 승강장 진입진출 운전

- 열차는 행선지마다 승하차하는 승강장이 각각 다른 역은 선로를 달리하여 진입, 진출시켜야 한다.
- 이때 도착하는 열차에 따라 진로를 바꾸기 위해서는 선로전환기를 전환하고 신호를 현시하여야 한다.
- 종착역에 도착한 열차가 반복 운행을 하기 위해서는 도착열차를 인상선(차량을 끌어올리기 위한 측선)으로 이동시킨 후 선로전환기를 전환하여 상행선 승강장으로 운전
- 이와 같이 종착열차의 반복운행은 선로전환기 전환과 신호의 현시를 통해 가능해진다.
- 따라서 각각의 열차는 선로전환기를 전환하여 진로를 구성하고 각종 신호기의 신호를 현시하는 일련의 과정을 통해 운행된다.

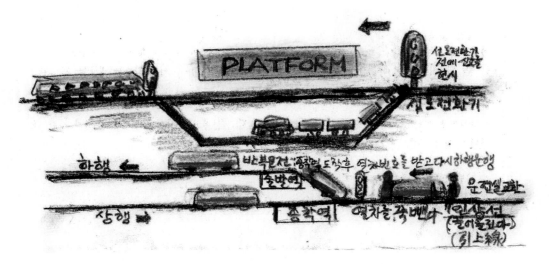

3. 열차관제의 필요성

- 열차제어 과정은 한 곳에서 집중적이고 체계적으로 안전하게 이루어져야 한다.
- 도시철도 관제장치란 컴퓨터와 전자, 전지기기를 이용하여 열차 또는 철도 차량을 집중적으로 제어하고 통제하며 감시하는 장치이다.

도시철도 관제장치의 특징

- 도시철도의 고밀도 운행을 위해서는 진로를 구성하고 신호를 현시하는 일이 집중적
  이고 신속하게 이루어져야 한다(그렇지 않으면 열차지연, 고객불편).
- 도시철도의 운행시격과 수송능력은 그 도시철도가 가지고 있는 신호장치와 관제장
  치의 성능에 달려 있다고 말할 수 있다.
- 따라서 도시철도의 수송능력과 직결되는 관제장치의 특성은 다음과 같다.

[관제장치의 특성]
① 자동으로 열차운행 제어를 한다.
② 한 곳에서 집중 제어한다.
③ 열차안전운행을 위한 보안기능을 갖추고 있다.
④ 서비스제공 기능을 갖추고 있다.

1) 자동으로 열차운행 제어를 한다.

- 관제사가 일일이 진로와 신호를 제어하지 않아도 미리 짜여진 프로그램에 의하여
  자동으로 열차운행이 제어된다(자동으로 운행이 되는 것은 ATO에 의한 것이고, 자
  동으로 열차운행이 제어된다는 것은 신호기와 선로전환기가 자동으로 제어된다는
  의미이다).
- 열차종합제어장치(TTC: Total Traffic Control System)(자동으로 열차제어를 가능하
  게 하는 것이 TTC)가 이런 역할을 한다.
- 이 TTC에 의하여 열차자동운전(ATO: Automatic Train Operation)도 이루어진다.
  (TTC가 없으면 ATO도 불가능한 것이다.)

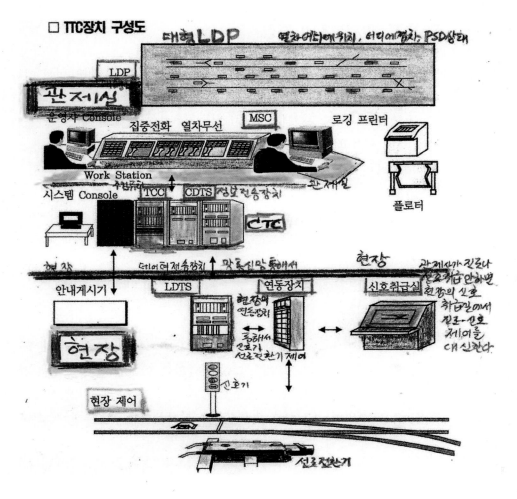

□ TTC장치 구성도

- 만약에 1234호가 운행 중 고장이 나서 열차운행계획대로 운행하지 못한다면 TTC에 의한 자동제어가 되지 않으므로 수동으로 열차 제어를 해 주어야 한다.
- 관제사는 TTC가 제대로 돌아가고 있는지 감시만 해 주면 된다.

2) 한 곳에서 집중 제어한다(CTC에 의해서)

- 도시철도에서는 모든 열차와 역의 진로설정, 신호현시, 행선안내, 안내방송 등이 한 곳에서 이루어져야 한다.
- 그래야 관제사가 모든 열차의 운행상태를 모니터링하고 정확하게 통제할 수 있기 때문이다.

− 이를 위하여 설계된 시스템이 열차집중제어장치(CTC: Centralized Traffic Control System)이다(만약에 TTC가 고장이 나면 수동으로 조작할 수 있게 CTC로 넘겨 주게 된다).

3) 열차안전운행을 위한 보안기능을 가지고 있다.

− 연동장치와 쇄정장치는 신호기와 선로전환기가 서로 연결되어 동작하고, 일단 설정된 진로에 열차가 진입하면 선로전환기를 전환하여도 전환되지 못하도록 하는 안전기능을 가지고 있다.

− 관제사가 착오로 잘못된 신호 현시를 요구하더라도 관제장치가 이를 체크하여 신호가 현시되지 못하도록 하는 역진로 설정방지장치 등도 갖추고 있다(단선구간에서 한쪽으로 진로가 설정되면 다른 한쪽에서는 진로가 설정되지 못하도록 하는 장치).

− 비상 시 관제사가 관계열차를 즉시 정차시킬 수 있는 비상정차장치(ES: Emergency Stop), 저속신호를 송출시켜 열차를 서행 운전시킬 수 있는 Slow Order장치가 있다 (특정 선로구간에 한해 25km/h)

− 정전 시 일정기간 동안 전원공급이 가능하도록 설계된 무정전 전원공급장치(UPS: Uninterruptable Power Supply) 등 안전장치를 갖추고 있다.

4) 서비스 제공 기능을 갖추고 있다.

관제시스템은 열차의 진로와 신호제어가 기본기능이다. 그 이외에 다음과 같은 서비스를 제공한다.

1) 열차를 기다리는 승객에게 다양한 열차운행 정보를 송출하여 안내하는 안내게시기,
2) 승강장의 승객 동태를 모니터하는 CCTV,
3) 관제실에서 원격 방송이 가능한 관제방송장치
4) 돌발사태 시 객실 승객이 관제사와 통화가 가능한 비상통화장치 등
객실 비상통화장치를 들면 기관사(차장)과 직접 통화 가능. 만약 기관사가 현장조치로 자리를 떠서 통화가 안 될 경우 그 통화는 자동으로 관제실로 넘어가게 된다(승객과 관제사 간의 직접통화가 이루어진다).

− 승객의 이용편의를 증진시키거나 돌발사태 시 승객의 안전을 확보할 수 있는 다양한 주변장치들이 개발되고 설치도기 있어 승객 서비스 향상에 기여한다.

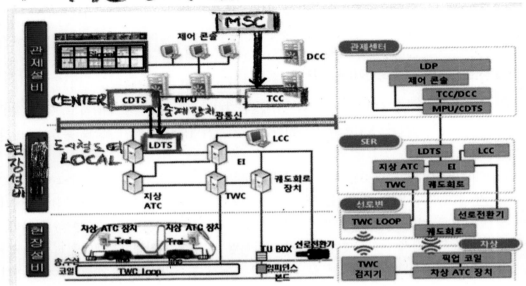

제3절 **관제 장치의 발달**

1. 역 취급 중심의 관제(역에서 직접 관제(과거 방식))

- 예전에는 역에서 사람의 힘, 또는 전기의 힘(역에서 역무원(역장)이 직접 신호전환
  기를 돌리고 신호 현시하여 열차운행이 이루어졌음)으로 선로전환기를 전환하여 진
  로를 구성하고 신호를 현시(요즘의 관제실에서 모든 열차의 운행을 보고 제어하는
  것이 아닌 시스템)한다.
- 과거에 관제사는 단지 역에서 전화로 보고되는 열차운행시각을 열차다이어에 기록
  하여 열차운행위치를 파악하고 이 정보를 토대로 운전 정리를 하거나 운행을 지시
  하는 방법으로 운행을 통제한다.

2. 열차집중제어장치(CTC)

- 각 역에서 하던 진로 및 신호제어를 관제소 한 곳에서 집중적으로 제어할 수 있는
  장치

-관제소에는 관할 구간의 본선 및 각 역 구내의 배선과 신호기, 선로전환기 등의 상태를 한 눈에 볼 수 있고 조작할 수 있는 제어반이 있다.
-이 제어반과 각 역의 신호기, 선로전환기는 전기회로에 연결되어 있어, 제어반의 단추(키)로 각 역의 선로 전환기를 제어한다.
-우리나라에서는 1968년 중앙선 망우-봉양 간 142km 구간에 처음으로 설치되었으며, 1974년 8월 15일 서울지하철 1호선의 개통과 더불어 등장한 CTC장치가 TTC장치의 모태가 되었다.

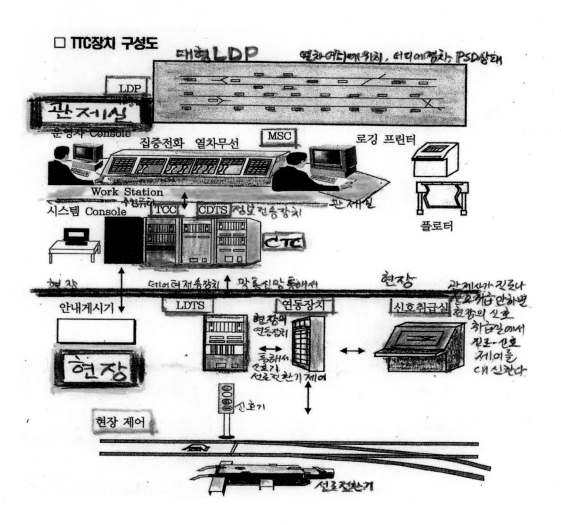

□ TTC장치 구성도

[열차집중제어장치(CTC)]

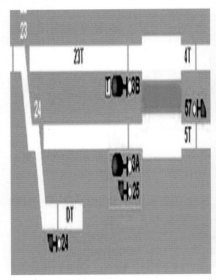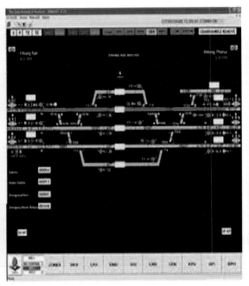

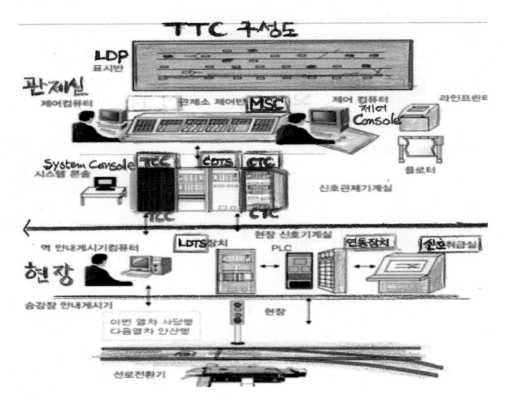

┌───┐
[학습코너] 열차 집중 제어 시스템 CTC: Centralized Traffic Control]

- 철도의 현대화가 진행될수록 보다 신속하고 정밀한 철도신호 제어시스템을 요구
- 열차집중제어시스템은 여러 역의 신호 보안장치를 한 장소인 중앙사령실에서 조작해 열차를 일괄
  통제 · 감시하는 장치

CTC(Centralized Traffic Control: 열차집중제어시스템) 시스템
- 열차의 자동운행 감시와 제어 기능을 비롯한 열차운행계획에 의한 자동진로를 설정하고 열차운행
  에 관한 모든 정보를 실행·기록하는 역할을 수행
- 동시에 역 설비로부터 정보를 수신하고 제어정보를 전송
└───┘

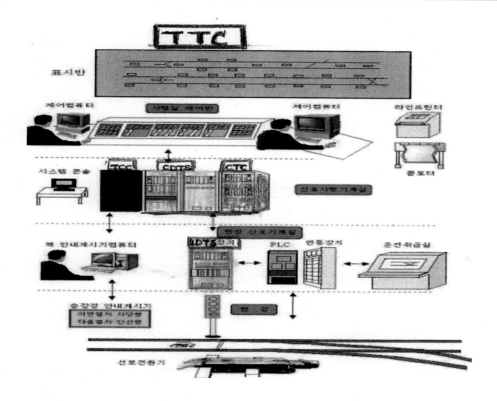

3. 열차운행종합제어장치(TTC: Total Traffic Control System)

- TTC는 종전에 한 곳에서 집중제어하는 CTC를 넘어서 제어마저도 자동으로 해 줄
  수 있게 만든 장치

[열차운행종합제어장치(TTC: Total Traffic Control)란?]

CTC장치에

1) 컴퓨터(TCC, MSC) (TTC와 TCC를 헷갈리면 안 되요!)

2) 정보전송장치(DTS)

3) 대형표시반(LDP)

4) 운영자콘솔(Console)

5) 주변장치 등의

기기(Hard Ware)를 갖추고

─주 컴퓨터에 열차운행 프로그램(Soft Ware)을 입력시켜

─이 프로그램에 의하여 선로전환기와 신호를 자동으로 제어하여

─관제사의 개입없이 열차를 운행시키는 장치이다.

─열차운행 스케줄은 요일마다(평일 (피크, 러시(Rush)포함), 토요일, 공휴일 등) 다르
 게 작성되어 있으며 관제사가 요일을 선택하여 주 제어컴퓨터에 입력시키면 해당
 요일의 운행스케줄에 따라 열차를 운행시킬 수 있다.

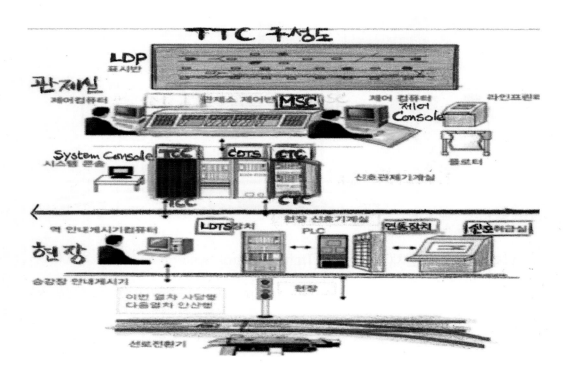

[TTC의 효과]
- TTC장치는 열차운전관리의 신속, 정확을 기하고
- 또 동시에 신호기를 한 곳에서 집중제어하거나 컴퓨터 시스템에 의해 자동으로 제어하여
　① 진로설정의 간소화　　　② 열차운행 정보의 전산화
　③ 열차운행 효율의 향상　　④ 열차안전운행 확보
　등에 크게 기여하게 되었다.

[TTC의 기능]
- 필요한 열차 Diagram을 작성한다.
- 열차의 진로를 제어한다.
- 열차의 Diagram을 변경한다.
- 열차 Diagram 안내 정보 및 역의 상태를 모니터한다.
- 운전계통을 감시한다.
- 운행열차를 추적해서 LDP(Large Display Panel)에 표시하고 모니터한다.
- 각종 고장 정보를 모니터한다.

□ TTC장치 구성도

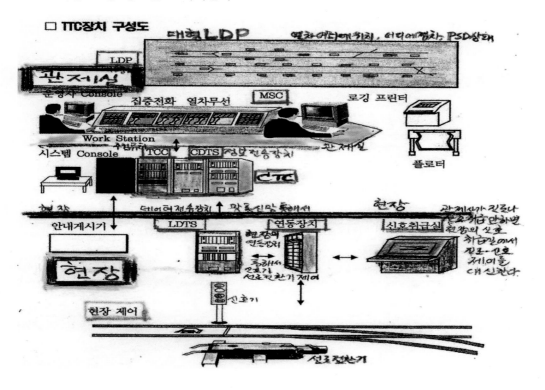

제2장

관제장치의 구성

제1절 TTC장치 구성도

[TTC장치 구성도]

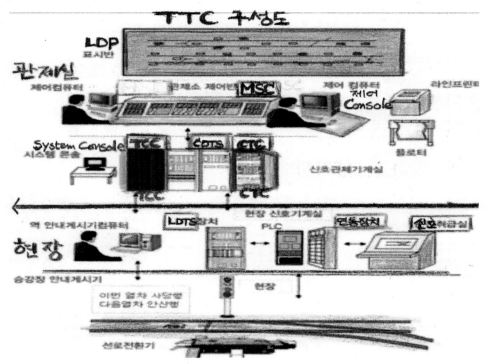

□ TTC장치 구성도

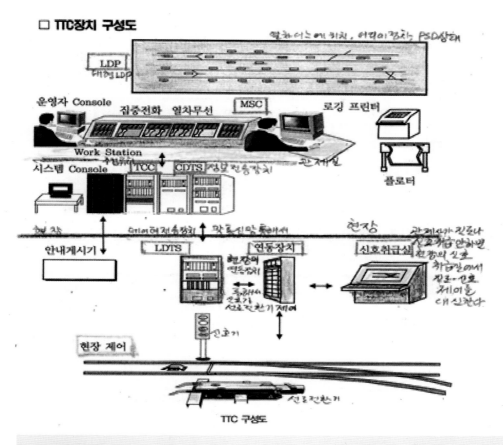

TTC 구성도

TTC시스템의 주요 구성
1) 열차운행제어컴퓨터(TTC: Traffic Control Computer)
2) 운영관리컴퓨터(MSC: Management Support Computer)
3) 정보전송장치(DTS: Data Transmission System)
4) 대형 표시반(LDP: Large Display Panel)
5) 입·출력 제어컴퓨터(I/O Controller)
6) 운영자제어용 콘솔(Work Station) 및 주변 장치 등으로 구성된다.

예제 다음 중 TTC 장치의 구성요소가 아닌 것은?

가. LDP   나. TCC
다. LCTC   라. MSC

해설 열차종합제어장치(TTC) 구성장치: CTC장치에 컴퓨터(TCC, MSC), 정보전송장치(DTS), 대형표시반(LDP), 운영자 콘솔(Console), 주변장치 등의 기기를 갖추고 있다.

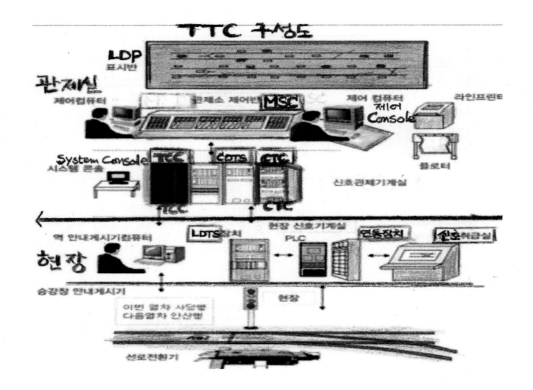

제2절   주요 기기(TTC내부)

1. 운행관리컴퓨터(MSC)

[MSC(Management Support Computer)]

- 열차운행을 위한 열차운행계획(DIA)을 작성 또는 운행 스케줄을 입력하고
- 열차 운행실적을 저장 관리(TTC를 가능하게 하는 배경에는 열차운행계획이 사전에 포함되어 있기 때문이다)하는 컴퓨터이다.
- 운행관리컴퓨터에서 작성되거나 입력된 운행스케줄을 주 컴퓨터(TCC)로 전송하여 TCC에 입력(Loading)시키면 TCC는 이 운행스케줄에 따라 해당 역의 선로전환기를 전환하고 신호를 현시하여 열차 운행 제어

－MSC → TCC → CDTS → 현장전달

[MSC(Management Support Computer)의 기능]
(1) 열차운행계획작성: 역 간 정보와 역 정보, 운행시격 등과 같은 기본적인 정보를 입력하여 열차운행계획을 작성 또는 입력
(2) 기본정보 조회: 역 정보 조회, 열차정보 조회
(3) 운행계획 조회: 역, 열차의 운행계획(DIA)을 조회(운행계획이 입력되었으므로 조회가능)
(4) 통계처리: 열차지연정보, 수동조작, 열차운행스케줄(DIA)변경, 차량운행실적 등 조회
(5) 운행실적 조회: 열차운행이 종료된 후에 TCC로부터 운행실적을 수신받아 저장하고 모니터를 통해 열람하거나 프린터로 출력
(6) 시·종업무: 내일 운행할 열차DIA(평일, 주말, 휴일 등)를 선택하거나 운행종료시간을 설정

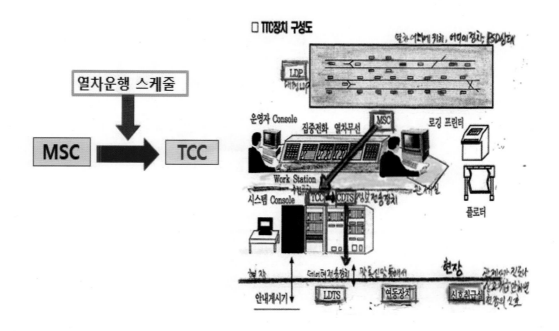

예제 다음 중 운행관리 컴퓨터(MSC)의 기능이 아닌 것은?

가. 통계처리   나. 열차추적(Tracking)

다. 열차운행계획작성   라. 운행실적조회

해설 **운행관리 컴퓨터(MSC)의 기능**
① 열차운행계획 작성 ② 기본정보 조회 ③ 운행정보 조회 ④ 통계처리 ⑤ 운행실적 조회 ⑥ 시·종 업무

예제 다음 주 MSC(운행관리컴퓨터)에서 작성된 열차운행 스케줄을 전송받아 이에 따라 각 역의 선로전환기와 신호를 제어하여 열차의 운행제어를 하는 주 컴퓨터는?

가. CTC   나. TTC

다. TCC   라. DTS

해설 주 컴퓨터(TCC: Traffic Control Computer)에 대한 설명이다.

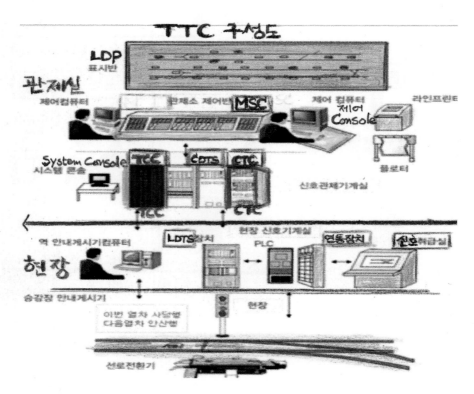

[TTC 열차운행계획: 열차 DIA(Diagram for Train Schedule)]

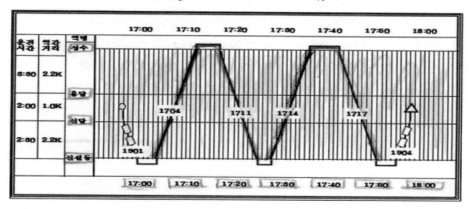

2. 주컴퓨터(TCC) (MSC계획이 짜지면 TCC에서 받는다)

[TCC(Total Traffic Computer)]
- TCC가 신호진로제어를 하게 된다.
- MSC에서 작성된 열차운행스케줄을 전송받아이에 따라 각 역의 선로전환기와 신호를 제어하는 주 컴퓨터
- TCC는 시스템 에러(Error)에 대비하여 hard Ware 및 Soft Ware를 2개의 Zone을 구분하고 이를 병렬로 연결하여 활용

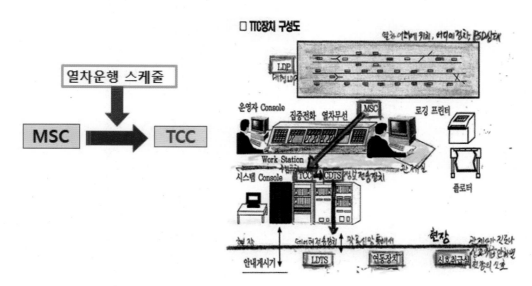

[TCC(Total Traffic Computer)]
－만약의 사태로 하나의 기기가 작동하지 않으면 이를 감지하여 다른 기기가 자동으로 동작하여
－시스템이 정지하지 않고 계속 동작하여 운행제어에는 아무 이상이 없도록 신뢰성과 안전성을 구현한 Fault Tolerant방식(회로를 2개를 만들어 놓고 한쪽에서 고장이 나면 바로 나머지 한 개가 동작(교체)하여 운행제어에는 아무 이상이 없도록 하는 방식)을 채택
－선로전환기와 신호를 제어하고, 그 결과를 받아 LDP와 운영자 콘솔을 통해 관제사에게 모니터링해 줌으로써 열차운행을 제어, 감시, 통제할 수 있도록 해 주는 심장부와 같은 기능을 수행

[TCC(Total Traffic Computer)의 기능]
(1) 열차운행 스케줄관리: 운행스케줄의 조정, 운휴지정, 시각변경, 순서변경, 임시열차 스케줄 생성 등 운행스케줄관리
(2) 열차번호관리: 열차번호설정, 이동, 삭제 등 열차번호를 삽입, 삭제, 위치를 이동시키는 방법
(3) 진로제어: 자동진로, 수동진로, 연속제어, 진로점검 등 진로 및 신호현시 제어
(4) 열차추적(Tracking): 궤도상태추적, 열차운행에 따른 열번 이동, TWC정보명령
(5) 교통량통제(Traffic Regulation): 자동운전, 정차시간 조정
(6) 시스템 감시: 진로제어, 지연열차, 설비상태 등 모니터링
(7) TTC제어모드 설정: TTC, CTC, Local 모드 전환 제어
(8) 이력관리: 수동조작 정보, 설비상태 정보, 운행기록 정보 등 조회 및 저장 기능

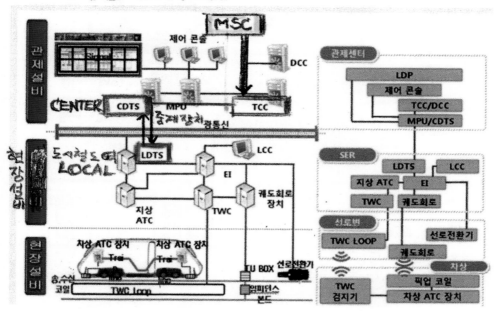

3. 정보전송장치(DTS: Data Transmission System)

- DTS는 TTC장치로부터 송출되는 제어정보를 현장신호시스템으로 전송하고
- 현장 신호기계실의 연동장치로부터 수신되는 진로설정 및 궤도점유 등의 운행정보를
- TTC장치에 전송하는 정보전송장치

1) CDTS(Center Data Transmission System)

중앙의 TCC와 현장의 LDTS(Local Data Transmission System)의 정보전달을 위한 중계 장치로 통신선의 고장(Fault)에 대비하여 2중계, 즉 2개의 통로(LAN: Local Area Network)로 되어있다.

2) LDTS(Local Data Transmission System)

CDTS와 현장 신호기계실의 연동장치 간의 정보접속을 위한 중계장치로 보안을 위하여 역시 2중계로 되어 있다.

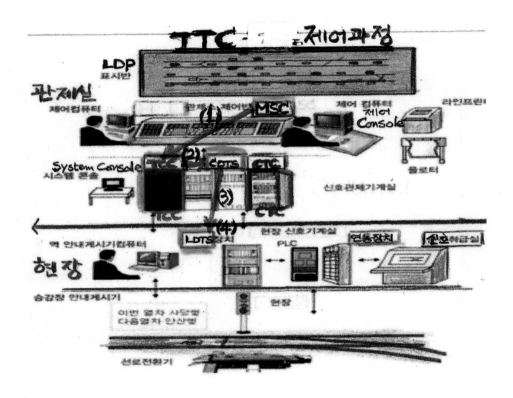

예제 다음 중 종합관제소의 종합열차운행 System(중앙장치) 구성요소와 거리가 비교적 먼 것은?

가. LDP

나. LDTS

다. CDTS

라. CTC

해설 LDTS(Local Data Transmission System)는 현장에 설치되어 있는 설비이다.

예제 다음 중 현장 신호기계실의 연동장치로부터 수신되는 진로설정 및 궤도점유 등의 운행정보를 TTC장치에 전송하며, TTC장치로부터 송출되는 제어정보를 현장신호 시스템으로 전송하는 장치로 맞는 것은?

가. 운영자 콘솔(Console)

나. LDP

다. DTS

라. 입출력 장치

해설 정보전송장치(DTS)에 대한 설명이다.

예제 다음 중 종합관제소의 종합열차운행 System(중앙장치) 구성요소와 거리가 비교적 먼 것은?

가. LDP

나. LDTS

다. CDTS

라. CTC

해설 LDTS(Local Data Transmission System)는 현장에 설치되어 있는 설비이다.

예제 다음 중 열차정보 송수신장치로 열차자동운전 구간의 궤도회로에 설치한 열차정보 및 제어
정보를 무선으로 송수신하는 장치는?

가. TWC

나. MSC

다. CTC

라. TTC

해설 TWC 장치(Train Wayside Communication)에 대한 설명이다.

4. 대형 표시반(LDP: Large Display Panel)

LDP를 통해서 현장의 선로전환기, 신호현시 등 신호보안장치의 동작상태를 알 수
있다.

[LDP에 표시되는 운행정보 종류]

1) 열차의 번호 표시

2) 열차위치표시

3) 궤도회로개통 점유 표시

4) 진로구성표시

5) 선로전환기 동작상태 표시

6) 신호기 번호 표시

7) 도착출발발열차 표시

8) 출입고열차표시

9) 제어모드표시(TTC, CTC, LOC)

(현재 이 중 어떤 제어상태이냐?)

□ TTC장치 구성도

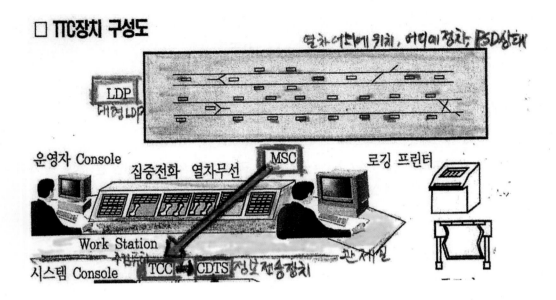

[LDP정보]

─빨간색: 열차가 궤도를 점유하고 있다.

─각종신호기의 신호현시상태 표시되어 있다.

─점유하고 있는 열차의 열차번호도 나타난다.

[서울교통공사 관제시스템과 대형표시반(MK뉴스)]

예제 다음 중 대형표시반(LDP)에 표시되는 정보가 아닌 것은?

가. 진로구성　　　　　　　　　　　나. 열차위치

다. 열차번호　　　　　　　　　　　**라. 운행실적**

해설 대형 표시반(LDP)에 표시되는 정보:

　　① 열차번호　　　　　② 열차위치
　　③ 궤도회로 개통 · 점유상태　④ 진로구성
　　⑤ 선로전환기 동작상태　⑥ 신호기 번호
　　⑦ 도착 · 출발열차　　⑧ 출 · 입고 열차
　　⑨ 제어모드

예제 다음 중 열차운행표시반(LDP)으로 확인할 수 없는 기능은?

가. 선로전환기의 동작상태　　　　　나. 열차의 궤도 점유 상태

다. 열차무선지역 표시의 확인　　　라. 열차번호의 표시 확인

해설 열차무선지역 표시의 확인은 열차운행표시반(LDP)으로 확인할 수 없다.

5. 운영자 콘솔(Operator Console)

－운영자 콘솔(Console)은 관제사가 TTC장치를 제어하는 컴퓨터 단말기이다.

－관제사는 이 콘솔을 통해 역의 진로 및 신호를 제어하고,

－열차운행 스케줄 조회 및 변경, 기기동작상태 감시한다.

[운영자 콘솔(Operator Console)]

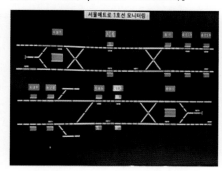 

운영자 콘솔(Operator Console)

－TTC장치를 모니터링

[운영자 콘솔의 주요 메뉴(Menu)와 기능]

(1) 역 상태: 역 상태 항목을 선택하면 원하는 역의 진로제어, 선로전환기제어, 정차시간제어, 열차번호제어, 비상정지 현시, 제어모드 선택, 신호기 제어, 자동진로제어, 정차지점 제어를 할 수 있다.

(2) 운행계획: 운행계획 항목을 선택하면 열차운행스케줄 조회, 열차다이어 조회, 운행스케줄 변경, 각 역의 도착순서 등을 조회할 수 있다.

(3) 운행실적: 운행실적 항목을 선택하면 그날 운행된 열차의 역별, 열차별 계획시간과 실제 운행시간, 정차시간, 지연시간 등을 조회할 수 있다.

(4) 기기상태: TTC 및 CDTS 등 전체기기의 상태가 표시된다.

(5) 메시지 조회: 확인하고자 하는 날짜와 시간을 입력하면 시스템 조작, 기기 동작, 기기고장 경고 등의 메시지가 표시된다.

(6) 운행다이아: 다음날 운행될 다이아(평일, 토요일, 공휴일)를 선택할 수 있다.

(7) TTC환경변수: TTC환경변수를 선택하면 지연시간 기준, 신호제어시간 등 TTC 운영조건을 지정, 변경할 수 있다.

(8) Console환경: 시스템 경보음, 모니터 색상 등 콘솔의 각종 표시기능을 변경할 수 있다.

예제 다음 중 운영자 콘솔(Console)의 주요 메뉴가 아닌 것은?

가. 기본정보 조회　　　　　　　　　　　나. 운행계획

다. 운행다이아　　　　　　　　　　　　　라. 메시지 조회

해설 **[운영자 콘솔(Operator Console)의 주요 메뉴]**

① 역 상태　　　　② 운행계획

③ 운행실적　　　　④ 기기상태

⑤ 메시지 조회　　⑥ 운행다이아

⑦ TTC 환경변수　⑧ Console 환경

6. CTC 제어 키(CTC Control Key)

- TTC가가능하면 자동으로 열차운행을 제어하는데, TTC에 문제가 생겼다 하면 CTC 제어 키를 통해 관제사가 수동으로 개입하여 진로 신호조작을 할 수 있다(기관사 승무 전에 "오늘 TTC에 문제가 있어서 신도림역 구간은 수동으로 CTC 조작하여 진행하세요"라고 통보 받는다).
- CTC 제어키는 CTC 제어 모드에서 관제사가 수동으로 역 신호를 조작하는 제어탁에 설치된 버튼을 조작하여 이루어진다.
- 조작은 "역명"을 먼저 선택한 다음 원하는 '신호기 번호'를 선택 후 '설정' 또는 '해제'버튼을 누르면 진로가 구성되고 신호가 현시

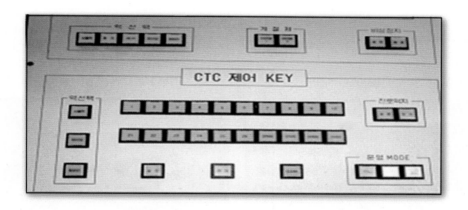

- 운영자 콘솔에서 CTC제어를 하고자 할 때에는→ 원하는 역을 선택한 다음 CTC제어반 운영모드의 'CTC'버튼을 누르면 된다.
- 이때 CTC모드로 전환된 운전취급역의 진로, 신호만 제어되고(지정된 역만 신호제어) 지정되지 않은 운전취급역의 진로, 신호 제어는 TTC모드에 의해 정상적으로 제어가 이루어진다.
- CTC제어는 수동으로 이루어지므로 진로 및 신호의 현시 상태를 항상 주시하고 진로 및 신호를 변경할 경우 그 내용을 기관사에게 통보하여 취급 부주의에 의한 사고를 예방하여야 한다.

7. SCADA(전력원격제어감시장치Supervisory Control and Data Acquisition)

- SCADA란 LDP(본선의 신호진로표시반 LDP 외에 또 다른 LDP가 있다)에 전차선 가압 상태를 각 변전소 섹션별로 구분하여 상·하선으로 나타내어 준다.
- 가압 구간은 녹색의 LED로 표시해 주며 무가압 구간은 소등되어 있다.

예제 다음 중 LDP에 전차선 가압상태를 각 변전소 섹션 별로 구분하여 상, 하선으로 나타내어 주는 것은?

가. SCADA   나. CDTS

다. LDTS   라. CCTV

해설 전력원격제어감시장치(SCADA)에 대한 설명이다.

[SCADA(전력원격제어감시장치)]

9호선 SCADA(9호선 웹진)

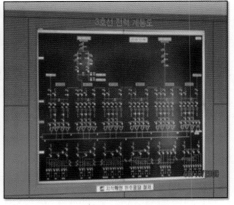

별도의 전차선 가압 상태 LDP
(전력계통 감시제어)

8. 제어탁(Work Station)(관제사가 앉아 있는 탁자)

- TTC 및 열차운행에 필요한 무선전화기, 집중전화장치, CTC Control Key 등 각종 기기가 설치되어 있는 제어용 탁자를 말한다.
- 제어탁은 사용자 등록 및 Password에 따라 제어 범위를 설정하여 운영한다.

[제어탁(Work Station)]

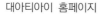

대아티아이 홈페이지

대전 철도교통종합관제센터에서 관제사들이 상황판을 통해 전국 일반 철도와 수도권 전철의 운행 상황을 확인하고 있다. 한국철도공사 제공
(한겨레 2012.4.16.)

9. 주변기기

(1) 열차무선전화기
(2) 집중전화장치
(3) CCTV
(4) 방송장치

예제 다음 중 관제장치의 서비스 기능을 제공하기 위한 주변장치가 아닌 것은?

가. 관제방송장치
나. CCTV
다. 안내게시기
라. 비상정차장치

해설 안내게시기, CCTV, 비상통화장치, 관제방송장치 등은 관제장치의 서비스 기능을 제공하기 위한 주변기기(장치)이다.

예제 다음 중 관제장치의 주변기기에 해당되지 않는 것은?

가. 집중 전화장치
나. CCTV
다. Work Station
라. 열차무선전화기

해설 관제장치의 주변기기는 ① 열차무선전화기 ② 집중 전화장치 ③ CCTV ④ 방송장치 등이 있으며, Work Station은 TTC장치의 구성기기이다.

제3절 관제장치의 제어 과정

1. TTC 제어과정

(1) MSC에 열차다이아(DIA)입력

(2) TCC에 입력 (DIA가 TCC의 기본)

(3) TCC 진로제어신호 출력→ LAN(A또는 B)통해서 CDTS(중앙정보전송장치 CDTS는 각 LDTS에 정보를 현시)

(4) LDTS→ 현장 신호기계실 기기 동작 → 현장 신호 및 전철기(선로전환기)가 제어 되는 과정으로 관제장치가 동작

이 일련의 과정을 통해 신호진로제어가 가능

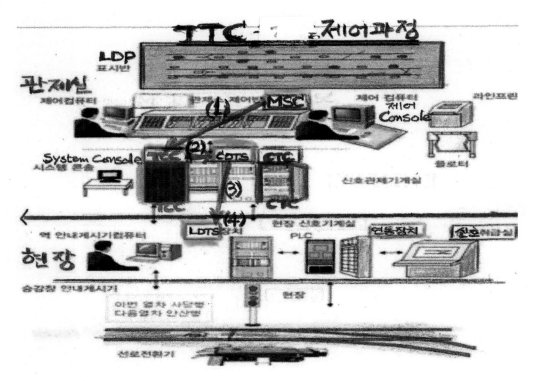

2. 현장설비 동작상태 수신과정 (현장동작을 어떻게 수신하느냐?)

현장의 선로전환기 및 신호기 동작

(1) 신호기계실

(2) LDTS

(3) CDTS

(4) TCC

(5) 대형표시반(LDP) 또는 운영자 (관제사 제어탁에 있는) Console

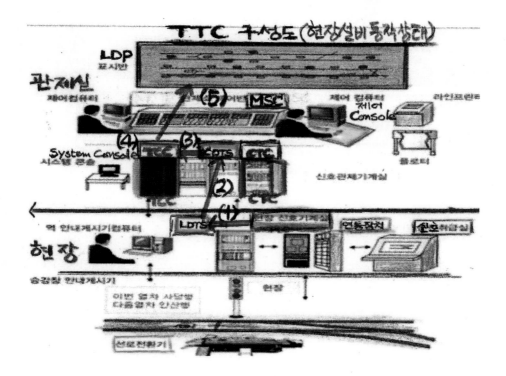

예제 다음 중 현장정보가 대형표시반 또는 운영자 콘솔에 전달되는 과정으로 맞는 것은?

가. 신호기 동작 → TCC → CDTS → LDTS   나. 선로전환기 동작 → TCC → CDTS → LDTS

다. 신호기 동작 → CDTS → LDTS → TCC   **라. 신호기 동작 → LDTS → CDTS → TCC**

해설 현장정보가 대형표시반 또는 운영자 콘솔에 전달되는 과정은 신호기 동작 → LDTS → CDTS → TCC 순이다.

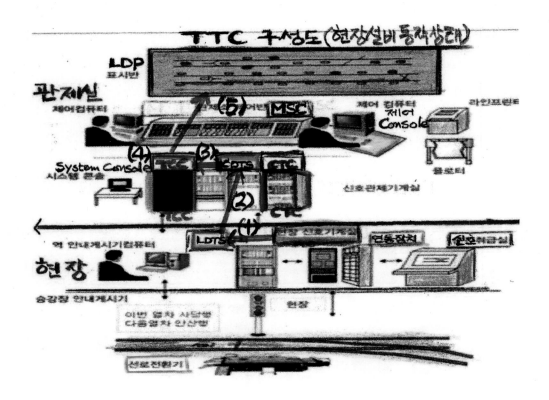

3. 안내 게시기 및 안내방송 제어 과정

- TCC에서 열차의 도착, 출발 및 운행 사항을 실시간으로 통신관제장치의 Computer 에 전달하면
- 이 Computer에서 역무실의 안내게시기용 Computer에 정보를 전송하여 자동으로 안내게시기의 행선 안내 및 안내방송이 시행

제3장

시스템 제어모드

제1절 **시스템 제어모드의 종류**

- 시스템 제어모드(Control Mode)란 진로 및 신호를 제어하는 권한이 어디에 있느냐를 구분하는 제어방식의 종류를 말한다.
- 그 제어방식에 따라 TTC(자동), CTC(TTC가 안 될 때 수동으로 가능. 누가? 관제사가), LOCAL(CTC마저도 안 된다고 할 때 현장에서 수동으로 제어. 누가? 역에서) 제어모드로 구분한다.

1. TTC(Total Traffic Control) 제어모드

- TTC 제어모드에서는 사전에 작성된 운행스케줄(열차다이아)(MSC에서)계획에 의하여 운행
- 입력된 운행프로그램에 따라 자동적으로 열차번호 현시, 진로 및 신호제어, 행선안내기제어, 회차입환및 반복열번설정 등이 자동으로 이루어지며 열차감시반의 해당 역에 TTC 표시등 점등

2. CTC(Centralized Traffic Control) 제어모드

- 열차 지연 또는 도착선변경 등 어떤 이유로 TTC(열차운행계획을 기반으로 한다)에

의한 열차운행이 곤란한 경우(예컨대 열차지연이 발생되면 계획에 따라 운행을 못하게 되므로 즉, 운행계획에 따라 열차운행을 할 수 없다고 할 때)
- 관제실의 CTC제어 키를 수동으로 조작하여 진로와 신호를 제어하는 모드
- 이때 TTC에 의한 자동 진로 및 신호제어는 불가능하고 관제사가 수동으로 진로 및 신호를 제어

3. LOCAL 제어모드(현장제어모드)

- '현장제어모드'라고도 하며 운전관제사의 지시로(운전취급 업무자 마음대로 제어해서는 절대 안 되요!!) 운전취급 업무자(구내원)가 진로 및 신호를 수동으로 제어하는 모드
- 제어모드의 전환은 관제사 운영자 콘솔이나 운전취급실(신호취급실)의 운영자 콘솔 조작으로 전환
- 이 제어모드(LOCAL모드로 이미 넘어왔으므로, TTC, CTC제어 절대 안 된다)에서는 TTC 및 CTC에 의한 진로 및 신호제어는 불가능

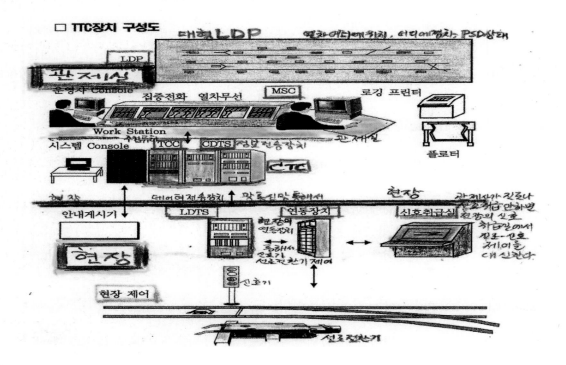

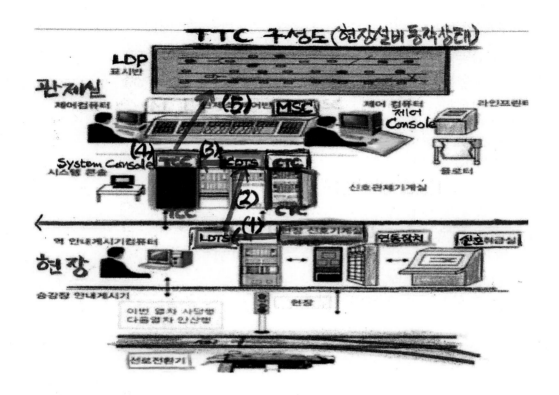

제2절 **제어모드의 변경**

1. TTC ↔ CTC모드 변경

- 관제사가 수동으로 제어하거나 또는 자동으로 진로 및 신호를 현시할 수 없을 때 관
  제사의 운영자 콘솔 또는 CTC Control Key를 조작하여 변경
- 다시 TTC모드로 정상 복귀할 때도 또한 같다.
- CTC모드로 전환된 후에는 진로 및 신호제어는 운영자 콘솔로 제어가 불가능하며
  반드시 CTC Control Key를 조작하여 진로 및 신호를 제어
- 이 때 CTC제어 역을 제외한 다른 역은 TTC모드로 열차가 운행된다.

예제 다음 중 열차종합제어장치(TTC)를 수동제어할 경우 반드시 확인하여야 할 사항이 아닌 것은?

가. 열차무선지역 표시의 확인
나. 열차도착의 확인
다. 열차출발의 확인
라. 진입진로의 구성

해설 열차종합제어장치(TTC)를 수동제어할 경우 진입진로의 구성, 열차의 접근과 진입 확인, 열차의 도착 확인, 진출진로의 구성, 열차의 출발 확인, 입환진로의 구성, 입환감시 등의 사항을 반드시 확인해야 한다.

예제 다음 중 열차종합제어장치(TTC) 수동제어를 하는 경우로 틀린 것은?

가. 기타 중요한 사유가 발생한 때
나. 운행변경에 의하여 행선안내표시 등이 자동 제어되지 않을 때
다. **상용폐색식을 시행할 때**
라. TTC 장치를 역 취급(Local)으로 전환할 때

해설 대용폐색식, 전령법 등 폐색준용법을 시행할 때 TTC 수동제어를 실시한다.

2. TTC/CTC ↔ LOCAL 모드 변경

- TTC/CTC ↔ LOCAL 모드 변경은 운전 역의 진로 및 신호장치의 조작 권한을 현장 운전취급 업무자에게 넘겨주는 것을 의미한다.
- 해당역의 진로와 신호는 관제사가 아닌 그 역의 운전취급 업무자가 제어한다.

예제 다음 중 시스템 제어모드에 관한 설명으로 틀린 것은?

가. CTC제어모드에 의한 신호, 진로 제어 시 TTC에 의한 자동진로 및 신호제어는 불가능하다.
나. TTC제어모드에서의 운행 조건변경은 운영자 콘솔을 통해서만 가능하다.
다. 시스템제어모드는 그 제어방식에 따라 TTC, CTC, LOCAL 제어모드로 구분된다.
라. **LOCAL 제어모드에서는 운전취급업무자의 현장제어 및 CTC에 의한 진로 및 신호제어가 가능해진다.**

해설 LOCAL 제어모드에서는 TTC 및 CTC에 의한 진로 및 신호제어가 불가능하다.

3. 열차집중제어장치(CTC: Centralized Traffic Control System) 고장의 경우 제어모드 변경

(1) 관제사는 열차집중제어장치를 고장 등으로 사용할 수 없을 때에는 관계 역 운전 취급자에게 지시하여 역 취급(LOCAL)으로 전환한다.

(2) 제1항의 지시를 받은 역 운전취급 업무자는 역 취급에 의하여 신호기 및 선로전환 기를 취급한다.

(3) 역 취급을 할 때 관제사 및 운전취급 업무자는 게시 및 종료시각을 기록하여야 한다.

(4) 역 운전취급 업무자는 열차의 착발 및 통과시각을 기록하고 관제사에게 보고하여 야 한다.

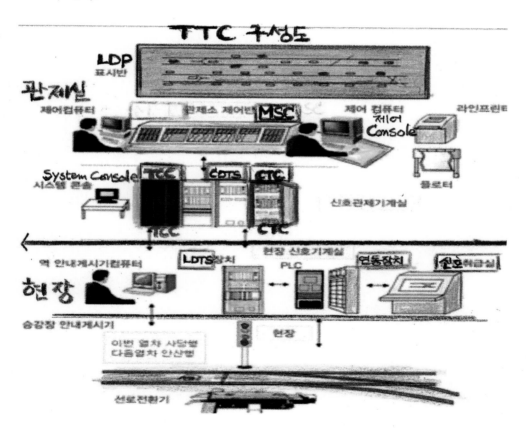

예제 다음 중 열차집중제어장치 고장 시 운전취급에 관한 설명으로 틀린 것은?

가. 관제사 및 운전 취급자는 개시 및 종료시각을 기록하여야 한다.

나. 지시받은 역 운전 취급자는 신호기 및 선로전환기를 취급한다.

다. 운전취급자는 열차의 착발 및 통과시각을 기록하고 역장에게 보고하여야 한다.

라. 관제사는 관계역 운전취급자에게 지시하여 Local 제어모드로 전환한다.

해설 역 운전취급 업무자는 열차의 착발 및 통과시각을 기록하고 관제사에게 보고하여야 한다.

관제사의 업무

─관제업무란 철도차량의 운행을 집중 제어, 통제, 감시하는 업무를 말한다(철도안전법 제2조).

─즉 관제업무란 도시철도 열차의 안전과 질서를 유지하는 데 필요한 다음과 같은 업무를 말한다.

제1절 관제사

1. 관제업무의 범위

1) 열차의 정상적인 운행 유지, 지연운행시 회복, 운전관련지침 준수 및 감독 등 운전정리 업무

2) 열차운행선 지장 작업에 대한 승인, 조정, 통제 및 작업구간의 열차운행 통제

3) 철도사고 보고 및 수습처리 규정에 의한 사고수습 및 조치

4) 철도사고 등 이례 사항 발생 시 긴급한 처리 지시 및 임시열차, 구원열차, 대체 수송수단 결정 등 운행 조정

5) 차량 고장조치 및 운전에 대한 기술지원 업무(차량고장 시 관제사가 기관사에게 "이런 조치를 취해 보세요"라고 지원해 줄 수 있어야 한다. 관제사를 경력이 있는 기관사 중에서 선발하는 이유)

6) 관제업무 수행에 필요한 열차, 차량, 시설물, 기상 등 운영에 필요한 정보와 사건, 사고, 재해, 재난 등 특별한 정보의 입수, 분석 및 판단, 전파, 기록유지에 관한 업무

2. 관제업무 종사자

[관제업무에 필요한 요건]

현재는 철도안전법 개정되어 면허취득을 해야 관제사가 되므로 이 요건들을 철도안전법과 비교 필요(그러므로 시험문제에는 안 나옴)

(1) 신체검사에 합격

(2) 적성검사에 합격

(3) 교육훈련기관에서 소정의 교육 이수

(4) 교육훈련 이수 후 실무수습 100시간 이상 이수

제2절　관제사의 주요업무

1. 운전정리 시행

- 보통은 TTC에 의해 자동으로 열차 신호진로가 제어되어 관제사의 개입없이 열차운행제어가 이루어진다. 무언가 문제가 발생되면 운전정리를 시행하게 된다.
- 운전정리(또는 운행정리)는 열차의 운행이 혼란되었을 때 또는 혼란이 우려될 때 열차를 정상적으로 운전시키기위하여 관제사가 운전취급 관계자에게 운행에 관하여 지시하는 것을 말한다.

2. 운전정리의 주요사항

1) 교행변경

단선구간에서 열차의 교행할 정거장을 변경함을 말한다.

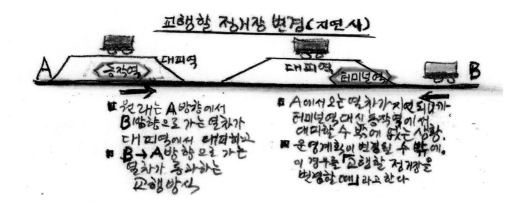

2) 순서변경

계획된 열차의 운행순서를 바꾸어 운행함을 말한다.

3) 앞당겨 운전, 늦춤운전

열차의 계획된 운전시각을 앞당김을 앞당겨 운전, 늦춤을 늦춤 운전이라 한다. 또는 운전계획시각 앞당김, 운전계획시각 늦춤이라고도 한다(원래는 13:10출발 → 13:00 앞당김 운전).

4) 따로 발차

지연열차의 도착을 기다리지 않고 따로 열차를 조성하여 출발시킴을 말한다.

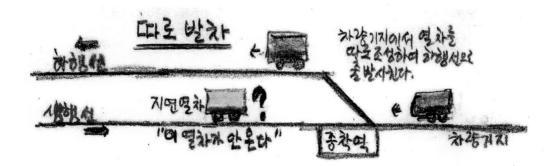

5) 운행변경

열차의 운행구간을 일부변경, 단축 또는 연장함을 말한다(원래는 A역까지만 운행계획이었는데 B역까지 연장운행하는 경우 운행변경이라고 한다).

예제 다음 중 관제사의 운전정리 중 열차의 운행구간을 일부 변경, 단축 또는 연장하는 것은?

가. 운행변경   나. 착발선 변경
다. 순서변경   라. 운전선로 변경

해설 운행변경에 대한 설명이다.

6) 반복변경

열차 지연 등으로 전동차의 반복 역에서 소정의 충당 순서를 변경함을 말한다.

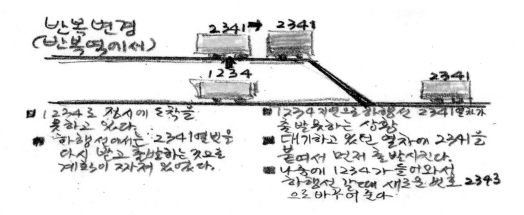

7) 운전선로변경

계획된 열차의 운전선로를 변경하여 예정된 최종 도착지까지 운전함을 말한다.

8) 착발선 변경

정거장 구내에서 소정의 도착, 출발선을 일시 변경함을 말한다.

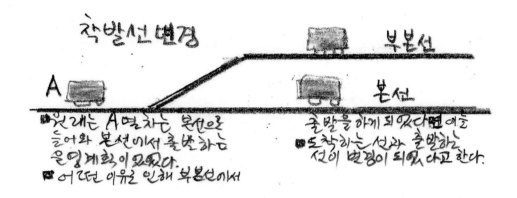

착발선변경

A   부본선

본선

■원래는 A열차는 본선으로
들어와 본선에서 출발하는
을 일 계획이 있었다.
■어떤 이유로 인해 부본선에서

출발을 하게 되었다면 예를
■도착하는 선과 출발하는
선이 변경이 되었다고 한다.

다음 중 운전관제사가 하는 운전정리로서 정거장 구내에서 계획된 열차의 도착선 또는 출
발선을 임시로 변경하는 것은?

가. 순서변경   나. 운행변경
다. **착발선변경**   라. 임시변경

착발선변경에 대한 설명이다.

9) 운전휴지

특정열차의 운전을 일시 중지함을 말한다.

10) 합병운전

－구원운전 시 고장차량 발생 시 뒤에 오는 열차나 앞에가는 열차가 열차를 서로 연결
하여 구원작업을 해준다.
－2개 열차를 연결하여 1개의 열차로 운전함을 말한다.

11) 단선운전

복선운전을 하는 구간에서 한쪽 방향의 선로에 열차사고·선로고장 또는 작업 등으로
인하여 그 선로로 열차를 운전할 수 없는 경우 다른 방향의 선로를 사용하여 상·하
열차를 운전시킴을 말한다.

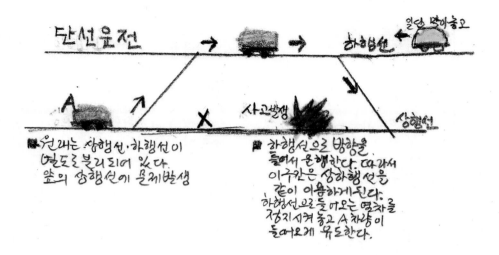

단선운전

本 원래는 상행선·하행선이
별도로 분리되어 있다.
앞의 상행선에 문제발생

本 하행선으로 방향을
들어서 운행한다. 따라서
이구간은 상하행선을
같이 이용하게된다.
하행선으로 들어오는 열차을
정지시켜 놓고 A차량이
들어오게 유도한다.

예제 다음 중 관제사의 운전정리의 주요사항이 아닌 것은?

가. 합병운전   나. 복선운전

다. 교행변경   라. 운행변경

해설 복선운전이 아닌 단선운전이다.

[운전정리의 주요사항]

1) 교행변경: 단선구간에서 열차의 교행할 정거장을 변경함을 말한다.
2) 순서변경: 계획된 열차의 운행순서를 바꾸어 운행함을 말한다.
3) 앞당겨 운전, 늦춤 운전: 열차의 계획된 운전시각을 앞당김을 앞당겨 운전, 늦춤을 늦춤 운전이라 한다. 또는 운전계획시각 앞당김, 운전계획시각 늦춤이라고도 한다.
4) 따로 발차: 지연열차의 도착을 기다리지 않고 따로 열차를 조성하여 출발시킴을 말한다.
5) 운행변경: 열차의 운행구간을 일부 변경, 단축 또는 연장함을 말한다.
6) 반복변경: 열차 지연 등으로 전동차의 반복 역에서 소정의 충당 순서를 변경함을 말한다.
7) 운전선로 변경: 계획된 열차의 운전선로를 변경하여 예정된 최종 도착지까지 운전함을 말한다.
8) 착발선 변경: 정거장 구내에서 소정의 도착, 출발선을 일시 변경함을 말한다.
9) 운전휴지: 특정열차의 운전을 일시 중지함을 말한다.
10) 합병운전: 2개 열차를 연결하여 1개의 열차로 운전함을 말한다.
11) 단선운전: 복선운전을 하는 구간에서 한쪽 방향의 선로에 열차사고·선로고장 또는 작업 등으로 인하여 그 선로로 열차를 운전할 수 없는 경우 다른 방향의 선로를 사용하여 상·하 열차를 운전시킴을 말한다.

3. 운전명령의 발령

운전명령이란 사장 또는 관제사가 열차 및 차량에 관련되는 상례 이외의 상황을 특별히 지시하는 것

(1) 정규의 운전명령은 수송수요, 수송시설 및 장비의 상황에 따라 상당시간 전에 철도운영정보시스템, 문서, 또는 전보로서 발령한다.

(2) 임시 운전명령은 운전정리(합병운전, 단선운전 등)를 할 때 또는 긴급히 발행하는 운전에 관한 지시를 말하며 철도운영정보시스템, 전화(열차무선전화 포함) 또는 전보로서 발령한다.

[예제] 다음 중 운전명령을 발령하는 방법이 아닌 것은?

가. 문서
나. 열차무선전화
다. 열차운영정보시스템
라. 모사전송

[해설] **[임시 운전명령을 발령하는 방법]**
① 철도운영정보시스템
② 전화(열차무선전화 포함)
③ 전보(모사전송 포함)

[예제] 다음 중 정규의 운전명령을 발령하는 방법이 아닌 것은?

가. 전보
나. 문서
다. 철도운영정보시스템
라. 전화

[해설] 정규의 운전명령은 상당시간 전에 철도운영정보 시스템, 문서 또는 전보로서 발령한다.

4. 폐색방식의 변경

1) 관제사는 운전취급규칙이나 운전취급 규정에 정해진 상용폐색방식(늘 사용하는 안전한 폐색방식)으로 열차를 운전시켜야 한다.

2) 신호장치의 고장, 운전사고 및 장애 발생으로 변경할 사유가 있을 때는 관계 규정

에 의하여 폐색방식을 상용폐색방식에서 대용폐색방식 또는 전령법, 격시법등 폐색 준용법으로 변경해야 한다.

3) 변경절차(이러한 대용폐색방식을 시행한다고 기관사에게 운전명령을 내린다).

    가) 신호기 고장 또는 선로불통상태를 확인한다.

    나) 열차운행표시반(LDP) 및 역 상태 표시화면으로 열차의 위치를 확인할 수 없을 때에는 운전취급자에게 불량구간의 열차 유무를 확인시킨다.

    다) 위와 같이 확인한 후 폐색방식을 변경하고 이에 대하여 운전관계자에게 운전명령으로 통보하여야 한다.

예제 다음 중 신호장치의 고장, 운전사고 및 장애 발생 시 변경할 수 있는 폐색방식이 아닌 것은?

가. 전령법   **나. 상용폐색방식**
다. 대용폐색방식   라. 격시법

해설 신호장치의 고장, 운전사고 및 장애 발생으로 변경할 사유가 있을 때는 관계 규정에 의하여 폐색방식을 상용폐색방식에서 대용폐색방식 또는 전령법, 격시법 등 폐색준용법으로 변경해야 한다.

예제 다음 중 복선구간에서 주신호기의 고장 또는 기타 사유로 인하여 상용폐색방식을 시행할 수 없을 때 운전관제지시에 의하여 시행하는 대용폐색방식은?

가. 지령식   나. 지도통신식
다. 통신식   라. 전령법

해설 지령식에 대한 설명이다.

[학습코너] 폐색방식

1. 상용폐색방식

    평상시에 사용하는 폐색방식이다. 한 구간에 고정으로 설치되어 평상시에 정상적으로 사용되는 폐색방식이다. 연동폐색식을 제외한 방식에서 열차 유무에 오류가 나면 문제가 생기기에, 이중삼중의 감시시스템이 필수적이다.

    (1) 복선구간

        ① 자동폐색식

---

        ② 연동폐색식
        ③ 차내신호폐색식
    (2) 단선구간
        ① 차내신호폐색식
        ② 통표폐색식
        ③ 연동폐색식

2. 대용폐색방식
    상용 폐색 방식을 사고 등의 이유로 사용할 수 없게 되었을 때에 사용되는 폐색 방식이다.
    1) 지령식
        • 대용폐색 중 가장 우선적으로 쓰인다.
        • 폐색장치·차내신호장치의 고장으로 정상적인 운전이 불가능할 때 사용한다. 관제사가 관제
          설비의 모니터 등을 보고 열차가 진행하려는 구간에 다른 열차가 없음을 확인한 다음 열차
          에 지시해서 이동시킨다.
        • 열차 진입 구간에 다른 열차의 유무를 정확히 알 수 있고, 관제사가 운전사와 직접 통신하
          며 운행을 통제할 수 있다는 장점이 있다.
    2) 통신식(복선운전할 때)
        • 관제사와 기관사간의 무전이 불가할 때 사용한다.
        • 관제사의 승인 하에 폐색구간의 양쪽 역의 승강장에서 역무원이 확인하고, 두 역이 폐색 전
          용 전화기를 이용하여 다른 열차가 없음을 확인한 후 열차를 이동시킨다. 이전 버전에선 지
          령식이 안전하고 효율적이라 했지만, 사실 현장에서 보고 있는 역무원이 두 명 이상이 확인
          하는 통신식이 상식적으로 지령식보단 안전성이 나은 편이다.
    3) 지도통신식 · 지도식(단선운전할 때)
        • 상호간 무전하지 않아도 되는 통신방식이다.

[폐색준용법]

상용 또는 대용폐색방식을 사용할 수 없을 때 사용한다. 폐색방식과는 다르게 이미 열차가 존재하는
상황에서 열차를 진입시키기 때문에 폐색방식이라고 하지 않고 폐색준용법이라고 한다.

1) 전령법: 더 이상 상용, 대용폐색방식을 적용할 수 없는 구간을 운전하는 열차에 전령자를 동승시
   켜 폐색에 준하는 폐색방식을 시행하여 해당 구간의 열차를 운행시키는 방식의 폐색법으로 전령
   법이라고도 한다. 이때 열차에는 적색 완장을 착용한 전령자가 탑승한다.
2) 격시법: 일정한 시간 간격으로 열차를 취급하는 방식이며 평상시 폐색구간을 운전하는 데 필요한
   시간보다 길어야 한다. 만일 선행열차가 도중에 정차할 경우에는 그 정차시간과 차량고장, 서행,
   기후 불량 등으로 지연이 예상 될 때 그 시간을 가산하여야 한다. 복선구간에서 사용하는 폐색 준용법이다.
3) 무폐색 운전: 폐색방식을 사용할 수 없게 되어 폐색구간의 열차 유무를 알 수 없을 때 사용한다.
   폐색구간 그런 거 없고, 운전자의 판단에 의존하여 운행하는 것이기 때문에 보안도가 없는 거나
   마찬가지이다. 따라서 15km/h 이하로 운전해야 한다.

5. 열차종합제어장치(TTC)운영

1) TTC 자동제어

열차종합제어장치(TTC)는 자동제어 상태로 운영하는 것을 원칙으로 한다.

2) TTC 수동제어

아래의 경우 또는 자동제어를 할 수 없는 경우 수동제어를 한다.

(1) 운전정리를 위하여 신호기, 선로전환기를 자동제어기에 의할 수 없을 때

(2) 운행변경, 순서변경 등에 의하여 신호기 행선안내표시기 등이 자동제어가 되지 않을 때

(3) TTC 장치를 역 취급(Local)으로 전환할 때

(4) TTC 장치가 고장일 때

(5) 대용폐색식, 전령법 등 폐색준용법을 시행할 때

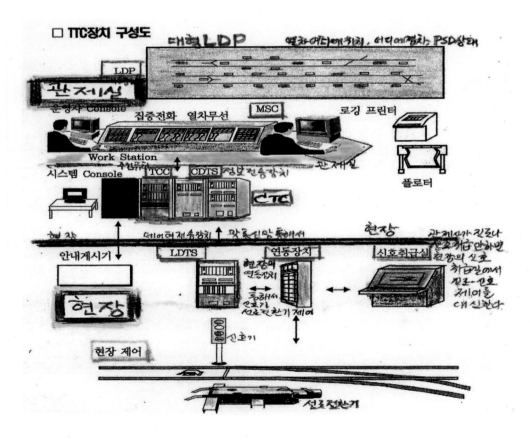

[TTC 수동제어 시 확인사항]

(1) 진입진로의 구성

(2) 열차의 접근과 진입확인

(3) 열차의 도착확인

(4) 진출진로의 구성

(5) 열차의 출발확인

(6) 열차진로의 구성

(7) 입환감시

6. 사고접수 및 보고

1) 사고급보 책임자

(1) 정류장 내 발생한 사고 등 -역장

(2) 정거장과 정거장 사이에 발생한 사고 등 -기관사 또는 차장

(3) 제1호 및 제2호 이외의 장소에서 발생한 사고 등 – 사고현장관할 현업의 기관장 또는 발견자

－사고 등의 급보를 전화로 할 경우에는 관제전화기에 의하여야 한다. 다만 관제전화기가 설치되지 않았거나 이에 의할 수 없을 경우에는 다른 전화기 또는 열차무선전화기에 의한다.

－관제실장은 규정에 의항 급보사항을 접수하였을 때는 10분 이내에 사장 및 안전관리부서장, 관계부서장, 대외기관에 급보하여야 한다.

예제 다음 중 관제에 관한 설명으로 틀린 것은?

가. 대용폐색방식 등 폐색준용법을 시행할 때는 TTC를 수동으로 제어한다.

나. 정거장과 정거장 사이에서 발생한 사고의 급보책임자는 선로직원이다.

다. 정거장에서 10분 이상 지연되었을 때 운전장애의 기준이 된다.

라. 관제업무종사자는 소정의 교육훈련 이수 후 실무수습 100시간 이상을 이수해야 한다.

해설 정거장과 정거장 사이에서 발생한 사고의 급보책임자는 기관사 또는 차장이다.

2) 운전장애의 기준

    (1) 정거장에서 10분 이상 지연되었을 때

    (2) 동일열차번호로 운행한 구간에서 15~20분 이상 지연되었을 때, 이 경우 열차운전
        정리 또는 서행으로 지연된 시분은 제외한다.

예제 **다음 중 운전장애의 기준에 해당하지 않는 것은?**

가. 동일 열차번호로 운행구간에서 15~20분 이상 지연되었을 때

나. 정거장과 정거장 간에서 10분 이상 지연되었을 때

다. 정거장에서 10분 이상 지연되었을 때

라. 열차운전정리로 동일 열차번호 운행구간에서 15~20분 이상 지연되었을 때

해설 동일 열차번호 운행구간에서 15~20분 이상 지연되었을 때 이 경우 열차운전정리 또는 서행으로 지연
된 시 · 분은 제외한다.

7. 열차운행기록 관리

    1) 열차운행기록이 저장된 디스크, 자기테이프 등 매체는 일정기간(통상 1년)
       −운전사고 및 장애와 관련된 것은 장기간(통상 5년) 보관하여야 한다.

    2) 열차무선전화 내용이 저장된 디스크나 녹음테이프는 단기간(2주) 보관 후 재사용
       한다.

    3) 녹음된 열차무선녹음테이프는 사고 및 특별히 필요한 경우 재생하여 통화 내용을
       검토 분석하고 개선책을 강구하는 등 운전관계직원의 교육 자료로 활용하기도 한다.

예제 **다음 중 열차무선전화 내용이 저장된 디스크나 테이프의 보관기간은?**

가. 6개월　　　　　　　　　　　　　　나. 1년

다. 5년　　　　　　　　　　　　　　**라. 2주**

해설 열차무선전화 내용이 저장된 디스크나 녹음테이프는 단기간(2주) 보관 후 재사용한다.

8. 운전시각의 기록

- 대용폐색방식 또는 전령법등 폐색준용법을 시행하는 경우에는 관제실장 또는 역 운전취급 업무자는 열차운전시각을 기록 보존하여야 한다.
- 이 경우 역 운전취급 업무자는 열차운전 상황을 관계자에게 보고하여야 한다.
- 다만 열차 운전시각이 열차운행기록 매체(Tape, Disk)에 자동으로 기록될 때는 별도의 운전시각기록을 생략할 수 있다.

9. 전차선 급단전

1) 요청에 의한 전차선 정전

전력관제는 사고로 전차선의 정전요청을 받았을 때에는 다음 각 호의 조치를 하여야 한다.

(1) 정전요청자의 소속, 직급(위), 성명 및 사고내용을 확인한다.

(2) 사고지점 양단의 고속도 차단기를 즉시 개방하여 그 구간을 정전조치

2) 사고복구 후 급전개시

(1) 전차선 관계사고가 복구되어 급전하고자 할 때에는 사고 복구 책임자("안전상태 이상없습니다. 급전해 주십시오!")의 급전요청에 의하여 급전을 개시하여야 한다.

(2) 급전개시 후 3분 이내에 해당구간의 고속차단기가 차단되었을 때에는 급전을 중지한다.

3) 사고 복구 후의 전차선의 재급전

(1) 관제사는 사고복구에 의하여 전차선 재 급전을 할 때에는 전차선로작업 또는 기타 사유로 인한 급·단전 취급에 의한 급전요구를 하여야 한다

(2) 관제사는 전차선 급전 후 즉시 열차운전을 위하여 관계 승무원에게 그 요지를 통고하여야 한다.

예제 다음 중 관제에 관한 설명으로 틀린 것은?

가. 운행변경이란 계획된 열차의 운전선로를 변경하여 예정된 최종 도착지까지 운전함을 말한다.

나. 전력관제는 사고가 복구되어 급전을 개시할 때 급전개시 후 3분 이내에 해당구간의 고속차단기가 차단되었을 때에는 급전을 중지한다.

다. 서울교통공사에서 운전사고 및 장애와 관련된 열차운행기록은 통상 5년간 보관하여야 한다.

라. 정거장과 정거장 사이에서 발생한 사고의 급보책임자는 기관사 또는 차장이다.

해설 운행변경: 열차의 운행구간을 일부 변경, 단축 또는 연장함을 말한다.

예제 다음 중 철도안전법에 정한 관제업무 종사자의 필요 요건이 아닌 것은?

가. 교육훈련기관에서 교육이수　　　　나. 적성검사 합격

다. 실무수습 200시간 이상 이수　　　　라. 신체검사 합격

해설 [관제업무에 필요한 요건]
  ① 신체검사 합격
  ② 적성검사 합격
  ③ 교육훈련기관에서 소정의 교육 이수
  ④ 교육훈련 이수 후 실무수습 100시간 이상 이수

예제 다음 중 관제업무 범위에 속하지 않는 것은?

가. 차량고장 조치 및 운전에 대한 기술지원

나. 작업구간 열차운행 통제

다. 열차의 정상적인 운행유지

라. 철도사고 복구

해설 철도사고 복구가 아니고 철도사고 보고 및 수습처리규정에 의한 사고수습 및 조치이다.

예제 다음 중 열차의 운행이 혼란되었을 때 또는 혼란이 우려될 때 열차를 정상적으로 운전시키기 위하여 관제사가 운전취급 관계자에게 운행에 대하여 지시하는 것은?

가. 운전정리　　　　　　　　　　나. 폐색방식 변경

다. 운전명령　　　　　　　　　　라. 열차종합제어장치 운영

해설 운전정리에 대한 설명이다.

예제 다음 중 운전정리의 시행자는?

가. 승무사업소 차장   나. 운전취급역 역장

다. 관제사   라. 운전취급 담당 구내원

해설 운전정리의 시행자는 관제사이다.

예제 다음 중 관제사의 운전정리에 관한 설명으로 맞는 것은?

가. 운전휴지 - 시발역에서 종착역까지 전 구간에 대하여 모든 열차의 운전을 중지함을 말한다.

나. 운행변경 - 열차의 운행구간을 전부변경, 단축 또는 연장함을 말한다.

다. 순서변경 - 계획된 열차의 운행순서를 바꾸어 운행함을 말한다.

라. 착발선 변경 - 지연열차의 도착을 기다리지 않고 따로 열차를 조성하여 출발시킴을 말한다.

해설 순서변경 - 계획된 열차의 운행순서를 바꾸어 운행함을 말한다.

[국내문헌]

곽정호, 도시철도운영론, 골든벨, 2014.

김경유·이항구, 스마트 전기동력 이동수단 개발 및 상용화 전략, 산업연구원, 2015.

김기화, 김현연, 정이섭, 유원연, 철도시스템의 이해, 태영문화사, 2007.

박정수, 도시철도시스템 공학, 북스홀릭, 2019.

박정수, 열차운전취급규정, 북스홀릭, 2019.

박정수, 철도관련법의 해설과 이해, 북스홀릭, 2019.

박정수, 철도차량운전면허 자격시험대비 최종수험서, 북스홀릭, 2019.

박정수, 최신철도교통공학, 2017.

박정수·선우영호, 운전이론일반, 철단기, 2017.

박찬배, 철도차량용 견인전동기의 기술 개발 현황. 한국자기학회 학술연구발 표회 논문개요
　　집, 28(1), 14－16. [2], 2018.

박찬배·정광우. (2016). 철도차량 추진용 전기기기 기술동향. 전력전자학회지, 21(4), 27－34.

백남욱·장경수, 철도공학 용어해설서, 아카데미서적, 2003.

백남욱·장경수, 철도차량 핸드북, 1999.

서사범, 철도공학, BG북갤러리 ,2006.

서사범, 철도공학의 이해, 얼과알, 2000.

서울교통공사, 도시철도시스템 일반, 2019.

서울교통공사, 비상시 조치, 2019.

서울교통공사, 전동차구조 및 기능, 2019.

손영진 외 3명, 신편철도차량공학, 2011.

원제무, 대중교통경제론, 보성각, 2003.

원제무, 도시교통론, 박영사, 2009.

원제무 · 박정수 · 서은영, 철도교통계획론, 한국학술정보, 2012.

원제무 · 박정수 · 서은영, 철도교통시스템론, 2010.

이종득, 철도공학개론, 노해, 2007.

이현우 외, 철도운전제어 개발동향 분석 (철도차량 동력장치의 제어방식을 중심으로), 2018.

장승민 · 박준형 · 양진송 · 류경수 · 박정수. (2018). 철도신호시스템의 역사 및 동향분석. 2018.

한국철도학회 학술발표대회논문집, , 46－5276호, 국토연구원, 2008.

한국철도학회, 알기 쉬운 철도용어 해설집, 2008.

한국철도학회, 알기쉬운 철도용어 해설집, 2008.

KORAIL, 운전이론 일반, 2017.

KORAIL, 전동차 구조 및 기능, 2017.

[외국문헌]

Álvaro Jesús López López, Optimising the electrical infrastructure of mass transit systems to improve the

use of regenerative braking, 2016.

C. J. Goodman, Overview of electric railway systems and the calculation of train performance 2006

Canadian Urban Transit Association, Canadian Transit Handbook, 1989.

CHUANG, H.J., 2005. Optimisation of inverter placement for mass rapid transit systems by immune

algorithm. IEE Proceedings －－ Electric Power Applications, 152(1), pp. 61－71.

COTO, M., ARBOLEYA, P. and GONZALEZ－MORAN, C., 2013. Optimization approach to unified AC/

DC power flow applied to traction systems with catenary voltage constraints. International Journal of

Electrical Power & Energy Systems, 53(0), pp. 434

DE RUS, G. a nd NOMBELA, G., 2 007. I s I nvestment i n H igh Speed R ail S ocially P rofitable? J ournal of

Transport Economics and Policy, 41(1), pp. 3－23

DOMÍNGUEZ, M., FERNÁNDEZ－CARDADOR, A., CUCALA, P. and BLANQUER, J., 2010. Efficient

design of ATO speed profiles with on board energy storage devices. WIT Transactions on The Built

Environment, 114, pp. 509-520.

EN 50163, 2004. European Standard. Railway Applications—Supply voltages of traction systems.

Hammad Alnuman, Daniel Gladwin and Martin Foster, Electrical Modelling of a DC Railway System with

Multiple Trains.

ITE, Prentice Hall, 1992.

Lang, A.S. and Soberman, R.M., Urban Rail Transit; 9ts Economics and Technology, MIT press, 1964.

Levinson, H.S. and etc, Capacity in Transportation Planning, Transportation Planning Handbook

MARTÍNEZ, I., VITORIANO, B., FERNANDEZ—CARDADOR, A. and CUCALA, A.P., 2007. Statistical dwell

time model for metro lines. WIT Transactions on The Built Environment, 96, pp. 1—10.

MELLITT, B., GOODMAN, C.J. and ARTHURTON, R.I.M., 1978. Simulator for studying operational

and power—supply conditions in rapid—transit railways. Proceedings of the Institution of Electrical

Engineers, 125(4), pp. 298—303

Morris Brenna, Federica Foiadelli, Dario Zaninelli, Electrical Railway Transportation Systems, John Wiley &

Sons, 2018

ÖSTLUND, S., 2012. Electric Railway Traction. Stockholm, Sweden: Royal Institute of Technology.

PROFILLIDIS, V.A., 2006. Railway Management and Engineering. Ashgate Publishing Limited.

SCHAFER, A. and VICTOR, D.G., 2000. The future mobility of the world population. Transportation

Research Part A: Policy and Practice, 34(3), pp. 171-205. · Moshe Givoni, Development and Impact of the Modern High−Speed Train: A review, Transport Reciewsm Vol. 26, 2006.

SIEMENS, Rail Electrification, 2018.

Steve Taranovich, Electric rail traction systems need specialized power management, 2018

Vuchic, Vukan R., Urban Public Transportation Systems and Technology, Pretice−Hall Inc., 1981.

W. F. Skene, Mcgraw Electric Railway Manual, 2017

[웹사이트]

한국철도공사 http://www.korail.com

서울교통공사 http://www.seoulmetro.co.kr

한국철도기술연구원 http://www.krii.re.kr

한국개발연구원 http://www.kdi.re.kr

한국교통연구원 http://www.koti.re.kr

서울시정개발연구원 http://www.sdi.re.kr

한국철도시설공단 http://www.kr.or.kr

국토교통부: http://www.moct.go.kr/

법제처: http://www.moleg.go.kr/

서울시청: http://www.seoul.go.kr/

일본 국토교통성 도로국: http://www.mlit.go.jp/road

국토교통통계누리: http://www.stat.mltm.go.kr

통계청: http://www.kostat.go.kr

JR동일본철도 주식회사 https://www.jreast.co.jp/kr/

철도기술웹사이트 http://www.railway−technical.com/trains/

색인

저자소개

원제무

원제무 교수는 한양 공대와 서울대 환경대학원을 거쳐 미국 MIT에서 도시공학 박사학위를 받고, KAIST 도시교통연구본부장, 서울시립대 교수와 한양대 도시대학원장을 역임한 바 있다. 도시재생, 도시부동산프로젝트, 도시교통, 도시부동산정책 등에 관한 연구와 강의를 진행해 오고 있다.

서은영

서은영 교수는 한양대 경영학과, 한양대 공학대학원 도시SOC계획 석사학위를 받은 후 한양대 도시대학원에서 '고속철도개통 전후의 역세권 주변 토지 용도별 지가 변화 특성에 미치는 영향 요인분석'으로 도시공학박사를 취득하였다. 그동안 부동산 개발 금융과 지하철 역세권 부동산 분석 등에도 관심을 가지고 강의와 연구논문을 발표해 오고 있다.
현재 김포대학교 철도경영과 학과장으로 철도정책, 철도경영, 서비스 브랜드 마케팅 등의 과목을 강의하고 있다.

도시철도시스템 III 토목일반·정보통신·관제장치

초판발행	2021년 1월 10일
지은이	원제무·서은영
펴낸이	안종만·안상준
편 집	전채린
기획/마케팅	이후근
표지디자인	조아라
제 작	고철민·조영환
펴낸곳	(주) **박영사**
	서울특별시 금천구 가산디지털2로 53, 210호(가산동, 한라시그마밸리)
	등록 1959. 3. 11. 제300-1959-1호(倫)
전 화	02)733-6771
f a x	02)736-4818
e-mail	pys@pybook.co.kr
homepage	www.pybook.co.kr
ISBN	979-11-303-1192-0 93550

정 가   15,000원